那年那味（上册）

李　锋◎著

中国纺织出版社有限公司

图书在版编目（CIP）数据

那年那味．上册 / 李锋著．-- 北京：中国纺织出版社有限公司，2022.11

ISBN 978-7-5180-9924-5

Ⅰ．①那… Ⅱ．①李… Ⅲ．①烹饪－文集 Ⅳ．①TS972.1-53

中国版本图书馆 CIP 数据核字（2022）第 190848 号

责任编辑：舒文慧　　责任校对：高　涵　　责任印制：王艳丽

中国纺织出版社有限公司出版发行

地址：北京市朝阳区百子湾东里 A407 号楼　邮政编码：100124

销售电话：010—67004422　传真：010—87155801

http://www.c-textilep. com

中国纺织出版社天猫旗舰店

官方微博 http：//weibo.com/2119887771

天津千鹤文化传播有限公司印刷　各地新华书店经销

2022 年 11 月第 1 版第 1 次印刷

开本：880×1230　1/32　印张：18

字数：356 千字　定价：88.00 元（全 2 册）

推荐序

中国烹饪博大精深，人才辈出，军地的烹坛精英也是层出不穷。李锋就是其中的代表，他对炉、案、碟、点，色、香、味、形、器、情、景的拿捏都显得十分精准，因此军中重要的顶级接待至今仍由他参与组织设计和指导。他曾多次圆满地完成重大演习保障和军委接待任务，被誉为厨房界的军地两用人才。

李锋十七岁入行，二十岁在部队服役，从事餐饮工作。打牌、下棋等娱乐活动对他来说就是浪费时间，他就只对餐饮厨房那些事着迷。饮食服务工作冬寒夏热，十分辛苦，他多年如一日，在军队餐饮生涯中跌打滚爬，冲锋陷阵，从不言累。他常讲，一桌高档筵席，是一场中国饮食文化的演出，需要有主题，有序言，有高潮，有尾声，重要的是体现特点，那就是因人治味，因材施技，化技为艺，化腐朽为神奇。清楚厨师是凭借着手艺走天下，过硬的手艺源于勤奋，源于反复积累，源于五勤——腿勤、眼勤、嘴勤、手勤、脑勤。时而钻进书店吸取烹饪养料；时而进山入村，寻觅奇异特食材，丰富餐饮品种；也经常走出军营，寻师访友切磋钻研烹饪技艺，以能人为师，以众人为师。那年头，胡长龄、张大元、朱春满、徐鹤峰等烹饪界老前辈也对这位司令部美食园小伙子刮目相看，不仅教李锋扎实的基本功，还将自己的独门技艺和经验毫无保留地传授给他。李锋庆幸自己能遇到这些技艺精湛、诲人不倦的名师，使得自己在学艺的道路上少走了不少弯路，同时自己也获得了宝贵的烹饪知识，集多家独特烹饪技艺于一身。他因烹饪技艺出众，被选中参加南京军区连队会餐菜大比武，获得了第一名，荣立二等功。从连队的一名普通的炊事兵，成长为一名出色的中国烹饪大师，这些成绩的取得除了他自身的努力进取外，也归功于我们所处的伟大时代。

除了做好司令部美食园餐饮经营管理工作外，他还热心地为部队指战员研究饮食与营养，把所学的厨艺技能，全部用在部队的生活保障任务上。军队的服务标准和工作性质区别于社会上的饭店酒楼，厨艺的培训和名菜制作更要围绕各种接待进行研究设计，要以绿色、健康、生态、环保的现代用餐理念开展工作。李锋在 20 世纪 80 年代设计了鱼羊系列风味、鱼羊合鲜狮子头、鱼汤羊肉火锅和砂锅鱼羊鲜等至今仍然在全国各地流行。李锋在确保出色完成各项重要的接待工作之余，还挤出时间积极参与部队和地方的烹饪教培活动，为部队和地方培养了一批又一批的烹饪能手和餐饮管理专业人才，可以说是一位中国烹饪技艺的传承人，对江苏风味的弘扬和发展贡献了自己的力量。

李锋不但爱烹饪，还爱写菜，可谓文武双全。他根据自己的工作体会，在《中国烹饪》杂志上发表了第一篇关于鱼头加工的文章——《我做砂锅鱼头的一点体会》，其后陆续发表了《盛世鸭谭》《百味之本——盐》《烹调用葱有讲究》等文稿，引起烹饪界的轰动。

讲实话，做一名厨师易，做一名有成就的厨师不易，要成为会讲（授课），会做（示范）、会总结（写）的厨师就更不易了。李锋用几十年积累的丰富实际工作经验以及独特的视野，撰写了许多包含趣闻、趣事，作品短小精悍，言简意赅，知识面广，可读性强，使人爱不释手。我曾经多次希望他将其作品汇集成册，惠及众厨。今能如愿，幸也！

（花惠生，男，中共党员，中国顶级烹饪大师，中式烹调高级技师，金陵饭店股份公司高级顾问。现任江苏省烹饪协会副会长、江苏药膳研究会副会长，法国顶级名厨协会会员。曾获中国江苏省劳动模范、全国旅游系统劳动模范、全国劳动模范、青奥服务先进个人等荣誉称号。）

目　录

说明：

1. 质量的标准计量单位为千克（公斤），本书中为阅读方便，仍保留了“斤”和“两”，1 斤 =0.5 千克，1 两 =50 克。

2. 面积的标准计量单位为平方米，土地中常用公顷，本书中为阅读方便，仍保留了“亩”，1 亩≈ 666.7 平方米。

3. 热量的国际单位为焦耳（简称“焦”），本书中为阅读方便，仍保留了“卡”，1 卡 = 4.184 焦。

第一篇

美食史话

喫茶

向来“无知无畏”的我，最要命的就是坚持讲实话，捅“窗户纸”是常事，误了不少机缘。唉，江山易改，禀性难移。

这不，清静几天后，喝茶喝多了有些“醉茶”的迹象，于是就按捺不住了，来挑战众人心中的高雅、品味、禅意、文化、国粹、细黄金、精神追求等的象征、让众人爱不释手、极平常又极不平常的植物干草——茶。

茶，还叫香茗、茶叶、茶树叶，都是通俗易懂的名字。古籍中的记载还有诧、皋芦、瓜芦、水厄、过罗、物罗、选、茶、葭茶、苦茶、酪奴等称呼。查资料，这小小的、黑黑的干草叶子，还有许多雅号呢。如云华、碧霞、不夜侯、仙芽、玉爪、鸟嘴、茶枪等，让人觉得丰富的茶文化并不逊于当下欣欣向荣的酒文化啦。

当然，这些别称和雅号的由来，都有它的历史含义，咱也不能忽视它的意义，不能胡说八道了。

关于茶始于何代，最早由谁发现，历史上有四说：神农说、西周说、秦汉说、六朝说。

本人认为有三条可作为依据，即地下考古、宋代陆羽的专著《茶经》和明代李时珍的《本草纲目》，这些更有说服力。至于神农说，当作神话听听。

茶、上茶、上好茶，这个典故咱不卖弄了，本人根据社会现象，还可以在此基础上延伸：请楼上喝茶，用龙井、普洱、金骏眉、白茶、黑茶、英国女王伊丽莎白喜欢喝的红茶等，这就是礼遇级别的内涵。一杯茶，包容了多少世间冷暖。

茶叶的价格在于它的品质，茶水的品质在于“烹”茶人。选茶需要根据季节特点，饮茶人的嗜好需求，这是基本常识。讲究点的人，选择水是有说法的，自来水不及纯净水，纯净水不及无污染的天池深水处取的水，退而求其次，选百年井水、山泉水。《红楼梦》中落魄大户之女妙玉喝茶用的水，是腊月里落在梅花上的雪融化而得，那盅更不一般了。

马未都说过，他在日本饮了一杯千年古瓷茶具里的日式茶，主人的盛情款待让他激动万分。

当然，《儒林外史》与《金瓶梅》中也不乏茶的身影。范进的老爸胡屠户和西门庆、妙玉喝的茶，肯定不在一个品级上，用天壤之别来形容也不足为过。虽然故事都在那个年代，但身份和地位都不同，一杯茶也反映出了时代的缩影。

饮茶、喝茶、吃茶、用茶、看茶、品茶这些词汇意思相近，就是喝一碗、一盏、一杯用茶叶冲泡过的带有植物味道的汁液，有那么多的说头。

人为什么喝茶？补充水分，解渴，助消化。茶含有碱性物质助兴奋，茶的碱性作用使血液稀了，输送传送能量加速了。茶还有散发芬芳、愉悦心情等作用。

茶的形与色是南方人的需求，江苏附近的碧螺春，宜兴、苏州等地也产茶，众人习惯了它的嫩芽尖平和的口感，和淡雅的色彩，审美观影响着对茶的选择。

社会在发展，传统秩序趋向离析，饮茶、选茶也在变，主要是追求传统的手工制法、无污染的源头和符合科学原理的加工与包装。

说白了，喝茶是习惯，是怡人养心的，也有助于血管保健。

凡事都怕妖魔化，把民间简单的茶叶煮水，用于解乏、提神、助消化的田头饮点，上升到茶道、禅意和意境，再无限的延伸到上善若水、水是德的体现……

不信？您到湖南大山里和云南大理去问问茶农，他们对茶叶的认识，泡水喝还能卖钱，会让你噎住吧，本来就是山野之物，哪有那么玄乎呢？

这些“文化”上的包装，是商家的营销策略之一，和名贵的珠宝一样，用“钻石恒久远”这一夺人魂魄的广告词，让你为此终身追求。

我这俗人认为，它那人工合成的硬玻璃有什么稀罕的，还不及咱厨房合成的“鱼翅”、燕窝靠谱，其中多少还有点海生植物的深加工产品——琼脂。

嘻嘻。

茶，在大家心中真正的地位，大家心知肚明，多少万元一斤真的值吗，这和买人造宝石有啥差别?

咱也不在这里吐槽了。茶叶生长于茶树，环境不变其味不改，百年茶园千年茶树，茶叶还在继续生长，若干的传说、动人的故事仍在搭着“无中生有”的顺风车，与茶、茶香、茶的魅力共同前行。

本文名《喫茶》，有点拉大旗的虚荣成分在里面（眼下世人谁不虚荣？）。

喫，原是广东方言的一个发音，其意思与吃无关，但是在书法界有一潜规则，用简化字参加大赛会被笑话，咱也不免跟着俗气一回，现在喫与吃通用。

吃茶与喝茶本意是一样，至于地方风俗习惯当另作别论了。

咱是做餐饮的，近期突然有一个奇怪的想法。茶是植物叶尖的嫩芽脱水干制而成，除含有特有香气之外，就是纤维素。青菜也是植物范畴，也可干制、风干，制成可食性美食。依此类推，茶叶可泡茶水，同样涨发后也可作为美食的辅料，不妨试做一下避风塘蒜香龙井，垫加点土豆松。这方面杭州、上海开了先河，将龙井茶叶冲泡后，取出翠绿牙尖掺于或撒在洁白的水晶虾仁之上，这种效果非常好，介绍也有由头。

南京明前的雨花茶形与色不逊于龙井，在高热难耐的盛夏季节里，可否在白色材料上面做文章，凉粉、芙蓉、内酯豆腐等菜品中，加上嫩绿的茶叶尖，点色补缀，岂不更好。前辈大师常用青蒜花、香菜叶、小香葱、熟火腿粒为冷、热菜衬托点色。

对于红茶，取其浓汁用于水发辽参，纯净水浸后，做日式刺身，不是很好的去暑气的方法吗？难道不强于热腾腾的葱扒辽参吗？

还有清淡的大白盅中内盛有洁白的鱼片、象鼻蚌片、活鲍仔（大鲍片更好）、竹荪、大带子等（不是共放），上席前撒上点绿茶，那一抹色不知会惊倒多少当下的青年男女，绿茶与菜心相比也有点新意。

西点有抹茶蛋糕，紫砂茶壶有一种色彩就叫茶叶末釉，是很有个性的传统之色。

烹饪中，如何把茶当作有香气的干制植物茶叶，举一反三，用于四季美馔之中。茶也可用于甜品、甜汤之中，以及月饼馅料之中。以后茶的挖掘开拓全靠朝气蓬勃的新生代和有文化、懂美学的开创未来餐饮潮流的新一代大小厨师们。

2017.6.21　12:50 于龙口

厨刀谭

近遇南京烹饪教学界知名烹饪大师夏老师。听他讲，近期在写一本刀与勺子的书，仅向我介绍一丁点：厨师（现代规范的称谓是烹调师），手握厨刀的姿势，不是传统手握刀柄的形式了，刀口（刃）方向要最大限度地保证行走安全，不伤到前后和自己。又讲到，站在切菜案板前身体与板沿的距离，以及磨刀的步骤和厨刀的摆放。

经他简单的透露，我觉得，这一套教程出来，选题项目是最原始的，教学创意当算是最前卫的。

由师傅口传心授、世代相袭的形式，将转变成统一的标准化了，中国烹饪数字化、统一化、科学化的教学程序，为期不远了。

一、刀史故事

石刀、厨刀、菜刀等厨事用刀，统称为厨刀，在业界通俗易懂，其称谓当然不会存在较大的地区差别。

小时候杀鸡时，从爷爷、奶奶口中听到一句吩咐："把石刀拿过来。"立马跑到厨房把切菜的刀取过递上，当时不识字，误认为食刀。这种现象，大家习以为常，不觉得有什么不对，上学后，发现此食刀非彼石刀，也就不去追究了。

随着知识的增加，头脑中开始有疑问，有时会没头没脑地问一句：明明是铁打的菜刀，为什么还叫石刀？

家长轻闲时会回一句，大家都这样叫。遇到情绪不佳时，会盯着你吼一句："叫你拿就拿，哪里有那么多废话？"就不吭声了。

当了兵，又遇"石刀"，山东籍炊事班长又改称菜刀了。

现在通过学习点饮食文化类书刊，文字平衡后觉得用厨刀一词，更有广泛的意义。

"厨刀"这一称谓，感觉透着古意，带有传统的元素，又有专业器具的感觉，我猜想可以被各个层次的人接受。

二、刀文化

《庖丁解牛》中说："而刀刃者无厚；以无厚入有间，恢恢乎其于游刃必有余地矣。"成语"游刃有余"也因庖丁刀技而来。

倘若有人较真，宰牛用的是长刀，不是厨刀。当然，第一刀放血是用长尖刀，而解牛的分档步骤，仍是需要厨刀加工。

原始社会时期，石刀是人类第一大发明。

石刀，可能诞生于史前吧，当然也是人类生存的第一科技创造，而且是人类迄今为止发明的唯一未被淘汰的器物，堪称化石级别。

史书载周代"八珍"文字，有刀（具）出现，才有"八珍"之一的名肴"捣珍"的出现。

唐代王维名画《辋川图》，经名厨梵正（五代时尼姑、著名女厨师）以原图山水模样而创制《辋川小样》风景拼盘，驰名天下。她将菜肴与造型艺术融为一体，成为中国史上最著名的一组花式（象形）拼盘，没有厨刀行吗？

厨刀，更是人类生命延长、维护健康不可缺少的工具。因刀，切割食材，易成熟入味，易于被人体消化吸收，这是不争的事实。

商高宗慧眼识武丁，才有《尚书·说命下》中"若作和羹，尔惟盐梅"的金句。羹的出现，无刀何以制羹，无制羹之实，何以引申出治国之道？

厨刀是人类文明发展的产物，是生活所必须，是烹调所必备。

因为有了刀的实物，才知孔圣人《论语》中“割不正不食”祭祀礼义中不可缺的要求，也才有现代的刀工之法、刀法之变、刀功之论……

三、刀术与刀法

《论语》曰：“工欲善其事，必先利其器。”

无论古今之厨房，从初加工到切配、熟装盘，都离不开厨刀。

宰杀一条活鳜鱼，从鳃盖后 2 厘米划一刀放血、刮鳞、剖腹、去鳃等，这都是以刀为工具、一刀多用、一刀多法的案例。

一刀多法，就是手握厨刀后，以刀刃与鱼（物体）之间接触的方向角度和使用厨刀前、中后的不同位置变化，达到相应的目标之法。

通俗地讲，一个土豆抓在左手上，去掉表皮，右手执厨刀，可采用直刮、顺刮、逆刮的方法去掉皮；另一种方法是执刀采用斜刀斜削的方法依次削去表面，遇到土豆因虫咬过或挤压破损的部位，如果仍是削的方法，就会造成浪费，采用厨刀直角的角，用挖、剐之方法。至于将土豆切成丝，则需要用直刀切成片后摆叠成梯阶形，再用排刀切成丝。

在常用的教科书中，刀法通常分为直刀法、平刀法、斜刀法以及其他刀法。

四大刀法之中的每一项变化，又称为刀术（本人一家之言），如平刀法中又分为平刀批、抖刀批、卷刀批。

刀法、刀术之间是纲与目的关系。

那小标题为何刀法在后，刀术在前呢？本人理解，技能与技术，在实践中，技术重于技能，掌握技能的结果仍是“术”的体现。

四、刀工与刀功

刀功是什么？百度汉语中曰：功是物理学中表示力对位移的累积的物理量。这段话不易理解。在日常生活中，常见功夫、气功、功底、立功、头功、基本功等词汇。

在烹饪专业上，书中常见刀工和刀功之说，我早期也会混淆不清，心里觉得刀工即是规范用刀（行刀）的标准方法和要求，通常称为基本功。

刀功，一般是指掌握成熟的行刀之法，熟练地以刀作为工具，其出品超出平常人的刀工效果，通俗地讲，就是刀工技术全面。

这样的理解，目前为止，也不知对与错。中国烹饪大百科全书上有这些词解，业余者平时不动笔，有谁去这样咬文嚼字呢。

电视上常见有厨师表演厨刀的“轻功”，即在自己弯曲抬起的大腿上（或朋友的后背）垫块红布，在上面切肉丝；还有在垫有铁钉的气球上切肉等项目。

真正从厨道上来讲，那种带有表演性质的营销，老业界们会有一点微词。

正能量的厨师，功夫用在文丝豆腐、大煮干丝、四方东坡肉、剞腰花、肫头、肚尖、兰花豆干等菜肴的制作上，使菜品成熟、美观、入味。

刀功不仅表现在热菜上，苏州厨师一只卤鸭，斩四个腰盘，各个部位不同，装盘后是四个刀面，并且让购买的人无论选哪盘，不觉亏，这就是刀功的体现。广东厨师斩鸡，南京人斩烧鸭，各有功力。

中国词典：谭，同于谈。这是我关于厨刀写的第三篇文章。

厨刀是厨师的工具，吃饭的家伙。有了一把陪伴自己已久并且心仪的厨刀，无异于书法家手中的一支笔，如何使用很有讲究。厨师有刀法之说，写墨者有书法之论，都是在本行业界的“法则”中行走。

厨刀与文字的关系，很少有人研究。如厚薄均匀、细如发丝、粗细均匀、干净利落、藕断丝连、整齐划一，这些，与厨刀下的出品有关系吗？又有谁来证明厨刀与他们毫无关系呢？

美国人认为，烹饪是各国文化的起源。在中国，士大夫一样的专家们不以为然，咱不去争，就说一个汉字：宰，万官之首，他的隐形身份就是一个捉刀人。

厨刀将与你我共同前行，我们仍需依靠它，物质条件再“洋乎”，仍离不开、丢不掉它。

中国饮食文化的发展，永远缺少不了这一把构造简单普通的厨刀。

2016.12.25 14:04 于江宁

读《食鳆》

《食鳆》作者为宋代的郭祥正。

原文：风流东武鳆，三月已看花。及冬稍稍盛，来自沧海涯。味腴半附石，体洁不藏沙。被之以火光，何幸挂齿牙。一举连十头，不复录鱼虾。海物类多毒，惟汝性则佳。清水洗病眸，七九为等差。况今咀其肉，课效想更佳。刘邕最可怪，辛苦剥苍痂。

《烹饪文学》译文：风流妍美的东武鲍（古称鳆）鱼，三月份开始生长，到了初冬变得肥美起来。再过一些日子，东海边上，鲍鱼体肥味美，半依礁石上，身体洁白，不藏一粒沙子。采下来用微火慢慢烘烤，吃到嘴里是何等的幸运。一次连着捕到十只，就不再采用其他的鱼虾。海产品很多都有毒性，只有你性质是最好的。用鲍鱼泡的水，来清洗病眼，能治好七至九成。况且今天还细嚼了鲍鱼的肉，想来效果会更好。刘邕也奇怪，辛辛苦苦去剥疮痂。

这是一首叙事的诗，叙述了鲍鱼的一些习性以及人们吃鲍鱼的感觉，还顺带介绍了它的另一种药性功能。

读后感：

这首诗，看似平常，介绍鲍鱼及吃了鲍鱼的感觉，其实诗中有很多的信息，我们今天读来，仍有它的现实意义。

首先，告知我们，东武这个地方出产鲍鱼，那里的海滩很平静，是个避风向阳的浅湾，水生物丰富，便于鲍鱼生长。

鲍鱼古称鳆鱼，有半圆形向内凹的壳，比河蚌多一片外壳，壳外表粗糙如海中礁石，是自我防护石，壳内的肌肉吸附力极强，潜水员在水下，用手是掰不上来的，必用铲子贴着石头迅速铲一下，使其与岩石分离，一次铲不下就拉不出了，需要技巧，尤其是生长在深海区的巨大鲍鱼，采取很难，加之稀少，所以价格昂贵。

香港地区的人擅长烹制、品尝鲍鱼，溏心鲍鱼是鲍鱼中的极品，选料讲究，涨发细致，调味精选上等食材中之精华，以鲜来丰富原鲍鱼的干硬和干香，火候是关键中的关键。

我国辽宁、大连、山东、福建都产鲍鱼，品质尚佳，不过与南非大鲍（一只一斤余）、日本深海鲍比起来，稍显逊色。

鲍鱼名馔，多是干品加工，是现代八珍之一。民国时以北京“谭家菜”、湖南“祖庵菜”著名，宴请用鲍鱼非达官显贵是不够资格的，以鲍鱼日常品食的，以香港、广东人居多，一是因为经济发展好，另外是他们深知鲍鱼是滋补物，只要食之不过量，百利而无一害。

鲜食鲍鱼是近些年新兴起的，人工养殖居多，规格大小不等，小的一斤12只左右，大的一斤多1只，南京太平门一家酒店，以给客人生涮鲍鱼出名，选的是活鲍。

鲍鱼肉浅表皮呈浅黑色，与娃娃鱼色相近，初加工是用尖刀削去肉柱连接处，在沸水中烫十秒左右，迅速捞出，用钢丝球擦去黑浮皮，清水冲过，洁白挺硬，无论小的剞刀还是大的批薄片，都较方便，当然务求菜刀无锈，否则如果遇到此情况，依我的性格，非一脚踢过去，白白糟蹋了食材。

其次，可知鲍鱼性质好。鲍鱼壳的一侧有七个或九个小孔，如海参分四排、六排刺参，只是产地和品种的差异，各有特点，如红皮、青皮、白皮萝卜口感略有差异，太过较真就是病态了，全是商家为提高价格找的由头。我想营养价值应该没有多少差别，也无资料证明谁的高低。

鲍鱼壳，内壳光滑有光泽和色彩，如蚌内壳，有用于扬州漆器上贴花用，下脚料磨粉代珍珠粉用；用于中药，又称石决明，有清肝明目之用。

鲍鱼烤食，我随姐夫在台湾吃过。活烤，慢慢加热，肉泄水至熟，去壳扒（撕）肠（也不去黑浮皮），蘸椒盐、生抽，芥末也行，台币100元一只。

偶尔好奇而已，但确实鲍鱼壳内无沙，不像有的沿海地区产的文蛤、竹蛏，蒜蓉蒸、烧汤都去不尽沙。

我多次对人讲，活鲍鱼是速补，人参是干补，干鲍鱼菜是慢补，刺参是滋补，活鲍老少皆宜，鲜嫩易消化，汆汤如喝中药，效果来得明显。

活鲍鱼，一般干炒、麻辣的少，东宫大酒店中的佛跳墙，一罐一只刺参、一只鲍鱼、一个鸽子蛋等物，加进了鲍鱼档次上去了，鲜味丰富了。有人讲，传统的是干鲍，那是抬杠，不是一个年代，不是一个价，也不是一个品尝的标准。

最后，洗泡鲍鱼的水用于治红眼病，此类偏方在《本草纲目》中常见，因受科学技术的局限，从生活的类比现象来总结，正确与否不必计较。

《食鳆》中讲的对鲍鱼的认识，让咱了解到鲍鱼在宋代时就不是一般人享用的珍贵食材。

秦始皇49岁驾崩于东巡的路上，为防宫廷内发生巨变，身边太监在夏日为掩盖始皇尸体发出的臭味，便随车装了鲍鱼，一路回到西安。细说起来，鲍鱼还为不可一世的嬴政皇帝帮了一次忙。

2015.12.5 23:26 于六合

干贝史话

干贝是一种食物，也是一种名贵的烹饪食材。

干贝产于何地？来源于何种动物？现在年轻的厨师，不去追究这些与烹饪无关的事，更不会去追根溯源，也很少有人研究这方面的知识。

我记得 1986 年 10 月，南京市饮食公司在健康路江苏酒家四楼举办一期一级厨师培训班，由胡老、杨老、尹老、凌老四位坐镇，那期教学的内容绝对货真价实。

时任班主任高祥龙老师代胡老授课，曾专讲飞龙、虫草、蛤士蟆、“四不像”、大马哈鱼等知名食材，在那学了之后，至今仍在消费那时候“贩”来的技术。

干贝，俗称大瑶柱，产于热带的海域，日本、泰国、菲律宾等国的品质好，以个大形整金黄干燥而著称。南京最早使用干贝的是丁山、金陵和南京饭店等名店，有高消费的客群，20 世纪 80 年代初，进价一颗 10 元。据传说多是从香港空运而来的。

国产的干贝，个头小于进口的，主要生长于福建、山东等海域，来源于几种贝壳类的张合用的圆肉柱，学术名称是贝壳产品的闭壳肌。

老一代的厨师喜欢国产的，味鲜香，吃起来有咬（嚼）劲，可能是用久了，特性了解透了。

20 世纪 90 年代，干贝普及了，但味不如过去了，等级降下来了。往往新产品上市，最早的人尝了鲜，也是掏腰包的“冤大头”，无论多春鱼、三文鱼、象拔蚌、北极贝还是澳龙、帝王蟹等，哪一个不是如此呢?

随手在床头翻看《金陵美肴经》，书中有三个干贝菜：桂花干贝、绣球干贝、锅贴干贝。

南京的厨师对干贝的使用，早期是金陵的酥皮海味盅，里面就有一个硕大的瑶柱，形整不散，入口嫩，有韧劲，盅内渗透着大干贝的鲜气，原盅内有鱼鳔、火腿、笋、花菇、散翅、鸽子蛋等。后来社会饭店模仿，越做越假，先是将干贝一瓣两，后来一瓣四，连干贝的外层老筋也不去了，吃的人多了，也没有人来较真。花钱的吃名气，不花钱吃得有面子，时间久了，也没人回头来纠结和认证。

作为高档食材类的干贝，始终是名宴不可缺少的辅料，就是满汉全席也有它的味道。除了味，古人曰：“干贝食后三日，犹觉鸡虾乏味。”可见干贝之鲜美非同一般。

查资料后才知，它是由扇贝的闭壳肌风干制成，还具有抗癌、软化血管、预防动脉硬化等功效。

我在上海延安饭店见川厨黄大师用干贝绒烩拍粉油炸成金黄的鸽子蛋，边饰青菜心，色和形、味、档次全有了。在苏州姑苏饭店见的是发菜贝丝羹。在镇江金山宾馆见过的是干贝烧豆腐，加了青豌豆和洁白的虾仁，毛汤烧，㸆收汁，出锅来半勺热猪油，勾芡撒小香葱，那干贝味在先，然后是烫和香，再后面是滑下肚了。

在南京吃过炖菜核中有干贝，书上见过山东版的锅贴干贝，有的饭店做的芙蓉干贝，总觉得这两样合起来，有点不搭。白与黄，嫩与韧，还有鲜得到位和咸得到家，都带点矛盾。俗厨认为吃不死人，有啥不好呢，不抬杠子，随你便，食天定法，品质观与认知感不是人人都一样的。

曾经风行过两种有名气的味道，一是广东来的小瓶装的 XO 酱，用它炒、爆菜出香。金陵用它炒大虾球（花），有锅气，很受人欢迎。这 XO 酱中主料就是大干贝。

干贝的使用方法很多，它的特点是：适应面广，炖汤、炒饭、拌馅，作辅料与鸡、骨、蹄髈火腿吊汤，汤清鲜纯，是顶级的上汤。

干贝与豆类制品、大白菜和菌类组合，相得益彰，川菜开水白菜，没有干贝加入，就真成开水白菜了。

昨天有一位老师对我讲，你写的东西，我晚上不敢看，会流口水睡不着。我讲，以后尽量晚点发，等你十二点后睡着了再发好吗？哈哈，她笑着讲，你写的太馋人了。

史话有什么特点？百度百科曰：具有科普性、故事性、趣味性等特点。

史话的要求：以历史事实为依据，采用大量的趣味性的叙事故事来讲述一段真实的历史。

请朋友们、同行们说说，我这篇干贝史话，脱离主题了吗？我在俯耳聆听，等待您来指点。

2018.3.7 21:55 于仙林

荤汤史话

荤，又有荤腥之说。名词解释为：荤是一个汉字，读作 hūn，本意是指葱、蒜等辛辣的蔬菜，后来指动物性食物，如鸡、鸭、鱼等。该文字在《说文》和《仓颉篇》等文献中均有记载。中国文字由仓颉造，可见“荤”字，确实属于饮食文化中化石类的文字。

百度曰：“荤菜，是一个汉语词汇，在古代宗教指的是一些食用后会影响性情、欲望的植物，主要有五种荤菜，合称五荤，佛家与道家所指有异。近代则讹称含有动物性成分的餐饮食物为荤菜，事实上这在古代是称为腥。”现在我们说的荤菜有糖醋排骨、红烧肉、红烧猪蹄等。

荤的对应词是素。素，作为词义解释为白色、本色，颜色单纯不艳丽。今天查资料才知道，素，早期与饮食无关。后来，随着词义的延伸，又被赋予了新的内涵，泛指蔬菜、瓜果等副食。素菜现在又细分为豆类、根茎类、叶菜类、果实和干鲜菌笋类等。

《墨子·辞过篇》:“古之民未知为饮食时，素食而分处。”《管子·禁藏》:“果蓏素食。”吃素，常见的有素什锦（杂取诸种蔬菜配合而成的一种素肴），素膳（素食）。

盐阜地区对“荤汤”一词的理解，通俗易懂，以猪肉制品煮、炖、熬的汤。如猪爪汤、肘子（蹄髈）汤、肚肺汤、杂骨汤（筒子骨、扇骨等）。还有腌制的猪肉加水煮成的汤，又称腊味汤。排骨汤，很少有人做，因为大家知道，排骨好吃，但不解馋，骨多肉少，觉得不值得。

20世纪70年代，物资缺乏，一个乡（公社）每天食品厂就杀一两头猪，僧多粥少。我那时天天去买肉，“顶”着供销社的牌子，属于社直机关。

在经济不发达的年代，供销社有烟、煤油、肥皂、白糖等紧俏商品，这些商品属于热门商品，因此，我每天早上去买肉，均得到照顾。菜篮子里躺着红白相间的肋条肉，惹得多少人羡慕，好比现在开着豪车在周游的感觉。

回放一下买肉的场景，那一手拿着砍刀的屠夫（执刀卖肉），他可是周围远近的名人，走在路上老远就有人打招呼，递上香烟寒暄几句。这种示好不是为了马上去买到肉，是先拉好关系，待家中办事请客，需要买肉时，能够选到理想的部位，肥多瘦少骨不多；不希望买到糟头（猪脖子的部位），肥瘦不明朗，熬不出油，烧又不香，炒又咬不动，倒霉的上面还有块淋巴，加热后是黑色，没人敢下筷子。

记得每天卖肉柜台前有几十人买肉，全是家中红白事（订婚、结婚、小孩生日、老人过寿等），大家眼睛都盯着那案板上的肉。只见师傅不慌不忙地，嘴上衔着一支烟，左右耳朵夹着烟，不抬头，眼睛瞄一下“见人下刀”。

那个年代，农村全靠每户二亩多地的收成，无其他副业。一年到头，见不到肉味。

对了，想起来有一件事情，那时每年每户分二百斤左右的统货芦苇，细小的用于春节蒸馒头；中号的芦苇打成柴帘子；大一点的一等品根根笔直壁厚，还有光泽度，用于编织席子和屋内隔断，糊上报纸就是一面墙。

农民本来就没钱，又没关系，好不容易东拼西凑省下的钱，托关系批条子，去柜台上买点肉，先亲热地打声招呼，“师傅啊，您忙呐！”送上笑脸，再递上一支烟，然后送上批的条子，“五斤肉”，只见师傅一刀下去，小钩秤一钩，三斤六两，买肉的人急忙说：“不够不够啊，孩子娶媳妇，四桌人呢，怎么分呢。”又一刀下去，是下一个的了……

肉买不到，退而求其次，即煮肉的汤，就是本文的主题——荤汤。

那个年代，也就是每年的年三十中午才有机会吃上块肉。那还不是单纯的红烧肉，要加很多萝卜进去。

在老家，年三十早上是荤汤煮卷子（无馅的长形馒头），荤汤就是煮肉的汤，八成熟的肉配上萝卜或豇豆干子烧。

农村办筵席，需要用荤汤的有：烩皮肚、烩蹄筋、猪血马蹄羹、淡菜、仔乌肉丝烩萝卜条、瘦肉充鸡（加粉条）等，档次高的甲鱼羹也需要荤汤。

那时的荤汤有味，烧菜也出味，烧个大白菜、炖个豆腐加勺荤汤味就显现出来了。因为那时一家养一头猪，养一年才宰杀，不用人工合成饲料，杀出的猪肉瘦红肥白，骨头砸碎炖了头道汤之后，再用猪油生姜葱炒一下，加水炖，也有香味。

在烹饪史上，荤汤的确为农村的百姓解过燃眉之急，也曾经丰富过餐桌上的味道。因为有了它，让平常的食材有了新的感觉，喝口荤汤滋润着嗓子，用荤汤泡饭立马润滑了。

荤汤有味道，还有历史。鼎，是皇权的象征，又是祭祀的神器，鼎中烹煮各种动物类部位，如猪头、猪后腿、整鸡、羊头、牛头等，还有家禽和家畜类。祭祀之后，鼎中的液体，就是荤汤的始祖，因此说，荤汤的历史源远流长。

根据当前现象，荤汤将渐渐地淡出餐桌，逐渐被人遗忘。现在的猪肉，煮一条腿，香气和鲜气也是淡淡的，加进各类菜品中，感觉不明显且不出味了。

我有忧患意识，于是今晚写上一篇荤汤史话，里面有很多隐性社会现象，借汤说事，以汤述怀。汤，是社会发展的见证者，汤有历史故事，汤是值得记忆的史话元素。

2018.3.11 23:35 于仙林

记灶

灶，《说文解字》曰：炊穴也。

从现代汉字结构上看到，火旁加土为灶。从“灶”字篆刻印章“竈”的字形上看，穴字头，象征古钟形的房子（外形又像空心的灶膛），屋里面是一个“夫”字，即是一个有技能的夫子，最下面是一个象形动物的字，即无锡鼋头渚“鼋”字的下半部分，从繁体字上看像“鱼”或像“龟”字。

灶，通俗来讲，就是用砖石砌成生火做饭的设备。

灶的造型结构南北方大同小异，目的是支撑一个或多个锅。灶下面能生火，外面能排烟，可烧开水，煮熟食物。经济条件好、讲究点的人家，增加灶花（即在灶壁上画上如意吉祥的图案，如鹤、牡丹、鲤鱼等），有点喜气又美观。为了便于打扫卫生，灶面加白石灰和泥，光滑不吸水，也增添了灶的耐用性。

旧时家家有灶，无灶不算家。灶也有其他名称，如锅灶、灶头、烟灶、柴灶、老灶等。据长辈讲，儿女亲家，到对方家见过灶，就略猜出对方家庭的经济实力和家风情况。

有着五千年历史的东方文明古国，同样有着悠久的历史文化。如神农氏炎帝一日食百草，被誉为农业的始祖、农神；黄道婆是纺织衣神；种茶以陆羽为茶行之神；烹饪师祖有詹王和伊尹、彭祖等。河南、江苏徐州厨界都有自己崇拜的厨神，他们在不同的历史阶段，对烹饪事业都作出过重大贡献。

灶，也有灶神，并有灶君、灶王爷、灶老爷、灶神等称谓，那么究竟谁是灶的始祖呢？

关于灶，民间有多个美好的传说，其中一个流传较广的故事是：有一个能工巧匠，擅制灶，美观省柴禾，排烟畅，平时借起砌新灶的机会，向新结婚成家的小夫妻宣传要和睦近邻、孝顺长辈、勤劳持家等新风尚，于是大家从心里相信他。后来这位民间艺人年老病故，社会上不孝行为时有出现，于是有人借老艺人的社会影响力，编了一个绘声绘色的故事。后人选在农历腊月二十三或二十四过小年之时，全家打扫卫生迎接新春的到来，在老艺人砌的灶前听长辈讲故事，一家人经历了一年的风风雨雨，平时的一言一行，砌灶的老先生全看在眼里，老先生升天了，我们全家做几个菜向他祭拜，请老人家上天言好事，下界保全家平安。至此，邻家看到这家兴旺了、家风和善，于是众人效仿，既表达了心意，又统一了思想，就这样形成了一个良好的习俗。

现在物质生活水平有了翻天覆地的变化。在饮食方面，求新、求异、求刺激之后，经过岁月的积淀，人们认为大味至简，大味无术才是饮食的真谛。

古人讲，火是烹饪的关键。古书有记载，一炷香可焖熟一只熊掌。《金瓶梅》

中有一根木棒子炖烂一个猪头的情节。北京全聚德的烤鸭，必选枣木桩为燃料，烤鸭才算正宗。

任何烹饪都离不开火，无论麦秆、芦苇、稻草、豆秆、高粱秆等作为燃料，都能煮熟食物，但最后的出品，在内行面前仍是有区别的。为什么？重点是火性。

各类传统灶有一个共同特点：锅底受热均匀，灶内炉膛热量平衡。灶熄火后，灶膛内草灰仍在渐渐地散发热量，这样既达到焖的作用，又达到酥烂脱骨而不失其形的美感要求，也不会因热量过高，而失去锅内水分。在稳定的高温环境里，原材料分子发生激烈碰撞，形成特有的醇香厚味，这就是灶的魅力。凭此，就抓住了食者的灵魂。

灶，是简单设施，又是文化缩影，是现代的活化石。倘若我们有点耐心，立于灶前，看着从木锅盖缝下冒出的一丝丝热蒸汽，嗅到大自然馈赠的天然香气，在灶膛火的作用下，呈现在家人面前的神奇饮食，不就是我们追求的平凡幸福生活吗？

时代的发展离不开历史，饮食生活不能缺少老灶头，它是我们生活中的历史符号，又是我们人类生存最简单的工具。

灶，不土，很美；灶，淳朴，亲切。我们没有忘记它，我们十分珍视它的存在，感恩于它的温暖，它是味的源头，更是中华文明文化的图腾。

2014.8.4　20:40 于六合

江邻几馔鳅

本文题目选自北宋诗人梅尧臣的《宛陵集》，这是他开创的适闲诗名，作品记录了自己对泥鳅前后变化的看法，强调食物重在调味，写实又有趣味。

原文："泥鳅鱼之下，曾不享佳宾。又嫌太健滑，治洗烦庖人。煎炙亦苦腥，未尝辄向唇。江侯昔南官，家膳无此珍。昨日邀我餐，下箸胜紫鳞。乃知至贱品，唯在调甘辛。"

译文：泥鳅历来在鱼类之下，不被用来款待嘉宾，加上它的身体非常强健滑腻，整理清洗起来太烦神，它们被煎、烤以后还有苦腥味，很难立即送到嘴边。江侯以前在南方做过官，家常菜中也没有这一味。昨天邀请我去吃饭，下筷子尝了一下，觉得胜过鱼。这才知道最低贱的物品，只要调味得法，也可烹调成美味。

读后感：

本文题目为《江邻几馔鳅》。这篇诗文的内容，记录的是在邻居江侯家吃泥鳅的事件。江侯也该是姓江，侯为官职，为何？史书有记载作者曾参与编撰《新唐书》，猜想也许在翰林院供职，况且他是当时全国著名诗人，与苏舜钦齐名。几馔，理解为尝了几次。这也说明两家常走动，符合两家为邻的事实。

从诗中看出，泥鳅在鱼类中，当属地位最低，文中交代，王侯家平常餐桌上也见不到泥鳅的影子。

这说明泥鳅自古以来就不被重视，改革开放前，也没有人家用它来招待客人，如果酒席端上泥鳅，必会大煞风景，表示对客人不尊重和不重视。

春秋时期崇尚礼制，刀工有“割不正不食”“不撤姜食”的名言，筵席上必选一条大鱼，以示以大礼接待。

我从 1974 年入行，从父母的言行中，体会到他们偶尔露出的对泥鳅的厌恶，认为泥鳅无鳞是第一大忌，佛家最讨厌无鳞鱼，列为不洁之鱼。其次是泥鳅表皮黏滑且有土腥味，不讨喜。最后就是泥鳅的面相太差，头有鼠相。

我记得之前泥鳅反掺入红烧杂鱼中，有田螺肉、小鱼、小虾、虎头鲨、小白鱼、乌鱼仔合在一起烧，加点咸辣椒酱和大酱一锅煮熟，人把鱼肉吃完，剩下的骨头留给猫狗啃啃。

泥鳅本是鳅科，属于底层小型鱼类，在贵为一方官员的江侯家餐桌上，宴请重要的文人雅士，令作者惊讶的是竟然有一盘泥鳅菜，作者试探性地尝了一块，味道不同凡响，有“泥鳅胜于鱼”之感，引起了作者的浓厚的兴趣。从这一泥鳅现象，引申出对味及烹饪新的认识：最低贱的物品只要调味得当，掌握其规律，分析主材的特性，就可烹调出美味。

作者为何借鱼说诗（事）呢？作者是宋诗的革新者，因仕途受挫不很得志，也就用“鱼”感慨一下。从诗中的描述和小结，可以读出作者的内心世界，认为万物有创新，才有进步，才有新的境界。

赞扬美味的泥鳅，就是赞扬创新。连不入流的泥鳅，调味创新后，都能进入宴席，那世上还有什么事是不可创新的呢？

下面我说说泥鳅本身。

一、泥鳅地位不该低

生于污泥，生命力强，不怕重金属，不怕化工污水。泥鳅始终强健黏滑，身上的黏液是脱身的保护衣，又是重要的胶原蛋白（当然选材不宜选有重金属污染的鱼类食材）。

二、泥鳅“命大”

泥鳅不怕冻，我小时候，冬日见农村将河水中的黑污泥挖起抛到路面上积成一堆，严冬时节污泥结冻时间长达 2 个月，春暖花开时污泥解冻，常见泥鳅自行钻到路面上，我们放学见了它们，弯下腰，大家口中喊出“咕咕叫、咕咕叫，泥鳅不动了”，我们就悄悄地用左手拦住头，右手拦住尾，迅速双手合拢，泥鳅握在手掌心中乱窜，就会开心地大笑。

三、泥鳅是宝

遇旱池塘水干，泥鳅钻入污泥下面，待雨水下来，泥鳅再钻出水面。泥鳅食杂，其肉质紧，熬火候，砂锅炖一两小时也很常见，名菜如泥鳅钻豆腐。

泥鳅的肉细腻而香，冬可腌后在饭锅中蒸，去腥的方法就是用辣椒酱。烹饪方式可炸、焖，烧汤的极少。

泥鳅品种以金黄宽体、有劲大者为佳。为了避免泥鳅的土腥味，将泥鳅放在水中加鸡蛋清或香油，静养两三天，肠空无土味。农村在冬季不宰杀它们，软烧活泥鳅直接倒入味汁中烧，食时用筷子拨出胆和肠子，原汁原味，血未出还有营养。

泥鳅的故事还有很多，有人会抗议，讲我半夜引诱人流口水不仗义，刹车停笔（手），洗脸睡觉。嘿嘿，各位晚安，明儿见。

2015.12.4 20:43 于江宁

老味道——粥

我自己做了一件打脸的事，笑自己作茧自缚。

今天全天阳光明媚、秋风和顺，气候宜人。心想该是腌萝卜干的好天气，有阳光，收水快，温度高，容易入味。心想着腌萝卜干，联想着萝卜干可以就着地瓜稀饭吃，爽口、拿口（重盐）、合口。萝卜干年年吃，吃了几十年，是地地道道、名副其实的老味道了。

吃地瓜多了胀气，吃萝卜干可消气，这叫“一物降一物，盐卤拿豆腐”，食疗学上称：科学搭配。

咱大脑神游了，先由天气然后想到腌萝卜干，又想到稀饭，再想就是今天写老味道的内容。头脑还算灵活，就以粥为主题吧。

白天在查资料，看了以后吓了一跳，仅百度关于粥的文章就有一万多字，还不包括书橱中的图书资料。一个“粥”字的古与今、诗词典故、名人食粥逸事、粥与养生、中华粥文化史、粥的起源、粥的种类等，看得头昏脑涨，迷糊糊，思维乱得真像一锅粥了。急得我梳不清、理不顺，真是越熟悉的题目越难入手，越简单的题材表述起来越复杂。

比如，现在就遇到两个问题。

第一，粥是什么？这好回答，百度可查定义。稀饭是什么？稀饭与粥有什么区别？茶泡饭与粥的区别是什么？茶泡饭的“茶”，是单指“茶”吗？

第二，老味道……粥，是没有明显的毛病。但再问，老味道中，包含粥吗？这样问下去，哎哟，真是疯了，我真是应了一句话，没事吃饱撑的了。

你看看，才开了个头，就有这么多拦路虎等着。写吧，现在糊涂了，搞不清粥是什么了；不写吧，烧一辈子饭，连个粥都没弄明白，还算是个厨师吗？想想都脸红了。

怎么办，咱不受什么名人典籍束缚，就写自己熟悉和自己理解的内容，就写自己操作过的体会。这样既接地气，又实用、适用，有食用性的意义，岂不简单。

咱也不是考博士，起点定得太高，自己都下不来了。不烦了，咱不充“大尾巴狼”了。

一、粥是生存的根

清薛宝辰在《素食说略》中曰：“粥为人一日不可缺者……”。

就这一句话，让我想起冯小刚的获奖电影《1942》，在困难时代，各地乡绅大户、佛门寺院均在人流路口处支起长长的一排大锅，向逃难求生的人施粥，那场景感人，那义举让人感动。

在饥寒交迫的时候，一碗不论稀稠的热粥，首先解决了人的温饱问题，其次是精神上的温暖。在那个时候，才真正理解古人讲过的："一粥一饭，乃当珍视"的含义。粥，在那个时刻，其重要性代表着生存，代表着真正意义上的帮与助。

看过电影之后，我想起20世纪60年代后期我奶奶做的一碗粥。我从乡下去小街奶奶家，因多了一个人吃饭，锅里的粥就不够分。奶奶把盛好的一碗粥端到我面前说："你先吃，我去把那粥热一下。"见奶奶把头天晚上剩下的粥从盆中倒入锅中，在灶膛塞把干草，点上火，又回到锅前，把切好的韭菜放入锅中，加了点盐。我当时年龄小，觉得有韭菜的粥定比白粥好吃，也要吃，尝了一口，原来是馊的。现在人哪能理解还吃馊了的粥呢。这件事，我至今记忆犹新，我家到现在仍不舍得浪费一点点粮食。

话题沉重了，从人的生活规律和健康需要来看，因病动过手术和产妇刚生了孩子时，身体虚弱，医生建议让病人吃点粥，调养身体，待精神（元气）好点，再开始进食富含蛋白质的汤类。

从身体症状来看，疲劳的时候和感冒发烧之后，或者赴宴大吃之后，首先想到的就是来碗稀粥。

记得2002年左右，夏天演习，天气闷得喘不过气来。首长们回来吃中餐，按正常接待规格上菜，我未先请示，让服务员在首长们的面前每人备上一碗绿豆粥。开席后领导找我，首长不吃海货，都喝稀饭去了，是谁安排的？这时有一个女领班讲，是首长们要吃的，还夸好呢。这才给我解了围，否则就是大事故了。虽然担了风险，根据健康需要配膳，这才科学。

二、关于粥的故事

《说文解字》曰：粥，米字左右两个弓，意思是米在水中，充分地左右膨胀，如拉弓一般，是一种半液体的黏稠食物。

中华文化历史悠久，传统饮食文化又丰富，和粥有关的故事非常多。不枉我临时抱佛脚，看了许多资料，总得引用点，就算是普及一下饮食文化常识吧。

最著名的粥诗之一，是南宋著名诗人陆游《食粥》："世人个个学长年，不悟长年在目前。我得宛丘平易法，只将食粥致神仙。"

古代诗人在咏叹和欣赏美食的时候，被提及最多的恰恰也是粥，如梅花粥、神仙粥、豆粥、茯苓粥、腊八粥等。宋代诗人杨万里有一首诗叫《寒食梅粥》，其诗云："才看腊后得春饶，愁见风前作雪飘。脱蕊收将熬粥吃，落圄仍好当香烧。"

最著名的粥可能是唐代遗留的敦煌残卷《敦煌卷子》所记："神仙粥：山药蒸熟，去皮一斤。鸡头实（即芡实，鸡头米）半斤，煮熟去壳守捣为末，入粳半升。慢火煮成粥，空心食之。或韭子末二三（两）在内，尤妙。食粥后，用好热酒，饮三杯妙。"因这粥"恐为当时道士、修炼之人所服用粥方"，故取名神仙粥。而喝此粥的好处则是"善补虚劳，益气强志，壮元阳，止泄精"，确实为食疗上品，其功效或可媲美“威而刚”。

从有关资料看，目前称为神仙粥的配方，不下十种。因南北地域、物产及食用季节和口味习惯等因素各不相同，但全是食材组合，不论什么配方，食有益而无害。

每年腊月，腊八粥就有素、荤二种风格。南方喜咸，北方喜甜，尤以取干果、豆类为食材，与其合煮，兼有色、香、稠，看了就垂涎欲滴。

最生动的喝粥描述如清郑板桥在给其弟的信中活灵活现地陈述食粥之乐：“暇日咽碎米饼，煮糊涂粥，双手捧碗，缩颈而啜之，霜晨雪早，得此周身俱暖。”

关于粥的故事，还有摆不上桌面的，唐人白居易，曾在翰林院供职，有一次得皇上赐一碗药膳名曰“防风粥”，老人家撰文夸赞其食粥之后，口香七日。

三、制粥之见

通常形容加工粥类方法，多以煮、熬、投等词汇，稀有见过蒸粥，至于砂罐头上烤粥，炭上煨粥、炖粥也有，一般制作量有限，但这些由草木、炭火慢煮出的粥，因加热时间稍长，火候也稳定，其出品香气、黏稠度上均属上乘。

史书有记载，现代实践证明，优质粥品的选料基本要求有以下几方面。

第一是水质。洁净清新的天然山泉雪水或百年古井之水，因富含无机盐和微量元素，无人为的添加消毒杀菌剂类，粥的口感格外醇厚。

第二是大米是煮粥的主材。米种类很多，水稻的生长环境、光照时间和生长时间，米中淀粉所含的多糖比例，都是选择时应该注意的，以刚收获的新米制粥，是最理想的选择。

第三是火候。煮粥，通常是先淘米，后烧水至沸，再下入米，转中火滚几分钟，转小火，让米慢慢吸收水分膨胀，20 分钟后揭盖，大火使其上下翻滚，米粒互相碰撞，米汤水分蒸发一部分，这时见米汤清亮，粥稀稠定型，稠不冒尖，稀不澥水，汁有黏性。南京古城墙就是糯米与水煮熟捣捶上劲作为衔接缝隙的主材。

第四是制粥有三忌：忌中途停火、忌中途添加生水，忌使用不洁铁器炊具（使用铁器腥味）。

四、粥谱

粥品分为四类。

第一类是纯大米中或杂粮参与一至三种为一体的粥类。如在大米中加糯米、大麦糁子、去皮玉米粒、黄豆粉、谷子、血糯米等类型。特点是营养丰富，互补增味。

第二类是纯大米中加入季节性辅料的粥类，如掺加山芋、南瓜、胡萝卜、红枣、桂圆、百合、莲子、鸡头米、嫩玉米粒、白糖等。或有纯杂粮粉（玉米粉、黄豆粉），谷子（小米），燕麦等杂粮粥中，加入瓜、果类辅料制成的复合粥，特点是口感好，保健功能强。

第三类是咸味粥，以广东、福建、海口、香港等地见多。如先把大米白粥煮好，然后一粥百变。在熟米粥中加入生鱼片、猪肝、猪腰、虾仁、生蚝、皮蛋、海蟹等改切成片或小块的辅料烫熟，调味，撒上香葱、熟芝麻、花生屑等调味料，这样的个性出品，特点是一粥一味，四季变化，符合养身的需求，制作要求是荤料必须新鲜成熟，防止焦糊现象出现。

第四类是极品粥。这类粥品的主体米粥，一般属私人定制型，一项一锅一制作，辅料选材特别讲究，如刺参、象鼻蚌、鲜松茸、膏蟹、鹅肝、虫草、燕窝等高档食材，特点是高端大气上档次，适用于高端消费人群。

粥，看似寻常，天天见面，可因经济成本情况，粥品又不寻常的。也就是说，平民的消费，平常的价位。应酬消费，当然讲究一点，改善一下生活品质，又是对营养元素保健的补充。

粥，就一个字，粥文化却无穷。上面仅是蜻蜓点水般的泛泛介绍，如何继承、弘扬、发展，将粥与养生、粥与日常的生活品质结合起来，还需要与时俱进。

粥有滋补润体的功效，这一点不容忽视。粥与美容、减肥、降血脂等保健方面，还有着广泛的市场前景。

粥文化，中国有文字记载在历史中，粥的踪影伴随始终。关于粥的文字，最早见于《周书》：黄帝始烹谷为粥。

中国的粥在 4000 年前主要为食用，2500 年前开始作药用，现代社会生活中，除了有上述两种功能之外，多了一个作用，那就是对粥文化的认识和精神上的享受。

2016.11.16　13:48 于横梁

鳗鱼你快点来

午休起床后，翻看南京民国时期的一本经典菜肴书籍，书中写的老店、老菜和老人让我想起曾经学厨的往事，在翻看到《随园食单》总目录中水族单鱼虾蟹类一栏，其中有十七款名馔古菜，未能见到水中鲛龙——鳗鱼，虽然理解出一本书不可能面面俱到，但鼎鼎大名的鳗鱼被排在册外，未免觉得有些遗憾。

于是，我坐到电脑前，想查查关于鳗鱼的前世今生……

曼，说文解字曰：多用于拉长、秀美、叶片修长之意，艺术类形容较多。“曼”应属于象形文字，古代身材婀娜多姿的女子在表演柔媚甜软的歌舞时，常将两个手掌的掌背横在脸上半遮眼睛，或用轻柔飘逸的纱巾将面部半遮半掩，创造出柔美、迷离的艺术效果。加“女”字旁，多表示女子身材婀娜，歌声甜软，舞姿柔媚。以此推理，估计“鳗鱼”就是水中的“女子”或“舞者”，身体修长，游起来也婀娜多姿，这就是我对鳗鱼的理解。

鳗鱼，不属于舶来品，生长于海淡水会合交界处，与河豚、大马哈鱼、刀鱼、鲥鱼一样属于洄游性鱼类，因生物有它的适应性，长江、珠江流域较多。在我们老家苏北里下河地区，小时候常捉到鳗鱼，它们都生长在一个大水塘中，虽无海洋接触，照样生生不息，今天才知它们的老祖宗来自黄海，盐阜大地就是入海口处，由上游带来的泥沙淤积形成，细算起来，鳗鱼家族在人类到来之前，已在那片土地上生存了。

我常傻傻地认为，鳗鱼动作那样敏捷，怎么能称鳗鱼呢？古人造字，可能看到它在水中的柔美轻盈和流线型的形态，给它取了一个富有诗意的名字，它还有一个美丽的名字，鳗鲡。我们不得不承认老祖宗的智慧。

不久前，在扬州虹桥阁品尝了红烧鳗鱼之后，又让我想起 20 世纪 80 年代初在苏州观前街松鹤楼菜馆曾经学习过的黄焖鳗（注，此菜就三个字），改革开放后，第一版江苏菜谱中录有此菜，列为江苏名菜类，属于苏州地方名品。

这道菜以重猪油，重冰糖，重料酒，重香葱，重蒜瓣，少量酱油加工而成，微火炖三小时以上才能离火，达到酥烂入味出香的程度；起锅后，不是马上上席，需要排扣于小碗中，上笼再蒸半小时；扣盘，围绿叶，浇原汁上席；一人一小节，入口香甜酥烂，不用牙咬，舌尖轻轻一卷进入喉咙，想在口中多停留一会儿也不可能，有一种“抢吃偷吃”的感觉。

中国美食的魅力在温度、在鲜、在醇，所以，大凡美食必烫、必鲜。

前面所讲的烹饪方法和特点，有一共同点，即选料不能忽视，过去必选大鳗鱼，今天需选野生或饲养超过 18 个月的活鱼，这样它的肉质和它所含脂肪才能在火候、糖、大油的作用下，分子激烈碰撞产生复合香气，油脂成分结构也发生了变化。

鳗鱼在餐桌上有相当长的历史，在老年人的心里，定会有许多关于鳗鱼的记忆。小时候，我家的餐桌上基本上见不到鳗鱼。从母亲口中得知，传说鳗鱼喜食人类动物腐尸，不干净，还被认为腥味重，于是进不了家门。

那个年代，鳗鱼不值钱，农村集市上少有售，秋冬季节，农民得闲在河沟中捕鱼，发现小的鳗鱼红烧，个头大的鳗鱼从腹部剖开去内脏，不洗，用布擦去血，趁热撒上盐，用手搓揉，至表层渗出水分，将其放入缸中，上压石块，三五天后，挂在通风处晾干，需要吃时，洗一下，斩段，放碗中，加葱姜，倒上二汤匙黄黄的纯豆油，放饭锅上一并蒸熟，揭开锅盖满屋飘香，鳗鱼肉吃在口中有咬劲，越嚼越香。如果鳗鱼蒸前，加点小磨辣椒酱同蒸，出锅红红的油卤特下饭，最后用其鱼卤拌饭，还能多吃半碗大麦糁子饭。20世纪五六十年代出生的人，吃过咸鳗鱼的人都认为油多且香，很解馋，在长身体的年龄，却也是一次补充营养的好机会。这是后来我从当年的小伙伴那里听说的感受。

昨天晚上，在无锡太湖工人疗养院上班的盐城籍厨师王大厨，看到我写的初稿，马上发来微信，说在他们老家红烧鳗鱼是婚庆喜事的一份大菜，肥鲜味香。由此可知，鳗鱼是平民百姓喜欢的材料。

曾几何时，鳗鱼已经变成了一道餐厅主打菜，红烧，豉油蒸，蒜蓉，葱油，剁椒斩蓉轮番加工。后来从上海传来时尚的鳗鱼吃法——烤鳗，属于引进技术，刚出炉子，刷了蜂蜜，枣红光亮，鳗鱼经腌烤后，不觉油腻。上海延安饭店大厨于加强请我尝过，细嫩微甜，细润鲜香，配一片烤吐司，中和油脂，确实精致。

这是经媒体宣传的效应，日本人喜白鳝，即鳗鱼，故长寿者多，于是国人也出现争相食用的现象。未曾想，三四年工夫，又有宣传说鳗鱼含大量胆固醇，由此，鳗鱼命运一落千丈。如果鳗鱼有知，定会问道：我们得罪了谁？

于是，我写此文，就是希望食客和同行在饮食选材上，科学地对待。

与人类同龄的鳗鱼，我们认识它、了解它还需要有一段认识的过程，熟悉利用它，才是对我们人类负责任的科学态度。任何事均有多面性，况且胆固醇还是营养素中不可缺少的，完全拒绝它也是不符合科学饮食要求的。只不过是在摄入量上，加强控制和合理的调剂，让鳗鱼既满足食客口味需求，又能提供天然的营养物质，岂不更好吗？

2014.1.10 13时于军区大院

面面俱到

依稀记得年少时在广播中常听到一首歌：“麦浪滚滚闪金光，十里歌声十里香，丰收的喜悦到处传，家家户户喜洋洋……”现在偶尔想起这首歌，农村麦田、麦浪、麦收的场景仍历历在目。梦中仿佛置身麦田，钻进麦垄中寻找散落生长于麦田中的豌豆藤，采摘碧绿带有清香的嫩豌豆荚，用手剥出一排翠珠般略有甜味的豌豆粒，放在舌尖上，其感觉不亚于时下品尝的各类精致水果。质朴的童年生活，随着岁月的流逝，无忧的情境已渐行渐远，逐渐模糊了。

麦子分大麦、小麦等几类。大麦用水湿过，用机械脱去麦壳，再把麦仁粉碎成三种规格，即粗颗粒、细颗粒、大麦面。粗颗粒用于煮干饭，掺大米合煮称米和糁子饭。细颗粒掺山芋、山芋干煮稀饭，是改革开放前农民早晚的主食，单煮加点口碱，煮成的稀饭成浅红色，凉性，夏天食用有解暑功能。大麦面加水揉成团，可摊薄饼烙熟，也可切条与瓜菜煮成咸味，或用两手抓捏成橄榄状，放于稀饭锅中，是给以体力劳动为主的人加的“硬货”。大麦面粗纤维含量高，面筋含量少，故不易成团，松散难成形，口感粗糙，小孩不喜欢，常掺入小麦面粉合做饼类，口感略好些。那个年代没办法，有吃就不挑剔了，有的邻居一天仅吃二餐稀饭，因生活基础差，与我母亲同代人有的已走了多年。

小麦，是大家熟悉的主粮之一。小麦皮的颜色，是时尚健康皮肤的标准色。小麦的表皮称麦麸，是猪、鸡等家畜和家禽的饲料。麦仁芯外层磨出的面粉，富含维生素等成分，但色暗，是大众消费型的面粉，称高筋粉。麦仁芯部分磨成的面粉，含植物蛋白质比例高，出品白，称高精粉，是筵席面点首选的种类。小麦富含淀粉、蛋白质、脂肪、无机盐、钙、铁、B 族维生素及维生素 A 等。因品种和环境条件不同，营养成分的差别较大。

百度百科：麦，形声字兼会意字。从夂，从来，来亦声。“来”指“小麦”。“夂”为“飧”省，指“晚饭”。“来”与“夂”联合起来表示“晚饭吃小麦做的面食”。本义：作为主食原料的小麦。

繁体字为麥，从来，来字本身亦训为小麦。“来”意为“外来”，来自“天方”，即《说文》等文献所谓的“天所来也”。“天方”即今中东地区。第一批小麦种子及小麦专家来自古代伊朗。

面粉在日常生活中使用非常广泛，它是一日三餐不可缺的主粮。烧饼、油条、包子、馒头、锅贴、水饺等是传统的主食，是百姓喜爱的。面粉的主要产品面条更是百花齐放，品种繁多，久食不厌，营养丰富。

考古发现与史料证明，面条起源于中国，面条是一种制作简单，食用方便，营养丰富，即可主食又可快餐的健康食品，早已为世界人民所接受与喜爱。面条是一种用谷物或豆类的面粉加水磨成面团，之后或者压或擀制成片再切或压，或者使用搓、拉、捏等方法制成条状（或窄或宽，或扁或圆）或小片状，最后经煮、炒、烩、炸而成的一种食品。如北京的炸酱面、河北的捞面、山西的刀削面、上海的阳春面、川府地区的担担面等。地方特色面条极其丰富，又如节日喜庆的长寿面、常来常往面等。

在中国，最初所有面食统称为饼，在汤中煮熟的叫“汤饼”，即最早的面条。汉代刘熙《释名·释饮食》中有索饼；北魏贾思勰《齐民要术》中记有“水引饼”，是一种一尺一断，薄如“韭叶”的水煮食品；唐朝又有被称为冷淘的过水凉面；宋朝饮食市场上的面条品种达 10 种之多，丰富多彩，有插肉面、浇头面等；元朝出现了可以久存的挂面；明朝有制作技术高超的拉面，还有山西等地制作特殊的刀削面；清朝乾隆年间又有经过煮、炸后，再加入菜肴烧焖而熟的伊府面，这些都是中国历史上著名的面条制品。

面条是一种非常古老的食物，它起源于中国，历史源远流长，在东汉年间已有记载，至今超过1900年。最早的实物面条是由中国科学院地质与地球物理研究所的科学家发现的，他们在2002年10月14日在黄河上游、青海省民和县喇家村进行地质考察时，在一处河漫滩沉积物地下3米处，发现了一个倒扣的碗，碗中装有黄色的面条，最长的有50厘米。研究人员通过分析该物质的成分，发现这碗面条已经有约4000年历史，使面条的最早出现时间大大提前。

我对制作面条并不陌生，快17岁时跟在父亲后面当下手（今称助手，学徒谋生），对于传统手擀面条、煮面、调味有多年的实践体会，在这里分享一下。

一、手工和面缸的要求

和面的缸选择壁厚的瓦、陶圆形浅口，高不过30厘米，直径在80厘米左右，内壁有釉光滑，自身有重量，不晃动。一次可和3～8斤（1.5～4千克）面粉（若选金属容器，面团摩擦产生铁绣色，成品暗；选搪瓷脸盆，太轻易转动；木盆则会粘面粉）。缸过大松散，过小外溢，口小手臂划不开。

二、和面要求三面光

一般一斤面粉夏季三两八钱水（500克面粉190毫升水），冬季需四两（200毫升）水。和面步骤是：面粉放面缸内，中间挖出凹槽倒入水，从四周向中间抄（干粉划入水中），再从底部向上抄，一边抄一边用手指轻抓捏，形成小块棉絮块状，无干粉，然后双手握拳，垂直向下用力，捶捣压成面饼，依次前后、左右对折，用拳不停地揉搓8分钟左右成团状，至面光细腻，手光，手心手背不沾面粉，盆光，盆内四周无余粉。用潮纱布双层覆盖饧8～10分钟，取出放在面案上再揉5分钟，至面内部匀均有筋力，有弹性无干硬的感觉。水面三斤（1.5千克）重一团为宜。

三、擀皮的步骤

取1米长的圆擀面棒（棍），从面团顶部中间压下，成排列状把面团压扁，面翻身，换一角度排列依次压一遍，在上面撒干面粉防粘，用棒从面一边卷起，双手手掌心用力下压棒两端，并把面棒从面案中间拖拉向腹部，如此反复几次，展开撒粉翻身，依上法重复压推拉，见面厚处多压多抹，薄处用力轻一点，见面皮直径达1米左右，并且厚薄基本均匀，撒粉，把它累叠成长条，宽10厘米，用刀切成与厚度一致的面条，抖散备用。

四、其他

夏天和面加盐和碱，有劲，防发酵，冬天加30℃的温水易成团，面粉筋力低加水量略减。擀面时防粘，有时用纱布包生粉，拍在面表层，代替干面粉，面条出锅，表面光滑有光泽，口感好。做面条不难，做出特色也有讲究，煮的时间很重要，在锅中提前或延迟10秒钟，都会影响口味。上半年，北京一朋友小马师傅在中山陵八号做面，从面条入碗，由服务员端上桌到客人面前，调汤的温度保持在65～70℃，达到碗不烫手，面不烫嘴，面味不被影响的要求。在日本教科书上，擀面左推右推几下，有严格标准，都已细化成系统程序了。

五、煮面法则

首先，水宽面精。即五斤水（2.5千克）煮一斤（0.5千克）下面的水面比例；其次，生动饺子熟动面。即水沸，下入面条，迅速用竹筷拨散（待熟再拨易碎），至沸，泼半碗冷水下锅，加盖，再沸，再加冷水至沸，即可捞面装碗，久煮不加冷水、不加锅盖影响品质和口味。而水饺下锅待饺子快熟才能翻拨，否则会破皮露馅。

六、面条调味

可淡可浓，可香可辣，可荤可素，可炒可汤，可拌可热。面条浇头，可选虾仁、鳝丝、熏鱼、牛肉、皮肚、猪肝等。面汤，可选骨汤、鸡汤、鱼汤、笋汤、菌汤、红汤、清汤、奶汤等。配料可加红、绿、黄、黑等彩色时蔬，也有在面条上加香菜、葱花、蒜叶等香辛辅料，来丰富口味。

3年前，有一学生张福芹在江宁新火车站附近筹开手工擀面馆至今，以山东、金陵风味为主，店堂干净整洁、宽敞明亮，面条品种有30余种。见其面条很有筋道，浇头丰富，丰俭敞开自选，口味醇香，并免费备有蒜头、辣酱、小菜等佐餐，我便拟题请一书法家写了一条幅“面面俱到”赠送，意在表扬他面馆品种多样，服务周到。今在写此文时，仍选用面面俱到为本文题目，想沾点财气。

2012.8.2 21:20于南京

年记

年，传说中本是一种猛兽。因人畏惧它，粮食收成进仓后，各户便献上最好的食物让其吃饱，不再祸害人类。

农村有一句俗话："年关到了。"一个关字，可见其厉害了。

过年的习俗流传下来，成了中华民族生活文化中一个最重要的节日，延续至今。

过年如一台大戏，有序幕、开场、高潮和尾声。

序幕有腊八节，即将一年收成的五谷杂粮合煮一锅（稠）粥，一家人小庆一下，算是年的开端。

开场是腊月二十四，烧几个菜，敬一下，送灶王爷上西天汇报一年的好日子，希望灶王爷上天言好事，用蜂蜜在灶王图像的嘴上抹一下，"贿赂"一下，吃口定心糖，不该说的千万别说，嘿嘿，同时期望来年锅灶热气腾腾。

年三十晚上是大戏的高潮，家家张灯结彩，旧桃换新符。

除了扫尘、贴门联（现叫"春联"）和"挂廊"、贴福字，还要准备重要的核心内容：美食。比如北方盛产小麦，以包饺子为多，一家人围坐一起品"元宝"、尝"弯弯顺"，饮美酒庆贺一年的乐事和喜事。南方素有鱼米之香之盛名，年三十的午饭或年夜饭准备，惯例是鸡鱼肉蛋等家中最好的食物，红烧肉、大鱼、全鸡不会少的……

过年有吃，也不仅仅为了吃，吃饱喝足之后还需有文化内容登场。比如：鸡，称凤；鱼，称连年有鱼；肉加工成大肉圆，称为团团圆圆；鸡蛋，在江浙之地，称为元宝蛋；杂烩引申称为全家福。还有，过年也有迎春之意，在食物、筵席名称中有时加上一个春字，如春卷、春酒等。当然也有豆腐食材，教育子女清清白白做人，不忘苦日子，有珍惜当下之意。

孔圣人提倡克己复礼，礼是最高级的“形式和内容”，一切围绕着礼的文化程序，对先祖必须祭祀，对天地必须敬畏，对君主必须行叩谢之恩等。因此，过年祭拜焚香、烧纸、上贡品等是重要的仪式，要怀着崇敬之心。

鲁迅小说《祝福》中，就有祥林嫂为了够“资格”，为祖上敬一炷香，捐了多少辛苦钱。

贡品中最高规格的是牛头、猪头、羊头、全鸡、全鸭等，各类动物食材上需贴上红纸，再烧纸、叩头。

一番程序之后，一家人才围坐八仙桌，父母长辈坐上席，兄弟姐妹依年龄依次入座。

燃放鞭炮，是大年初一开门的第一件事，表示新的一年开始。

南方初一早上吃汤圆，馅心有甜有咸、有荤有素，吃早饭时一家人默默不言语，担心小孩冒失错讲一句话，而造成一年不快乐。这就是接近尾声了。初一这一天，门庭若市，高朋满座，象征人丁兴旺，喜气洋洋。初一禁扫地，担心财源流失。初二开始走亲访友，互相馈赠礼品，交流一年的感受，说说大吉大利之言，皆大欢喜。

年的后序有初五、十五、二月二等三个程序结束，大家该收收心了，在农村就要开始准备春耕春种了。

哎哟，差点忘了小孩子们的开心事，即年三十晚上睡着之后，父母会在床头枕下放上一包大糕和压岁钱红包,待小孩初一早上眼睛一睁就见到红包，心情大好，预示一年好心情，顺顺利利。

至于亲友之间给孩子压岁钱，那是大人们之间友情交流的一种方式，加深情感互动。

关于年，还有许多习俗，还有许多吉祥的词语，本人书读得少，没有创意型的吉语，只有延用老套话：祝所有至亲挚友、微信朋友们鸿运高照，吉祥如意。

鸡年大吉，一唱即响，一叫有喜，大叫快乐，不叫闷声发大财。

一句话：“今年有鸡即有福，有福必有运，有运路则广，有广则招天下财。”

有了上述的收获也就差不多了，该开心了吧。什么？还有不满意，那就是您太贪了，过贪，当心鸡飞蛋打。

一笑便罢。

2017 年农历正月初四于横梁

热粥

粥在《康熙字典》中的释义也称糜，是一种由稻米、小米或玉米豆类等粮食煮成的稠糊的食物；又释：用火和水把米粒体积增加到最大时候的米饭。

现代人食粥，年轻时尚的人，喜食广式或潮州的海鲜粥。老年人仍喜传统的白粥（单一或复合型），吃下去舒服。

在中央电视台播出的《顺德味道》节目中，见有粥示范介绍：取精米水泡煮白粥，米与水比例一次投放，中途不停火、不添水，先大火后中火，再大火之后，见米粒稀花烂，糊状粥粘在勺子上，成了“原味粥”（本人命名），就炖在小火之上，随用随取。

电视上的画面，见镜头追着早起的女老板，去市场选购新鲜的猪肝、猪腰等急匆匆地赶回，切片、切丝改刀之后，分类摆放。客人点什么主料，老板麻利地用舀勺将粥倒入小锅中，炖火上，顺手抓把荤料，见手勺在锅中旋转，猪内脏表层经热粥烫后，转为灰白，不见吐水，血水被粥锁住，至沸，抓把切细的香葱，又添加了调味，手勺搅几下，一碗滚烫的鲜粥就成了。

看得我直流口水，心想那猪肝、那猪腰，美的不在那刀工上，而在那又烫又嫩的味道上……

记得在20世纪80年代中期，原山西路军人俱乐部派我去广州军区珠江宾馆学习。之前从菜谱中见过介绍广东的皮蛋碎肉粥，一次在街口，见一粥铺，买了一碗，一周的津贴没了。一小碗粥端到面前，赶紧低头喝一口，天呐，什么味呀，满口的腥气，这腥，不是鱼之腥，而是松花蛋粒入粥之腥（今称香），加了葱花和盐，那味是平生与舌尖的第一次碰面，可尴尬了，咽不下，又无处吐，掉头赶紧离开桌子，跑出门外，那碗还冒气的粥，也不要了，那一次真是花钱买亏吃。

不怪那粥的味，怪咱土包子，不习惯那口味。现在我去粥店，必点一碗皮蛋粥，吃得可口还舒坦，不油腻了，还有皮蛋的香气。

在仙林万达购物广场，有一广式粤菜风味馆，我去吃过几次。那鸡丝皮蛋粥，稀稠正好，备一小碟切得很细又均匀的小香葱，在灯光的照射下，成了名副其实的“葱花”，还随一碟油炸的不规则面片，掺拌热粥中，用白瓷小调羹舀一勺，送入口中，鲜中有香，粥中有脆，吃的时候想到一句话：“此乃绝配。”

本月上旬回老家滨海有事，得闲询问如何去滨海宾馆吃碗粥呢?

说起滨海的粥，非常有名，如滨海的何首乌粉一样，令自称为大滨海的人感到自豪呢。

20世纪70年代就听公社干部讲过（有时代感的机构名称）县宾馆的粥，凡吃过的人，都夸好，咱没吃过，偶尔探亲回乡，不可能为一碗粥跑十公里去吃，真会让人“笑掉大牙”（俗语），实话讲也没那条件。

有一次，我哥哥在酒店安排午席（不敢称宴），正巧我身边是一位派出所干部作陪，聊起“粥”来，他说常去吃，能背上好几句煮粥技术的顺口溜，并熟悉其流程，我听了他的介绍，感觉全是干货，合情合理，可惜，喝酒之后，下午醒了接着继续喝，待醒了，一句记不得，后悔至今。

这次，表弟安排，规格高，进入楼上雅座包厢，除了享有盛名的“热粥”之外，还标配滨海人吃粥的几道点心和几碟小菜，全是围绕吃粥而选。有的是咸菜醒口，有拌海蜇是地方特产，有烧小杂鱼，那是乡味，乡愁的载体，小杂鱼一锅煮，有味入味，全野生鱼，用饼蘸点鱼汤，那真是有亲切感。

主食有“大丰收”杂粮，还有油条、包子和大饼等。让我意外的是，每客都有一小碗熟何首乌（中药类，可乌发滋阴），透明见亮，每人配一小纸袋细糖，手撕撒上拌匀，入口甜度和温度恰当，薄薄的肚皮，有这份甜品，真可谓是“锦上添花”了。

话说那天早上，冒着细雨去尝了省内盛名的地方经典，一碗热粥，服务员端上来，原以为如八宝粥、腊八粥一般，乍一看，如一碗豆浆煮米粥，因稀，还不够粥的稠呢。赶紧尝一口，有豆香和杂粮类的清香，细看是乳白色，入口细滑，粥入口中，有米粒在口中滚动的感觉。当然，第一口香气，当来源于豆类，至于复合香，可能是几种杂粮按比例配成后磨成细粉，加水用蒸汽在锅中沸滚碰撞产生的复合香气。

我至今认为那碗复合粮食煮成的成品，算不上是“粥”，或称为含有米和水的“糊”吧。

它，为什么享有40余年的盛名和口碑呢？那粥，如日本著名的那锅白米饭，烹煮加工的人，几十年如一日，不断摸索总结而得到的经验，这既选用滨海的主粮，又适合滨海人的口味的需求。

经过长年的不断修正，在选料、配伍、添水量、煮沸时间与火候、抑扬某种物料的本香的摸索中，勤于总结，还有选用高出锅沿，外加一圈木板围成的“高蒸锅”，高出水面有近30厘米，那水里的温度该不低于100℃。

最后的拙见，滨海的水质，属于偏碱性，这就有利于豆米的溶解，间接增添了碱质香气。

几十年来，不断有传说，有人讲是蒸锅作用，有人讲是蒸汽不粘锅，有人讲，加了苏打，有人讲，每天留一盆新粥，第二天掺进大锅去，口感不一般……

本文取名《热粥》一语双关，关于粥，该是烫的，它不是稀饭，应当是稠的。

另一层含义，滨海的粥，煮到机关大院，红了几十年，无人可比，它不热吗？

再回到开头时《康熙字典》对粥的解释，又令我想到，古人比我们对粥的认识，更加深刻透彻。

2019.3.15　10:25 于六合

食堂那年

食堂，古时叫伙房、膳房，今也叫食堂，常见于学校、公司、工厂和军营，是大量人群集体用餐的地方。

我曾任职于某军区司令部机关第一食堂。想当年，军区司、政、后检查，每次均获先进食堂。那时，能获得军区后勤部（后来称为联勤部）的表彰，发一纸奖状，便是上下都感到光荣的事。

20 世纪 80 年代初期，食品供应还不太丰富，司令部机关食堂在全区评为先进是不容易的，包括院校系统在内，有 20 多个食堂竞争，硬件、软件都有要求，能有个贴上白色瓷砖的灶台和马赛克防滑的地面，就是数得上的硬件了。

每年检查评比一次，是很困难的事，几十项要求，一一落实整改，基本要求是墙要白，地要净，窗要明，灯要亮，前后无污水，厕所（暑天）无蚊蝇、无异味，员工着装整洁，手指无长指甲，不准用手抓熟食，饭菜品质要好，机关就餐人员要打分统计，看食谱，看成本，看仓库，看员工宿舍卫生……这仅是部分，还有抽查员工对食品卫生的认识和食品加工的流程及要求的掌握情况。

有了这样的服务保障，机关食堂早餐开饭曾经是门庭若市，好评如潮，有口皆碑。机关干部出差到外军区，或下基层到军师单位，谈到在一食堂用餐，特有自豪感。食堂的战士能学到技术，伙食也好，警卫营和农场的战士能调到食堂来，那是梦想。

一晃三十余年过去了，现在均已成云烟，能定格在记忆中的不是每次“脱一层皮”的皮肉之苦，而是当年的一股劲。战士、职工在干，汗水把军装浸湿，上面冒着白色盐霜，没有奖金，没有提干的要求，就是起早贪黑，每天早上都在认真的付出。炸油条，烤烧饼，在大暑天，站在油锅边拨油条、蒸烧卖、素包子等多种小吃面点的场景，现在仍历历在目。

在为机关首长和干部保障的历史生活里，过去的场景已不在，食堂已化为平地。铁打的营房，流水的兵，当年红案班和白案班的战士，绝大多数退伍回地方了，定格下来的是大会的动员，大家共同的努力和不计辛苦的加班加点，还有在各自记忆中的欢笑和友情。

在曾经的保障人员战士和职工的心中，我认为，大环境影响着一代人，大时代造就了一批人。大食堂是那个年代的产物，也是军队生存发展壮大必须具备的，应该讲大食堂，在那个年代办的是成功的。

现在客观地讲，军费生活费提高了，过去的生活标准和现在战士每天早上有鸡蛋、牛奶等是不能相比的。当年的成功和荣誉在今天看来，最值得记录的就是那个时代大伙的奉献。

曾在司令部机关原一食堂工作过的朋友们，我无资格在此夸奖每一个人，也无能力为每一个人描述你们对部队的奉献简况，这里仅凭本人记忆，记下大家曾在一起工作和吃饭的地方，一起保障的碎片记忆，第一食堂虽然是被遗忘了，但这里也该是我们集结号的起点和终点，是值得纪念的地方。我们大家因食堂相聚，有曾经在一起工作的经历，也算是青春无悔吧。

食堂还有很多会餐、接待任务、每年宴请老干部及战士的来与去等许多感人的故事，未有列入，待以后有机会再增补《食堂史记》吧。

有兴趣的食堂朋友们，可以帮我搜集一下素材，来丰富一下史实内容。

2017.12.4 22:20 于仙林

食为先的检索

全国仅有两个城市——广东东莞和江苏南京以“食为先”作为餐饮培训和酒店名称使用，且都成了全国知名品牌。

这是个金字招牌，最早在北京东路鼓楼东边有一个精致的酒馆，店名“食为先”。从门外看，里面物品摆放整齐，窗洁灯明，墙上挂件和物品摆设透着品味。据业内朋友介绍，老板是文化人，厨师是旅游系统星级青年厨师，做菜清爽可口，餐具也精致。我进去吃过，记得有一盘雪梗炒带子，当时感觉厨师有实力。

雪里蕻梗，是炒虾仁、山鸡片、冬笋的绿叶，有了它的衬托，主料不犯嫌，经葱白煸过，出香出味。

宁波靠近海，对雪菜情有独钟，把海鲜的腥味与雪菜或雪菜卤掺入其中，如卤水点豆腐，一物降一物，恰到好处，两者相结合，海鲜更鲜更香，雪菜更加有味，堪称完美，代表菜如雪菜大汤黄鱼、白灼响螺，均少不了它。

“食为先”用不易入味的冰冻雪白带子炒雪菜，从饮食营养学原理上来讲是有出处的，令人敬佩的是20多年前，把百姓小菜与顶级高档食材相互搭配，没有点胆子，没有经过名师指导，是做不出那样带子不脱浆、不出水以及雪菜梗颗粒表皮色碧绿、皮不枯的感觉来的。

名厨需要遇到好的老板，名菜要有高端的食客来产生共鸣，名店须有扎实周全的功夫，这或许是“食为先”誉满食坛的基础吧。

从相关资料中搜索，没有“食为先”三字出处，只有从别的典故意义引申而来。

第一，民以食为天，此句出自《汉书郦食其传》。其中有真实典故：秦王朝崩溃，项羽和刘邦“内战”，项羽以失策后进城而失利，向刘邦讨要地盘，刘邦咨询身边谋士郦，郦建议把原秦朝的粮仓所在地敖山留下，分让另一块地成皋交出，看似条件好的地块，其实是无食之源的孬地。理由是：王者以民为天，而民以食为天。项采纳，楚军不知护粟仓的重要而去它处，因粮食导致的结果是，项王别姬乌江，刘邦创立大汉王朝。

第二，国以粮为本。春秋时期，政治家管仲曰：“衣食足，则知荣辱。治国就是牧民，管理天下，只要让老百姓有饭吃，然后就会守法、懂规矩。”可见，食文化的核心就是立国之本。

第三，老话讲食以安为先。因为有了食物才有了人类，因为有了食物，社会才不断前进发展到今天。总理有言：“仓中有粮，心中不慌，百姓手中有粮，则心安。”从社会的发展，又引申出食品以安全为先。

食，不是小事，古人比喻它为“天”。食是至高无上、神圣不可动摇的地位，食与民、国的关系，有着相互依赖的重要性。

我对徐总讲，我发现现在的餐饮出品现象是：“重目食，轻可食性”，饮食加工的目的是提供可口的美食，然后是根据肌体的需求供给营养。

现在行业流行创意菜成风，选用各种浅、平类型的餐具。冷菜配上不太卫生的花草树叶，热菜用的是蒲席、竹皮卷扎，十八般手段打扮，与提高味感、去除异味、突出本味无关，我看到、听到、尝到，只能沉默。因为我知晓底牌，有些人所谓的创新就是用料减少、降低成本，有些人所谓的创艺就是掩盖厨师基本功不足。尽管现在各店宣传的菜品怎么艺术，有几个食客愿意饿着肚子，看着盘子，对着古诗呢？谁会自掏腰包，去费那个心思呢？

我心里想，厨房何时成了国学研究场所了？菜品何时成了插花盆景了？厨师们微信晒的菜品，自己互相交流桌上的大盘小碟，哪一盘不是满盆满盏的。

于是我希望徐总写四个字“食在第一”。徐总不愧名校出身的高才生，他建议写“食为先”，我听了，更加佩服，同样意思，文字表达的效果就大不同。可见厨师握厚重的厨刀，虽说是重要的国技之一，但是远不及十年寒窗熬出来，手握毛笔的文化精英们出彩。

2015.6.4 21:01 于百家湖东侧

说“大”就“大”

2014年4月29日与一位书法爱好者，关于书法的大、小字在微信上有过一些交流，浅谈一下对“大”的认识。

大，真大也。大门、大树、大厅、大碗、大鱼、大包子、大块肉、大菜、大虾、大汉、大头、大江、大海等，用的大字太多，无处不在。

曾有一朋友为给书斋起名字，一起交流，我希望大气一点，他是个谦逊的厨师，对大千世界大有敬畏之心。认为在大千世界里，自己只算是一个新手，一个厨师，岂敢用“大风堂主”这样大气的名头，我听后，就以自己对“大”的理解进行切磋。

以烹调为例，它也是大的职业，大的产业，行业之中地位最高、最大，于是，说了烹饪与大的关系。

今天从手机中偶然翻出，觉得真是驴唇不对马嘴的见解，想想好笑，反正不怕丑惯了，索性略改后发出，说明当时就是这样认识的。

俗话有“三句话不离本行”之说，也就是以自己熟悉的词汇，用于比喻通俗易懂。

烹饪中有关于大字的应用，如大菜、大厨、大味、大盐、大锅、大灶、大盘子等均是大字头。

当然，大也有贬义，不孝有三，无后为大，当然，这个是特指。

烹饪是中国历史文化源头，现政府构架中有的词汇，仍沿袭使用烹饪术语，如红案（断案）、一道菜（一道圣旨）、文火（文官）、武火（武官）等。

官员本是由厨师中产生，如易牙，春秋时代一位著名的厨师，也有写成狄牙的。他是齐桓公宠幸的近臣，用为雍人。易牙是第一个运用调和之事操作烹饪的庖厨，好调味，很善于做菜，所以很得齐桓公的欢心。因为他是厨师出身，烹饪技艺很高，他又是第一个开私人饭馆的人，所以他被厨师们称作祖师。

有史料记载，庖丁极低的地位，因负庖厨之责，在祭祀后，分肉均匀（以石为刀），深得众人信任，众信服而推举，拥他为官。

历史上最早的职业厨师，是今天官员的鼻祖，如商汤时，陪嫁的厨师伊尹，因他技术超群，又能发现各种食材的规律，深得汤王喜欢。《吕氏春秋》记载："一次商汤与伊尹对话，由烹饪引申出治国之道，说汤（泛指烹饪）以（比）治国的策略，王听后，觉得有理，便选任他为宰相。"

厨师在某种场合，用"大"，大胆使用，不为过。

在古代，烹饪治国是大事业，民以食为天。不是某个人大，而是这项的职业大，是大的构架，分工明确，即炉、案、碟、点四行当。案，又细分为初加工和切配。初加工又分摘与洗的分工，荤与素的初加工，动物性原料，刮毛斩块，植物性食材，分类挑剔黄叶老根，选择老、嫩区别使用，与今天的各个机关处室分工一样，同在一幢大楼工作，目标是一个：服务。

厨师是“大”字队伍中的一员，用大不为愧，因为这个职业有很多“大字辈”，如大锅饭、大食堂。

在书法表现上以大气、大势为目标，在治味上，以大味无术、大道至简为职业方向，因此，“大”是大家的，只要自己不自高自大，别人也会欣然接受。

待日后事业有成，对自己的职业作品无愧，让作品给人大的感觉，大气魄，风格独特。烹饪味道有大名气、大餐的美感，大家也会认可你这名厨大家。因你大礼对待了一切，就是有了成为大家、名家的重要基础。

起名如大礼堂、大爱斋、大觉轩、大计划、大石府、大船头、大一点等，大俗大雅之类。只要执着，边学边行，日积月累，成为大笔、大家的目标就近了。

2015.4.24 13:00 于江宁

说“宰”

宰，一个平常的字，细读、研究、分析之后，还有许多故事呢。

宝盖头下有一辛字，就是宰相、宰牲畜通用的一个“宰”字。《说文解字》字义上有解：在房子内持刀（又称捉刀的人）工作的人。

远古时期，每天用刀具切割食材便于食用，或用于祭祀后分配（一人一户一份），这个流程称之为宰。

宰是一种职业，也是最原始最古老的工种。仓颉造字，就以宰人工作状态为基础，形象地表现宰人工作的特点，后来经过字形的不断变化修改，直到今天仍在使用，也是大家非常熟悉的一个汉字。

宰是需要有一定的技能的。因为宰关系到食物是否安全，需要有专业的认识食材特点的人。不仅会切割，还须会打理食材。去毛、去腥、去膻的，用水或火；去臭、去骨的，用刀或用自然的盐碱性物质除去。从工作实践中，总结分析出食材中不同部位有不同的香与鲜，老与嫩等特点。

在史书常见的伊尹、易牙等人士，他们既是膳夫（官职）又是宰业界的大师、御厨。持这种职业技能的人，统称宰人。

人类形成了社会，并发明和使用工具，推动了生产力的发展。

这些原始的发展，都与人类饱腹需求有着密不可分的关系，也是不争的事实。人类最善于类比总结，为了健康，为了老弱幼群体，先民们不断总结与实践、不断地积累，才掌握了基本的生存之道。

从森林大火中，发现被烧焦后的动物肉有香气，也易咀嚼、易消化，于是人类便开始学会了利用火，学会使用火与温度，让食物更加可口。这样既减少了疾病蔓延，又有益于人类的智能进化，还选择了适合人类的生存方法。

经过漫长的发展，人类不仅学会了利用火来烧烤食材，而且洐生发明了陶与青铜器等创造性器物，可以说是，饮食推动了人类的文明进程。宰人，是重要的参与者，也是最伟大的发明者之一。

因有了陶等器物的出现，烹调方法有了新的变化，如煮、炖等。厨房内工种又细分为红案、白案和初加工等。

作为宰者（泛指厨房内工作的人），因工作资历和从事工种的重要程度不同，又有职务上的区别，如太宰、大宰、主宰、膳夫等名称。清代才子袁枚在《随园诗话》中常自称宰人。

一个宰字，是一个汉字的符号，里面隐藏着许多有趣的故事。还有食、烹、炙和羹等许多汉字的秘密等待我们去发现呢。我想，只要细心地去想一想，或许会有更大的发现呢，这也是为中华文化事业尽一份绵薄之力吧。

2017.9.30　14:25 于江宁

训“羹”

羹，用蒸煮等方法做成的糊状、冻状食物，如羹汤、肉羹、鸡蛋羹。另一释义为：羹，汉族传统食物，指五味调和的浓汤，流行于全国大部分地区。作为一种黏稠的浓汤，主要由肉、菜及勾芡调和，亦能加面成为面羹。《康熙字典》释：羹，从羔，从美。古人的主要肉食是羊肉，所以用“羔”“美”

会意字表示肉的味道鲜美。《说文解字》中有“五味和羹”。

羹，是一个有化石价值的字，更是一个有众多文化元素的字，也是烹饪出品的一个名词。

近两天因多雨得闲，让我想起上周在品尝了一道滚烫、透鲜、微稠、冒着香气的“甲鱼羹”，当时席上人多，头脑中闪了一句：“久违的淮扬经典。”

记得当时那盅，内容简单，但口味丰富，主材实惠，凭我的感觉这二斤有余的生猛大甲鱼生长期也该在两年以上。

从煮熟、拆骨、改刀的甲鱼肉来剖析：从绿豆大小的甲鱼熟肉粒可以看出甲鱼裙边的厚度以及暴露出的甲鱼身材；从瘦肉的咬劲，嚼出的香气，得出甲鱼生长的年限；从透明的芡汁看，肉味未“走”（味煮久汤白），尝出恰到火候的鲜香，必是刚上岸不久的甲鱼。飘出白胡椒粉味道的甲鱼羹，是我近十多年来吃到的正牌。

我想来说说这看似平常实不简单的一箪食、一豆羹。

一、从会义字上看“羹”

羹由上部羊羔的“羔”和下部分“美”字组成。有文史学家研究，以羔羊烹煮成具有美味的状态液体，称为羹。今天理解为以羊羔蒸煮后撕碎食材后，加点面或粉状物，有稠浓的感觉，这类食物称为羹类。

我从烹饪过程的另一角度理解：羔，在古代意为较小的羔羊，羹字中的四点代表火的意思。

从食疗养身来说，幼羊在水与火的作用下，易熟、肉嫩、味鲜，这样美的食物称为羹。从这些信息上分析，现代汉字鱼加羊为鲜，羊加大为美。

二、史书中有关羹的记载

《尚书·说命》记载："若作和羹，尔惟盐梅。"可知盐和梅是五味之一二了。盐和梅当是指咸与酸，均为调味、调羹之必需，原文意指治理国家，必然是选用贤才才是。

前面这八个字"若作和羹、尔惟盐梅"，与老子"治大国若烹小鲜"有异曲同工之意。

后面几节中，均为关于羹字的辅助解释。

【尔雅·释器】肉谓之羹。

【注】肉臛也。

【疏】肉之所作臛名羹。

【书·说命】若作和羹，尔惟盐梅。

【传】盐咸梅醋，羹须咸醋以和之。

【礼·乐记】大羹不和。

又有从理解为只烹不调、突出本味，即为了吃到食物的本味，在羹中不放调味。这是商周时期的大厨师们，总结的带哲学味的一句话叫作"大羹不和"。从治国之道来讲，比喻顺应民意、顺其自然、无为而治……

从上面综合分析，羹字在古代字意中包含的不仅是食物的一个名词，还泛指烹饪、政治等内涵。

唐代李商隐有诗为证：“后饮曹参酒，先和傅说羹。”

三、从烹调原理上“训”羹

许慎《说文解字》：“训，说教也。”

明代梅膺祚《字汇》：“训，释也。如某字释作某义，顺其义以训之。”用现代汉语说，训就是用通俗的话去解释某个字的字义。

现代人对食物中丰富的羹感觉不稀奇。冬日里有家常味酸辣羹，羹内放的食材有海带、肉丝、豆芽、鸡蛋、豆腐等。凡是或荤或素的食材，将其切丝、切细小之后，加汤或水，调味品中加辣（干辣椒节或粉、胡椒粉、姜、泡椒类），加酸（酸汤、白醋、香醋、米醋、泡菜水等）后，勾芡后，撒上绿色（青蒜叶、香菜、香葱等），制作出来的羹特别受人欢迎。

至于更高档次的羹，如淮安平桥豆腐羹、扬州的文思豆腐羹、金陵的烤鸭羹、杭州的西湖牛肉羹、苏州的蟹粉豆腐羹等，这些经典美味无非都是由好汤与新鲜原材料来加工而成的。最早上海厨师创意的内酯豆腐切成细如发丝的白色银丝，用进口粟米粉勾芡，羹上面撒上极细的老金华火腿丝，胭脂色，缀掺点发菜丝，三色三丝，当年观者留步，尝者睁目。这菜品制作成功也离不开一把不寻常的厨刀。

从字典中查看，羹的注释离不开羊、蒸、煮和芡。在古代，仅有的厨具就是选用有锋口的石头作为切割的工具，今在农村仍有老人称菜刀为石刀。

人类的饮食进化史，从自然界采摘野果饱腹到发现利用火和石器捕猎以后，人类过着茹毛饮血的生活，然后又从发明陶器后认识到水煮食物有助于防治疾病和有助于食物消化。工具的使用促进了生产力的发展，人们开始更好地利用自然界的材质。生活技艺不断完善之后，人类发明了青铜器，这一过程经过了漫长的岁月。

羹类食材是经过长时间的蒸煮而成熟，然后再深加工，煮与炖也是相通的，区别在火力的强弱而已。由此分析，食物羹的出现大约在青铜器时代，因为铜器耐煮，“一箪食、一豆羹”之说的“豆”，就是青铜食器。

从“豆”形食器看，如高脚酒具形，上有盖，周身有美丽的纹饰，用这样精美的器皿盛羹，当然是重要的客人和重要的活动才能享用，可见这（碗）羹也是极其珍贵的。

经过梳理，可以得出以下结论：羹的出现初期，大约在陶器年代，距今约有两万年左右；羹的发展成熟期大约在青铜器时期，距今有六七千年；羹的内涵延伸，由食品名称扩展字义的比喻，大约时间在商代，因为商汤王武丁曾与宰相传说讨论治国之策，传说（姓传名说）就是以“和羹以致味”之比喻，阐述治理国家的方法，得到汤王的认可。这也与《吕氏春秋·本味篇》，商汤与伊尹的对话情况，是一脉相承的。

羹字的出现，应该是先有食品，后有字的出现。距史书记载，汉字由轩辕黄帝时期史官仓颉所造，羹字的出现与使用，推算一下大概应是在公元前20世纪夏朝初期。

羹，是中国饮食文化史的一个重要符号，它与中国的文化史共存。我们当为中华文字瑰宝而自豪，更加感到中国史文化的金字塔，当有咱中餐饮馔部分的一份贡献。

2016.4.6 22:11 于横梁

鸭血粉丝汤的前世今生

南京的“鸭血粉丝汤”，该算是南京的老味道了。因材料用的是鸭子的“下脚料”，是入不了华堂盛宴的，始终被列为金陵特色小吃的范畴。

那是老南京时代的现象，改革开放之后，南京的“鸭血粉丝汤”，简称为鸭血汤，作为一个经典风味对外宣传，并且取得了良好的社会效益和经济效益。

1996年左右，丁山、金陵、状元楼、双门楼等当年涉外的名店，做的鸭血汤名气很大，口碑也好，做得精，在业界也露了脸。应该讲，当年名气超过了炖生敲、扁大枯酥、炖菜核、文武鸭子等传统的京苏大菜。

为什么民间小吃能打败传统名菜呢？菜品与服饰等其他消费品一样，特定的年代有特定的出品，这与经济、文化、地方习俗关系密切。

很早之前，品质好的鸭子被选作烤鸭、扒鸭、香酥鸭、盐水鸭、清炖鸭等高端类产品，也就衍生出其他鸭类产品了，如马祥兴的爆炒鸭胰白。

南京人嗜吃鸭，先前对外称为“鸭都”。加工鸭馔，必有下脚料，行业里认为：鸭血、鸭肫、鸭肠、鸭肝、鸭胰等均属不入大雅之堂的废料。

不过在厨师手中，任何可食用的食材，均能化腐朽为神奇。例如，猪腰中白筋部分，行话称腰骚，生的猫不吃，狗不闻，厨师用水泡、烫一下，老卤重味煮熟，下酒、炒青椒还是一道好菜呢。

中医学中讲“以状补状”，引申理解为壮阳之物，顿时这不入眼的东西身价陡涨。

鸭的几种下脚料被综合加工后，成为有名的鸭血粉丝汤，因它的实惠、质朴而受到欢迎。

老南京人吃鸭血粉丝汤，必配鸭油芝麻烧饼，前者为菜，后者为粮。菜有味，解馋，还沾点小荤。烧饼由炭火炉烤成，失去水分多，一大早喉咙干嗌，嗓子吃不消，喝口鸭血汤，润了嗓子，烧饼又顶饿，于是这两者搭配，成了南京人早餐小吃的绝配。

鸭血粉丝汤的发展经历了三个阶段。

第一阶段，平民食用充饥的时期，也就是“废物利用”时期。

第二阶段，受改革开放后粗菜细做的影响，小吃在选料加工制作上，精细化了，外宾化了，认为它是南京的窗口，面子要紧。还有就是赚外宾的钱，利润高，厨房当然精细，就连餐具，也是选用宜兴带盖红泥紫砂盅，有保温功能。

选料好、加工精，原汁原味的特点，成就了鸭血汤。让这“丑小鸭”，转眼成了流行精品，那时期很受热棒，北京来的客人专程去秦淮人家尝一口，鸭血粉丝汤也一度成了南京的形象大使。

第三阶段，时代又把鸭血汤“打回了原形”，又回到平民百姓的生活里。

前些年受大环境影响，吃饭讲究面子，多是高档名贵食物，这个时候，筵席上再上鸭血汤，那不是骂人和打脸吗？

直至到今日，鸭血粉丝汤已恢复了它的本来地位——朴实、实惠、顶饱。

在南京市区，有几年没吃它了，曾在太平门吃过，不是吃不起，见操作人员那脸色，那动作、那眼神，似乎吃鸭血汤的人，其身份地位与鸭血汤一样，不受待见。

当然是笑话了，关键是那流水作业：取一碗，抓上熟料，把血与粉丝放在漏勺中，下水锅洗个澡，倒入碗内，伸手撒上香菜，顺便浇勺不冷不热的汤“走人”。这步骤，互相之间没亲热（下锅煮），怎会有“热情”的体现，如拉郎配的婚姻，各是各的味，汤在嘴里没感觉，这能吸引咱这挑剔的嘴吗？

横梁小吃有油条、烧饼、鸭血汤、豆花等。昨天早上，我去点了一份鸭血粉丝汤，让师傅粉丝少放点，吃不了。在吃到汤白、味鲜、滚烫的鸭血粉丝汤后，突然想起，该写一篇关于不被人重视的平民小吃的文章。

在这里，我觉得卫生放心、食材新鲜、原汁鲜汤加工，一份一煮的鸭血粉丝汤，吃得舒坦可口，来点辣油，吃得脸红红的，满足地离开。

走出店家时，我问师傅兼老板：“你家鸭汤很鲜，成本很高吧？”他回答我：“姑妈家每天加工盐水鸭，他一早去把煮鸭的汤拖过来用。”噢，原来如此。再回想，常见他们在店门外马路边上剪洗鸭肠，难怪这几年味道这么稳定，还是那么鲜。

凤凰西街商技学院有两位烹饪专业知名老师，常鼓励我写南京的老味道，自知是外埠门外汉，但吃多了，免不了心血来潮写点感受，关于传统的源头未经历过，定有谬误。不足之处，请同行指点。

2016.6.1 14:28 于横梁舍中

腌冬

腌，本意是指用盐擦抹肉块的办法制作咸肉，引申义是用盐、糖、酱液浸渍蔬菜、肉类的办法制作咸菜、咸肉。

又：腌，渍肉也。——《说文解字》

腌，酢，淹肉也。字亦作腌。——《仓颉篇》

冬至快到了，秋风开始收干了，阳光也变得温暖了……现在正是腌制储存动植物食材的时候，在过去的农村也是最忙的时节。

比如，最近虽有晨雾笼罩，上午十点之后，太阳出来，仍是晒山芋干、晾晒腌菜的最佳时候。

现代流行一种现象，朋友聚在一起，谁要说喜欢腌制的食品，比如说晒干的咸鱼、咸肉、腌菜等传统的腌制食材，那势必招来一群人来给你补课。腌腊食物易致癌，易产生亚硝酸盐，吃多了百害而无一利等，说得你见了咸货就不敢下筷子。

凡事只要认真去分析，就可明白其真伪。

据本人理解，生活常识是每日每人平均食用共计 6 克盐的摄入量（2022 年版《中国居民膳食指南》中为 5 克），就是科学合理的。

各种教科书都这样讲，较真地看待，成人存在体重差距，工作有体力劳动和脑力劳动强度之分，因此，推荐摄入量是参考值。

电影《闪闪的红星》中的潘冬子，就把盐藏于竹竿空筒中带上山，送给红军。那时盐是救命的宝贝，怎么到了现在，人人谈盐色变呢？

早些年，临近春节时备年货，家家门前挂着咸肉、咸鸭鹅等。在横梁见到农户家院子内挂着一溜咸大肠、咸猪肝、猪肚等，在太阳下晾晒着，经秋风一吹，干得很快，腌货上面冒着盐花，油亮亮的，路人见了流口水不说，心里想，这家境殷实啊。

现在到菜场，那些排队买猪头、猪腿回去腌制的人少了，媳妇们结伴去肉摊子，买了肉，切了条拌上调味料灌制香肠的人也不多见了，是不可口了还是咋的？可能是被吓的，不敢吃了，咸腌制品“干货少吃”，成了一句关心人的良言。

可到饭店菜单上一瞧，腌笃鲜、咸肉蒸娃娃菜、咸货合蒸、咸肉炒芦蒿、咸猪脚爪（冷碟）等特别受食客欢迎，至于咸鹅粉丝煲、小笼蒸香肠、咸肉煲仔饭，年轻白领最喜欢，因为出味下饭。在这种场所，大伙怎么就不害怕了呢？因为，腌货之物，是传统美食的经典，见了它们，没有多少人能经得住诱惑，说白了，吃了开心是重要的因素。

今天咱不是开饮食讲座的，懂生活，会生活，不要盲从才是有品质的生活。

昨晚在电视上看到，上海举办的中国国际进口博览会，国外著名的火腿全涌进中国市场来了，过去国人知道有三大火腿：浙江金华火腿、云南宣威火腿、江苏如皋（北腿）火腿。

同样是猪后腿，以专用盐腌制，专用环境（地窖）放置，特定温度、湿度和几年的内部发酵时间，就大厨轻轻地一片片削下来，核心部位肥与瘦的比例都非常考究，经过这样一渲染，那名不见经传的洋火腿在中国成了时尚奢侈的象征。用著名小品演员赵丽蓉的实话风格讲，“那不就是蒙人的吗”，还不就是一只腌猪腿吗？

冬天气温低，水分易挥发，动植性原料易于保存。古人经过长年的生活总结，家禽和家畜类食材，经过盐腌制后，延长了存放时间，又增添了新的风味，食材的特性变化，产生新的味道。同样是腌制带皮五花肉，在四川，腌制后抹上豆瓣酱和花椒粉晾干，再用甘蔗渣和樟树叶烟熏之后，肉品三年不腐败。腌制带皮五花肉，切块蒸八成熟，冷透切大薄片，炒西芹，那是打耳刮子也不愿丢的美味。

有人质疑，烟熏的东西不能碰，在湖南熏狗腿是上等食材。我在南京，就为接待将军加工过，那食材是从老家带来的，首长听了介绍，眼睛就亮了，可见乡味中有不可言传的乡愁。

我在横梁，年年备年货，自腌萝卜干与本地老菜，九头鸟雪里蕻，自腌带皮和骨的肋条。我冬天腌菜时，讲究选料，萝卜干必选质地老的、个头小的，还要红皮的；腌肉必选红白相间闪着光泽的硬五花，腌后用盐水泡去血色，最好选皮薄黑毛猪，生长期不少于八个月的。

冬日的寒风，虽然有点刮脸，下班到家闻到饭锅中飘出的咸货香气，那就不觉苦了，因为美味，才是生活中的重要部分。

冬天里的咸货，年年不缺。冬天里加工咸货的人，热衷的少了，费事不敢吃超量的盐，大家在瞻前顾后地过日子，这也属于一种压力吧。

没有被冬季吓到，反被一堆咸货吓到，真搞不明白了，我也不解释了，今天就写到这里，今以腌冬为题，说点体会。

冬日里，珍惜天赐的阳光和凉风，加工与尝点咸货才是过冬的生活灵魂，没有传统的年味——咸货，好日子，会不会有点打折了呢？

愿我的朋友们，大约在冬季，仍有腌冬存在，大快朵颐。

2018.11.28 23:10 于横梁

咬馍嚼馒

今天写这个题目，对我来说有点难度。因为我平日多关注的是红案，对白案只会吃不会做，没资格妄议。那又为何自讨无趣呢？源自春节期间，有件小事给我启示，考虑后也就“不着四六”地在这谈谈我对馍与馒等面食的看法。

现代厨师很少关注馍与馒的区别。就我而言，在网上查资料之前对馍与馒的概念也是不清楚的。

通过查找，略有收获，感觉供人日常饮食饥饱的寻常面制品的确有内涵。

一、馍是什么

百度词条曰：馍是汉族传统面食，是把面粉加水调匀，发酵后蒸熟而成的食品。又有人说，馍是正方形或长方形的微向上凸起，在蒸的过程中会发生形状改变，但是大体和原形差不多。馍分两种：一种是发面馍，是面经过发酵后做出来的，就是大家常见的那种；还有种叫死面馍（死面是指没有加入酵母菌发酵的），这种馍用面粉直接兑水和好面就可以贴锅上蒸，相对发面馍一般做得比较薄，口感也较筋道。

此外馍还有很多形式，如不用水煮的面食主食都叫馍，馒头叫作“蒸馍”，烧饼叫作“烙馍”，油饼叫“油馍”等。

《尧典》里说帝尧派遣皇家天文官“羲和四子”之一的“和仲”居住在甘肃，负责每天送太阳下山。“太阳下山”就是“莫”。“太阳下山的地方”就是甘肃。因此，甘肃的馒头或陕甘宁地区的馒头，就是“馍”。

二、馒是什么

馒，蒸熟后变胖变大的一种面粉发酵蒸成的食品。

馒，圆形而隆起，实心无馅的称为馒、馒头、馒馒。每个馒头经手搓揉、空心略细略高，等到馒头经过酒曲发酵、成熟后再用手一层一层撕下厚薄均匀的面皮，馒头入口有劲，嚼起来有面香和甜味的白胖馒，称为高桩馒头。

馒头，又有称蛮头，形似光秃圆顶，《红楼梦》中有一馒头庵，就因馒头做得好而得名。

根据上述分析，本人觉得馍是北方地区（尤其是西北的甘肃、陕西一带）面制品通过蒸、烤、烙等烹饪方式制作成的面食泛称。如羊肉泡馍、驴肉夹馍等传统面食，其实就是北方发酵的面，干烙的饼。

三、馒头与包子的关系

在苏北盐阜一带，人们过年蒸馒头（谐音：磨头）均有馅，馒头无馅且刀切成形的称为卷子。

我在苏州当兵，班长讲吃馒头，馒头无馅、圆形或长方形，其实就是卷子，但也称为馒头。对有馅的，无论面上有花纹或无花纹的发酵面食，统称为包子。因馅心变化，又称为肉包子、菜包子、豆沙包子。在我们老家，老人至今仍称包子为馒头，这是习俗、习惯，想想必有渊源。

前面所讲，是哪件小事促使我写了这个主题呢?

春节期间，我家的包子有三个来源。春节亲友多，大家喜食传统食品，于是我电话向陈东经理“索要”包子若干。陈东节前送来一些包子，个个白胖，素馅粉生青菜，特可口，荤馅汁多肉嫩，皮薄均匀，四星级的出品。另外是新东方首席白案教授陈锦华，连年为我精心准备四种馅的包子，个个包子如工艺品，外形端庄花纹均匀，馅料十足，俘获味蕾。还有一个来源我老家姑母女儿胡二梅在果林农村竹笼大锅上蒸的乡土味馒头（大包子），馅有生斩细碎的萝卜肉粒馅、马齿苋馅和小豆梅馅（红豆水泡蒸熟不去皮压泥拌糖），三种风味的包子蒸热后上桌立马被一抢而空，两个不过瘾三个不嫌多，今年我家的菜肴没出名，包子出名了。

春节一家人聚在一起吃饭，席间我弟媳丽萍讲还是老家的馒头好，未吃就闻到酸味（老酵窖味），嚼在嘴里有点粘牙的感觉，有馒头味，吃了舒服。我听了睁大了眼睛，真想说，奇怪了，在农村未入城说城里的包子发得好，膨松发得透，一点没酸味，现在进城了又想起老家的味道来了，只有哈哈大笑，说道："全是穷命。"

这种现象，这类包子，并不是个例。现在物质生活条件提高了，就多了选择的余地。何谓好？物以稀为贵，少的、不常见的就是最好的。

生活中不能处处咬文嚼字，但钻研专业、有点执着也不全是一件无意义的事吧，对吗？

2016.2.21　19:59 于横梁

永不褪色的烙印——饼

今年四月中旬，朋友龚平让他的员工从河南老家携带长期缺水、光照时间长、历经寒冬、施有机肥料而生长的小麦，又以农村传统的磨粉麸面比例，加工的小麦面二百斤，车开到了横梁，搬两袋共一百斤送于我。

见到面粉，当然喜欢，本人嗜面如命。致谢之后，开始盘算：煮稀饭配摊饼、肉丝蔬菜煮面疙瘩、西红柿烩饼、擀面条、包饺子、找老酵蒸馒头、做花卷等，天天吃面不厌，并且自做自吃，忙得兴高采烈，不亦乐乎。

近期梅雨之季面粉吸水，担心结团发霉，赶快加工，计划做一部分死面（不加酵）卷子，蒸后晾干切片、加绿叶植物焐在竹筐中，待其发霉生出菌暴晒后，放入熟盐水中泡晒成面酱。

再做一部分苏北盐阜特产——大饼，可冷藏、可晒干，以后用肉汤煮饼，稀饭泡饼、蒸后咸菜夹饼等，既当主食又当小吃，真是想到啥就做啥。横梁家里备有两个西餐中煎牛排的平底锅，这回派上用场了。

有人讲，孤独也是一种境界。天生是勤劳的命，一边烙饼一边思考，咱面对一百斤面粉不能不声不响地就吃了吧，总得小结一下，有点收获吧，所以今晚特来灵感写点烙大饼吧。

一、饼与制饼

百度百科曰：饼，饼类食品的泛称，常被称为“面饼”或“饼”。大饼最早是由中国人命名的。这是一种由面粉、淀粉或小麦粉经过中国传统手艺炮制加工制成面饼，再由地方工艺加入独特原料制作而成的面饼。大饼除可直接食用外也可与蔬菜一起烩着食用。

《说文·食部》：“饼面糍也。从食，并声。”

上面的注释文绉绉的难理解，咱就通俗地讲如何制饼吧。

精面粉加老酵母（不是袋装酵母）和温水（可以加少许白糖）在面缸中和成硬团，然后逐步加水，用双手揉拉，双拳捣揣，一边揉一边手蘸水，把面和好上劲、揣拉至面团表层光滑细腻，上面盖上一层薄被，静置发酵，3～4小时（视季节和水温），用刀划面表皮，见蜂窝孔细密略有酵（酸）味，即可加工。

若面拉在手上劲大、内部无孔，说明发酵时间不够或水温、老酵等方面出现问题，可以通过升温、加酵等措施补救。

制作大饼的面与水的比例是 1 ∶ 6.5 左右，制作发酵馒头面与水的比例是 1 ∶ 4 左右。

古法将发酵至九五成左右的面团，加入浓石碱水（又称口碱或面碱），有中和酸碱、增白、增面香的作用。兑过碱的面较稀，饧醒面 20 分钟后，用竹片搅挑一块面，菜刀斩断拖连处，放在撒有干面粉的案板上，面点师迅速用手揉搓成圆形，再双手拍成手指厚度，随即左手掀饼坯对折，然后双手托捧饼坯放在烧热的平锅中，再拉开另一半放平。

锅下面用秸秆、叶燃烧，行话称小火、匀火，锅内饼面起鼓有大小气泡；若无大小气泡，则火太小，面僵了，熟后中间无孔；若锅边即饼周边有垂青烟冒出，说明火大了，中间易焦糊。

正常是做饼师傅与“烧火奶奶”配合默契，饼刚进锅和快出锅火力要强点，使饼两面出锅巴和出色出香，饼坯下锅 2 分钟后，见饼慢慢增厚，双手迅速将饼翻个面，盖上本锅盖，焖 3 分钟左右，这时火力要小，让饼两面受热均匀，约八成熟时，将饼翻面，共约 3 次，约 7 分钟出锅，两面微黄，手拍如鼓声，外表皮硬，内绵软，每一块大饼重约 750 克。

在我们老家滨海、阜宁、响水、涟水一带，把大饼作为家乡特产，馈赠亲友或带到外地，用老家话讲，手撕一块大饼放嘴里越嚼越甜，尤其是中间的部分，特别柔软，在舌尖上感觉很好。

最过瘾的是把圆形大饼切成三角形，两面撕开，中间对折处夹上刚出锅的油条，一口咬下去，那个感觉，妙不可言。

这就是大饼，又称盐阜大饼或苏北大饼，有人手撕大饼放入碗中，倒上开水臼一勺糖，泡着吃特别香，这就是盐阜大饼的魅力。

二、饼的分类

饼，在中国面食中是非常丰富的，可谓五花八门，各有千秋。有鸡蛋摊饼，山东有煎饼卷大葱，家常的有葱花饼，还有油炸葱油饼等。

咱前面讲的“大饼”，又称无油烙饼，最原始、最有难度也最受人喜爱。它的特点是本味，传统发酵法，无需油导热，有干香的特点，可以讲，它进得饭堂入得华堂。东宫大酒店在婚宴上做了十多年大饼，仍久供不衰。

20 世纪 80 年代初，在镇江大市口去三五九医院的一条路上，就有一家店专供北方风味的干烙大饼。他家的饼水分少，也发酵、加碱，面与水的比例在 1 ∶ 3 左右，饼坯用手拍不行，得用擀面杖推、压、挤，在平锅中干烙烘熟，手撕不开，必用刀斩，而不是切，可见其硬。买的人不少，据吃的人介绍说有咬劲也顶饿。

在陕西吃羊肉泡馍，那馍就像镇江一带的饼。陕北的饼，也是大饼，就是干硬而已，他们称为馍。

《水浒传》中武大郎卖的是炊饼，电视剧播出后多人投诉讲：“卖的‘炊饼’不是蒸的饼（馒头），是烧饼。”有的说是锅塌饼，即小脚馒头，有的讲是炉烤烧饼，还有人说是酥皮烧饼。

有人研究宋代文字“炊”在食品中的意思，本人也查考了一下，有证如后：

康熙字典注释：炊饼（chuī bǐng），蒸制的面食。

宋代时，“凡以面为食具者，皆为之饼：故火烧而食者，呼为烧饼；水瀹而食者，呼为汤饼；蒸笼而食者，呼为蒸饼。”

炊饼，就是蒸饼。因为避讳宋仁宗赵祯的名讳，宫廷上下都把蒸饼叫作炊饼。

由此可见，影视作品中的炊饼是蒸的，是正确的。

三、饼的历史

饼，古时面食之泛称。唐代贯休《和韦相公见示闲卧》有：“饼忆莼羹美，茶思岳瀑煎。”

“饼”是古人主食之一。饼的兴起，与面粉加工技术的成熟和发达直接相关。

早在西汉时即有吃面饼的景象。宋人高承《事物纪原》引《续汉书》称，“灵帝好胡饼，京师皆食胡饼”。

魏晋以后，随着面粉加工手段的进步，古籍中有关“饼”的记载也多了起来。

晋人束皙《饼赋》中所提及的面点就有10多种。北魏贾思勰《齐民要术·饼法》中记录的面食超过20种，有蒸饼、汤饼、胡饼、烧饼等。

蒸饼，即放在笼内蒸熟的面食，故唐朝人干脆称为“笼饼”，其做法与今天的馒头差不多，实乃早期的馒头。

在青海省喇家遗址，考古学家发现了距今4000年的面条。

我们通常是先把面粉做成饼状，然后切成条，那么面条距今有4000余年，那大胆推测一下，饼的创造与食用时间距今大概也至少有4000多年了。

四、饼后

大饼形圆如印，烹法为烙，从文字训诂学上讲，大饼或圆形的传统饼类，属于食文化的图腾之一，只是因为它的保存时间短，上桌就吃完了，没有镌刻在石头上留存罢了。

我想，大饼，食品中圆形的饼类，在人类饮食历史长河中，只有发展，永远不会退出，更不会“褪色”。

无论承认与否，大饼是否是代表中华文化元素中的烙印，不必去争论，目前来讲，仍有人把饮食文化与“厨子”的社会地位相挂钩，不肯列为文化艺术范畴，始终不肯承认饮食文化是人类文明最灿烂的文化。这些争论，就留给后人评说吧！

2016.6.26 22:00于横梁

鱼头史话（上）

鱼头品种多且杂，可分为淡水鱼和咸水鱼头，又分为有肉的鱼头与无肉没吃头的鱼头。

常见的淡水鱼有：鲢鱼、乌鱼、草鱼、青鱼、白鱼等。

咸水鱼品种研究的不多，接触多的有黄鱼、带鱼、鲳鱼、石斑鱼、红鲷鱼等，这些鱼的鱼头很少用于独立成馔。

前几年流行的“鸦片鱼头”，产于俄罗斯和我国交界处。三四年的时间，估计把国外仓库用于做饲料的鱼头全吃光了，才有后来的中小号的鳕鱼涌入市场。那“鸦片鱼头”，颜色是黑色，冰冻久了，没见有完整形的鱼头，厨师拿它来清蒸的较多，也有粉蒸的；蒸熟之后，撒把葱花，泼一勺油，香喷喷的上桌，如果鱼头泛黄，用葱姜水泡一下，加点豉油皇和剁椒蒸一下上桌。

没见过鱼身，吃的鱼头也不知什么特点，一人说嫩，大家一起喊嫩。号称烹饪王国的中国大厨，如哑巴吃黄连。

我在岗时，从不用它忽悠人。那鱼头有完整的不到一斤一个，大的鱼头半个算一份，也不适合首长们吃。首长们高档宴请，尽管每个客人面前备有一个空碟子（名字叫吐骨盘），但是最基本的要求是桌上台面不能见到骨头。这个盘子，近几年流行吃龙虾时使用，那个盘子成了名副其实的垃圾盘子了。

这种鱼头，现在市场上很少了，厨师将其推上了桌，丰富了菜品，将鱼头变废为宝，让国人尝了回深海鱼头。

淮扬菜擅长做淡水鱼，有鱼就有头：甲鱼头（不属于鱼类）、黄鳝头、乌鱼头、草鱼头、鲶鱼头等，均可炖汤或红烧，肉不多，主要是借助这些鱼头“下脚料”的味，辅上萝卜、豆腐、粉丝、土豆等，前面的味出来了，后面跟着沾光，也就有味好吃了，前提是淡水鱼类的头，必须未进过冰箱，否则有腥气，令人难以下咽。

厨师有高招，借鉴用香水掩盖身上异味的做法，就在鱼头上加辣味和香料，或把鱼头用油炸一下，出锅加点香菜、蒜花，“骗”过舌尖。

本文聊鱼头，动因是前天学校来了两个美国人，对厨师上的菜很满意，我见了，夸也不是，说也不是。厨师也是认真用心制作的，仅是不知其原理，未见过有人系统教过他们，可能他们年轻时跟着小饭店厨师学习的，以为那就是真经。他们还觉得，烧了多少年，没人挑过毛病，很自信。

见状我也不辩不讲，待有机会写出来，再实践做一下，让他们学几个差不多的菜。我开玩笑讲，在我身边干过半年，出去如果把菜做成四不像，那真是把我这不响的名气做败了。

都是玩笑话，古人早讲过，食无定法，凭什么说我做的就是对的呢，百花齐放才能百家争鸣。

2018.3.8 20:52 于二号线地铁上

鱼头史话（下）

说起鱼头，大家首先想到的是胖头鱼，规范的称呼应为鳙鱼头。鳙鱼头易与白鲢混淆，外行是分不清的。同样重量在八至十斤以上的大鱼头，农村又称为花鲢的鱼头为正宗的胖鱼头。白鲢也有体型大的，从鱼头与鱼身比例上看，头的重量轻于身体，鱼鳞洁白无斑点的，称为大白鲢。选鱼头红烧，鱼身可做烟熏鱼、爆鱼，取肉做鱼圆，洁白、可油浸，出品鲜嫩。鱼头与豆腐红烧或白炖，味也很好。

现在人吃东西喜欢扎堆，各家大小的饭店，你进去点鱼头，十有八九有货。因为顾客喜欢鱼头，有鸿运当头的意思。鱼头上桌也气派，给台面加分。有菜没菜，好吃不好吃，桌上有一鱼头，有鱼肉之外，那鱼卤、鱼汤泡饭也好吃。

争相品尝的大鱼头，热炒起来的是江苏溧阳市沙湖边上的溧阳宾馆。当年那鱼头，上桌汤上浮着一把香菜，鱼汤的香气飘出来了，砂锅的汤还在沸腾，夹一块入口确实头肥、肉嫩。喝一口鱼汤，味真浓，还有纯白胡椒粉下的重，一碗喝下去，脑门冒汗，再来一碗就上瘾了，什么汤也不及它了。

2004 年左右，我参加在双门楼举行的总经理培训班，其中有一堂课是丁山花圆酒店老总讲的。他说一个名菜出来是有专业团队策划的，包装和宣传一道菜，就如今天的明星包装程序一样，先在报纸上刊登，后电视采访，接着参加大赛，先讲鱼的故事，再讲鱼及水和客人的反馈故事，就这样，大鱼头、大厨师、专制大砂锅等，只要名菜做得好，宣传到位，效益还是不错的。

近几年，沙河鱼头逐步被千岛鱼头抢了市场。马川的一个师兄弟名字叫姜仁健，专做鱼头（饭店），在中央电视台的一个节目上介绍过加工鱼头的制作过程，曾被全国各地邀请去介绍制作方法。

他介绍了秘方，其实大家记住胡长龄大师的要求“知其所以然”就明白了。

姜仁健在上海等地开了几家专卖鱼头的酒店，生意红火。这是他敏锐的市场洞察力和自己的研究成果。一次同聚，感谢他如实地回答了我的几个问题，例如，鱼头汤白如奶的原理，鱼头的选择要求，选择油脂与味道的关系，炖制的火候与时间的规律……我答应他守口如瓶。他在外示范再讲一个鱼头的制作流程，收费真吓人呢。新东方李祥教授，给广东来的学生示范烧一份河豚，前几年，学校就收费过万呢。

曾读到辽宁吴正格大师写的一篇文章《我做芙蓉鱼片的一点体会》，文章发表在《中国烹饪》杂志上，当时我已在北京《中国食品》和山西太原《烹调知识》发表过《豆腐块》，后来模仿写了一篇《我做砂锅鱼头的一点体会》，两个月后也发表了，那是 1984 年左右吧。

昨天就写江苏是鱼米之乡，厨师擅长制作各类鱼肴。苏州的松鼠鱼、淮安的软兜长鱼、扬州的三头宴等，其中一头就是拆烩鲢鱼头。

拆烩鲢鱼头，最早是在上海一家出版社出版的一本菜谱上见到的。后来，我和杨文志在华山参加五个单位的比赛（杨文志是向原华江的汪建良班长学习的，汪班长是在上海锦江饭店学习的），拆烩鲢鱼头这道菜，获得最佳菜肴。

鱼头现在出名的是剁椒鱼头。关于这道菜，我尝过南京多家饭店的菜品，有的是鱼头偏小，有的是鱼头过辣，有的是鱼头不入味，有的鱼头中放的剁椒是自己腌拌的，有的剁椒是用超市瓶装的。我觉得原鼎业的张仁君和安徽的洪厨，他们这道菜做得美，剁椒刀工均匀，入味鱼头油润，火候恰到好处，剁椒选择泡椒有鲜气，加了生抽、猪油、花椒、蒜头进去一起蒸，味融合互相渗透，至今未见有哪家超越的。

难忘的是我和陈东于 1998 年左右去上海当红炸仔鸡大酒店，店头是一个大幅的航母的图片，非常震撼，我们去尝了份蒜仔焗鱼头。见用铁丝缠绕砂锅，锅底放红葱头、蒜头、蚝油等调料拌匀，大鱼头斩块，加生粉和香辣类调料拌匀，加点油，铺放在砂锅中，大火烧开（出香出响声），转中小火焗 8 ～ 10 分钟，端上桌，揭盖一股热气喷出，鱼头油亮，油润且香，鱼嘴上沾上一层粉汁，鱼胶质未受损失，香气在下面的各种辅料中渗透出来。喜欢的是那鱼脑，如凉粉一般透明发亮，入口顺滑。二人吃了一锅，那香气和味道至今仍记在心里，那是鱼头和香味物质与火候的碰撞才有的芳香。

鱼头可烧龙虾，与猪蹄为伍，与甲鱼同出入，与鱼圆是最美的组合，配点菜心、小刀面、云吞等，谁见谁喜，有吃有喝，吃得舒坦，吃得有营养。

鱼头是普通的食材，通过大家的智慧组合制作，发展成事业、产业和创意，让全民喜欢而久食不厌，这就是厨艺和鱼头的魅力。

2018.3.9 23:53 于仙林

原始味道初探

当下餐饮业发展与创新一日千里，餐饮队伍日益壮大，拥有数十万从业者，分布在各地的大小厨房。每个菜系也都有本菜系的领军人物，旗下拥有清一色的几代高徒。

大厨、大师、金牌大师、国际烹饪大师、厨王等头衔令人眼花缭乱，就差“当代厨圣”“世界厨王”出场了。“两耳不闻灶间事”的我，厨刀入库，自觉是“不在厨位，不谋厨味”。

因悠闲而吃了不少饱含盛情的好菜好点，初衷有点波动了。凭着平生对本职业的信仰和热情，还有不安分的头脑，爱钻牛角尖的倔强，常常就现在的餐饮现象表达一下自己的认识。

一、“原始”的本意与行业中“原始”的含义

原始即最初的、古老的、推究本始。从相关资料中查询，“原始”一词在书籍中最早出现在后汉、南朝梁。《后汉书 · 荀彧传论》：“常以为

中贤以下，道无求备，智筭有所研疎，原始未必要末，斯理之不可全诘者也。”南朝梁的开国功臣沈约《佛记序》中说：“虽要终有地，而原始莫闻。”

餐饮业对原始有几种理解：如常听到的一个词“正宗”，即有原始的加工和创造的意思在里面。还有某一个厨房出品，有一个经典出品，几年过去了有人继续在复制，出品其形、味、色的衡量标准就以开始研究的为标准，成为原始的源头。

以实践菜例，四川名菜回锅肉，用大半熟带皮臀尖、青蒜和郫县豆瓣酱进行煸炒，称为原始正宗选材方法。

这道菜到了江苏，因有酱香、有煸五花肉之油润，江苏有的大灶食堂换用五花肋条，改用面酱，添加油炸豆腐干和包菜，再抓一把干红椒，这样合炒的出品也受食客欢迎。在美食家来看，前者为原始，而在江苏有的食堂炒了很多年，他们就认为那也是原始菜品。

令我不解的是现在的酒店不停地推出所谓好的菜品，几个月过后又更换了菜单，拳头产品留不下来，或者产品先天不足，正宗、原理、源头压根不懂。

延伸来看餐饮市场，各店都有菜系名菜，到桌上一瞧，拿筷子一尝，不是那个原始味了，除了食材因素，很多从业者怕烦，根本无意识去探求与交流。这种现象的蔓延，还没人较真，顾客不懂很正常，大厨们乐得省心，不管原始味是什么，还胆大敢去做不惧怕原始味道如何，且牛气十足。

二、原始味道的内涵

一般意义上的味道指味觉。烹饪中原始味道由三方面组成。

其一，本味，食材固有的天然味道。古鸡有鸡香，鱼有鱼鲜，各类食材都有自己的个性味道，这种味道在生与熟和加工方法上不同，但本味不变。

常见有芦蒿、茼蒿菜、胡萝卜、芹菜、食用菌、红皮萝卜、猪大肠、鹅、鸽等畜类，这些荤与蔬都有自己的本味，已千年不改其形和味，古有一物一性之说，食材被研究透了皆有原始之味。

其二，食材深加工后的固定味道。如腊肉、红肠、咸鹅、火腿、腐乳、臭豆腐等，即使它们因保管、口味之需，深加工后形成的口味仍然比较稳定，约定俗成的习惯口味，如咸鹅烧黄豆、手撕腊兔等也是原始的家常味道。

其三，发酵后的食材及调味料。花椒、桂皮、孜然和茴香等是天然调味料。酱类、醋、生抽、老抽、老干妈、蚝油等，不仅是传统的原始味道，而且它们还是保证其他各类名菜原始之味所不可缺的调料。

我们在生活中早已习惯了的原始之味。如地方特色臭苋菜秆子味道，西餐中有些异味的芝士，西湖老鸭煲中的腌咸猪脚爪，六合的活珠子，发面的老酵面……它们都有着原始味道的烙印。

现代人追求生活品质和个性化，作为厨界，研究本味的最佳发挥点是创新的正道。留心食材中常被人忽略的原始味道，才会给人惊喜。例如，用生萝卜压汁、芹菜汁掺拌在手擀面内，配上有色时蔬小荤，夏季让食客吃了浑身舒畅。

三、保存原始味道的方法

原始味道有几个特点，首先是乡土气。蒸玉米棒、山芋芋、芃花生、山药、南瓜、胡萝卜等全是原始的味道，以发挥它们的色、香、甜进行开拓保护型挖掘，原始的味道得到发挥，自然就有市场，出品生命力也就强了。

其次，原始的味道，无论菜与点，在选料上必须重视食材的源头，用北方豆腐干怎能做出扬州大煮干丝的韧劲呢？用颇负盛名的黄河鲤鱼，怎能做出南方细腻的鱼丸呢？

最后，是重视原始味道的原始文化，西北的羊肉泡馍是名小吃，它与南京夫子庙、江南小吃都有各自不同的风格，这与味之初有关系了。

原始味道的真谛在每个人心里，那牵动人心的味感、质感在于细节，千万别以自己的观点强加于人。食材在于制作人认真分析食者的需求以及精神上的情感，一盘雪菜炒肉丝，不在肉丝老嫩，在雪菜干煸而出的锅气。

喜欢它的人，在怀念那个岁月，在品味当年舌尖上的至味。

原始味道初探接近尾声了，关于味和道，多少人在思考与研究。有学者说："道，大家共同的路，方向定了，就朝着目标前行。"人是有记忆的，尤其是幼年时的记忆格外深。关于味，名店名味、家庭的味道，工作后，饱尝的四方美味，都在人类的记忆中传承，从事餐饮业的大厨们，在寻找原始味道的同时，也是在为传统烹饪文化寻找最珍贵的味觉记忆。

2017.8.4　20:26 于龙口

猪蹄史话（上）

猪蹄，又有俗称猪脚、猪手、猪爪。将其制熟成卤菜之后，称为“千里香”，卤后挂糊油炸，又有“千里威风”之名。

猪蹄来自猪的身体，是猪的组成部分。说起猪，早期文字以“豕”，表示一头完整的猪。

“家”，是再平常不过一个字，《说文解字》关于家字的注释：“房子里面有猪。”今天看来，这样的注释，有点可笑，人岂能与猪同居一屋（穴）呢?

从历史学上看，就不觉奇怪了。如北京周口店、南京汤山猿人洞等地，都是人类早期的栖息居所，人由茹毛饮血时期，逐步过渡到用智力来改变自己的生存空间。早期是部落群体结构，青壮年外出打猎，居地必有妇幼，长期以往，居住地要有余粮，在居住处围地养有猪，保证储存食物来源，也属正常。

古人储存的各类食物中，以猪最有具代表性，不仅肉质好吃，活体又不伤人，人工驯服后，还可生生不息。

因此，房子里有猪（食物），劳作之余，大家过来一起分享，也就符合现代人对家的理解吧。

家中有猪，近代又有专家新的认识，房子内的猪，属于实物象征，引申理解为家里的固定资产。

从在不同的经济条件下对猪蹄的加工、选用，又折射出许多社会现象。

20世纪70年代初，物质相对匮乏，有时温饱都成了问题。记得小时候，妇女坐月子，亲友要送上贺礼以示祝贺，如果手头紧拿不出像样的礼品如金银或衣服，就会买一副猪爪（四只）作为贺礼。

20世纪70年代末，虽说在军营有吃有穿，伙食费还是有标准的，四毛七一天，分为三餐，还要管吃饱。记得我常加工红烧猪爪，尤其那爪丫处黑色猪绒毛最难除尽。

后来，有人提出买松香，放入铁锅中烧融化，放入整只猪爪翻身滚一下，捞出冷却，敲剥去松香，然后用温水泡洗，直刀刮一下，猪毛全脱离，洁白光洁。再一劈两开，左右各三四刀斩块，再烫一下沥水，加调料红烧，官兵们都喜欢，用卤泡饭好吃，最上面一节肉多的部位和最下一节爪尖也受人喜欢，一人也就三两块，就是大荤了。

加工猪爪，记忆中某军教导大队韩副大队长曾教我一法：从部队维修的木工房中，取来刨花引燃，将树枝条的一头插入猪爪，放火上烧，至猪爪表皮转成枯黄或全黑，用温水泡两小时，再用刀刮去浮皮，清水冲洗干净，闻一下，无异味，特香，然后炖、烧、卤均带有焦香，现在四川、湖南大山里的人仍有使用这种方法，以此烹调的猪蹄也就不油腻了。

2018.4.9　16:48 于地铁百家湖

猪蹄史话（下）

猪蹄在食材中属于寻常之物，在市场上天天见，物价也与猪肉一样节节攀升。大约在2000年前，猪蹄的价格始终低于统肉（含带骨）的价格。之后呢，就开始快速上涨，现在新鲜当日宰杀的猪，其蹄子价格已超过纯后腿肉了。

在农村市场里，大多是小型生猪厂宰杀的猪，早起就可以选到新鲜的食材。我去选择前腿猪蹄，每只该有一根猪蹄筋，平日里早被屠户抽了，只有在春节期间，他们忙不过来，抽下来，晒不干，于是就连在猪蹄上，加价卖了。

去年春节前，学生兼战友于丙辰从他战友那里订选猪蹄筋，一下子送来200多根猪蹄筋，我对他讲，这可需要几卡车的猪啊，太感动人了。

关于猪蹄感动人的事多呢。20世纪90年代初，南京鼓楼大排档开张，生意火爆，担任总经理的蒋总，原空军转业到汉府饭店，因善管理，调到那里去，生意做的轰动南京。因那地段，因是市政府机关开的，天天翻台，每天晚上还在门前供应大肉包子，一元一个，下午四点下班高峰期，食客排队几百米，媒体都介绍过。

我去吃过几次免费的大餐。印象深的是在一个夏天，被当时的厨师长邀去，我和汉府一位副总去的，一人做，二人吃了一桌全套冷热菜点，以宴席程序做的，全是流行的食材。

其中有道是从四川传来的卤炸椒麻辣猪蹄，今天仍依稀记得厨师长介绍选料和制作过程。将猪蹄劈两开，去异味，流水冲洗，有多种香料和老母鸡煮的老卤煮同焖，熟后捞出猪蹄冷却拆骨，重蒸至热透，外拖挂水粉糊，放入六成油温中炸，再重油一次，装盘撒上味粉。猪蹄端上桌就吸引众人，入口香辣麻咸无可挑剔。猪蹄炸得色泽也到位，这个菜，难在热猪爪皮，下锅极易变形缩小，表层不易有脆感，入口有韧劲和港参的弹性，那是道完美的菜。三十多年过去了，仍历历在目。

关于猪蹄入馔，一般重要场合很少上桌，总觉得不够上档次。现在大家饮食观转变了，重点关注食材的营养性了，猪蹄富含胶原蛋白，有美容功能，现在吃猪蹄不是土气，而是时尚的一种表现了。

我们军区原司令喜欢吃红焖猪蹄，不加糖，自来芡，用砂锅炖，达到京苏大菜的代表性特点——酥烂脱骨不失其形。

我在十年时间内，共为首长烧了多少猪蹄也记不清了，全留在日记本中了。

从汉代出土的古代墓砖中，就有厨房挂着一排连着猪腿的爪子，可见，古人也喜欢它。南京近年也向广东学习了，猪爪连着蹄髈卖，这也说明，未来猪蹄也要成了紧俏品了，大家抓紧时间，先下“口”为强。

2018.4.10 21:05 于仙林

第二篇

烹饪原料

白菜在冬季（上）

白菜是最平常的一种大棵蔬菜。早年，白菜是我国北方地区百姓冬季都要储存的蔬菜。似乎白菜丰收了，生活就有保障了，大冬天都能挺过来了。很多对于新闻联播中将储存白菜作为很重要的新闻来报道，江南人不以为然，用现在流行的话说，就是“至于吗？”

白菜的供应现象形成了特有的白菜文化。大垛白菜堆是一道特有的风景，众人排长龙队凭票购买白菜的记忆，随着国家经济的高速发展和人民生活水平的提高，已渐渐模糊。白菜在百姓餐桌上已不再是主角，更多是作为包饺子、炖砂锅、涮火锅的配料了。很多年轻人不喜它，无味、无个性，无鲜亮色彩、无精致外形，更是加热后一副拖拖沓沓、松松垮垮、拖汤带水“不争气”的样子，着实不讨现代人喜欢。然而经历过严寒、经历过物资匮乏的老人，对白菜仍念念不忘，情有独钟。

细心观察，20 世纪五六十年代出生的人，经过菜场，见到一堆白花花的白菜，总是情不自禁地望一眼，似乎有一种别样的情结。遇到重大节日，常见有老年人的菜篮中躺着一棵剥得光溜溜的大白菜，可能不仅仅是食用，而是有一种踏实的满足感，可能精神上的愉悦远远高于食用价值吧。

白菜原产于地中海沿岸和中国。我国长江以南为主要产区，种植面积占秋、冬、春菜播种面积的 40% ～ 60%。20 世纪 70 年代后，中国北方白菜栽培面积也迅速扩大，目前各地普遍栽培。白菜的栽培面积和消费量在中国各类蔬菜居首位。

白菜种类很多，北方的大白菜有山东胶州大白菜、北京青白、天津青麻叶大白菜、东北大矮白菜、山西阳城的大毛边等。黄色菜叶为主的品种又称黄芽白菜、黄芽菜、黄芽白，有南北两种。黄芽菜在清朝光绪二十四年（1898 年）《津门纪略》中记有“黄芽白菜，胜于江南冬笋者，以其百吃不厌也”，以至其又有“北笋”之称。

白菜在中国北方早有栽种，但是到了三国以后，白菜才见于记录，如《吴录》载：“陆逊催人种豆、菘”。但是隋唐之前白菜种植还不是很普及。隋唐之后白菜被大量推广开来，和萝卜一起成为人们的主要蔬菜。白菜一词最早见于杨万里的《进贤初食白菜因名之以水精菜》：新春云子滑流匙，更嚼永蔬与雪虀。灵隐山前水精菜，近来种子到江西。虀，即捣碎的菜，把白菜放进水里煮过，剁碎，加点盐，就称为水精菜。古人崇尚本味，强调淡泊。当然，蔬菜品种少，白菜已经觉得是时尚菜品了。

“菘”是白菜另一称谓。在诗人笔下，咏菘也成为一种风尚。唐代有杜甫“奴肥为种菘”与罗隐“叶长春菘阔”之赞；宋代有苏东坡“白菘类羔豚，冒土出熊蹯”之颂；元代吴镇则咏“屠门大嚼知流涎，淡中滋味吾所便”；清代李亦吟“甘香得自淡淡余，玉釜官厨总不如”。白菜颇得文人墨客的青睐，这与我国传统文化中崇尚朴素之情与清白之理大有关系。

一个淡字就是对人生质朴纯美意境的概括。对此，明人洪应明的《菜根谭》不乏妙语：“浓艳的，滋味短，清淡一分自悠长一分。”“做人要存一点素心。”“醲肥辛甘非真味，真味只是淡；神奇卓异非至人，至人只是常。”“宠辱不惊，闲看庭前花开花落；去留无意，漫随天外云卷云舒。”古人将对白菜的深刻理解，上升为一种哲理，我们也从中得到了有益的启示。白菜由一种蔬菜被引申为一种精神，一种品德，一种文化之源。

白菜在百姓心目中，物美价廉而且方便实用，不怕湿、不怕压、不怕冷、不褪色、不走味等。白菜易生长，存放容易，与豆腐、猪肉、禽类、鱼虾、其他蔬菜、菌类均能为伍，该给它颁一个“和菜佬”的大奖。白菜，达官显贵们也喜欢它，易消化，能刮油，味淡仍清鲜。在北京谭家菜中，就有一道名菜“扒白菜”，据清宫档案记载，慈禧太后就喜爱一款名为“熘白菜心”的菜肴。

说到清朝的皇宫，还有一棵历经百年、碧绿新鲜、能看不能吃的“白菜”——翠玉白菜，相传是位皇妃的陪嫁品，现仍保存在台北故宫博物院。“翠玉白菜”选用天然双色玉，由平民大师雕琢，汇集了无数能工巧匠的智慧，它不仅是不朽的杰作，更是让作为“菜稔”的白菜成为当之无愧的菜中之王。我所感动的是，古人常讲“能人在百姓中”。一块珍贵的玉石，不雕楼亭、不刻山水，独选白菜为题材，单从这点，就不能轻视白菜了。玉石白菜是宝，新鲜白菜更是百姓心中之宝。您说是吧？

2012.10.15 22:44 于六合

白菜在冬季（下）

白菜在我心中有着抹不去的记忆，记忆深刻的就是白菜的播种与保存。

先说种白菜。一般是立秋之后十天左右，在我们十分不情愿的情况下，母亲要求扯掉自留田里的瓜藤，用铁锹翻地，地被太阳晒两三天后，用耙子敲碎土块，撒上猪粪，再浅翻一次，撒上白菜籽。遇天气干燥，与姐妹一起到小河边抬水浇洒至土湿，三四天后籽开裂发芽，十天左右泼一次粪水。大约两周后，见白菜长约三四厘米高，拣大的拔出另栽入深翻过的肥沃的土地上，傍晚时栽，间距半米一棵，用小铁铲垂直插下，左右摇晃一下，铲出一条土缝，插入带有全根的白菜（现拔现栽易成活），要压紧根部，使菜苗垂直，然后生根处浇上水，第二、第三天傍晚逐一浇次水，白菜便成活了。待白菜长至七八个叶子时，用山芋藤或茅草绳系扎在白菜腰上，又叫扰扎，不宜太紧，不透气，太松不卷芯。种白菜在根深处上足肥料，成活后可以不再施肥了。有的家里用油菜籽饼（榨过油的）水泡一周发酵后很臭，拌入土中，冬天收的白菜结实，一棵白菜上可站一个成人也不扁。

再说说白菜的保管。一般来说分三种，第一种是量大的地藏法，霜降后，用铁锹铲断白菜根，晒一两天，剥去外层病虫咬过的虫叶、黄枯叶，头朝下，根朝上排在事先挖好晒过的地沟中，略深于白菜高度，排紧放好白菜，上盖五厘米左右松土拍紧，待冰天雪地时挖出新鲜如初。第二种是量少的窖藏法，地上挖长方形深坑，晒几天后，一边倒入山芋（红薯），一边堆白菜，然后用芦苇秆搭上尖形盖，留一小口，便于爬上爬下取菜，遇高温，把窖门打开通气，防暖坏菜烂，遇零下的温度，用麦秸草塞上，防山芋冻烂。第三种方法是把白菜根扎一眼，穿上绳子挂树杈上或房梁上，吃时剥去外层干菜叶。时常纳闷，扎白菜时见菜心中落有树叶泥土，待菜心卷紧后，树叶泥土踪影全无，也是奇怪了。

接下来就聊聊白菜的吃法。

第一个是白菜生吃法。过去（指20世纪70年代甚至更早）白菜生吃的少，江南人有点不习惯，南方人通常在冬天见无绿色菜可吃，才选白菜，而北方人到冬天，天天离不开白菜，可能是无奈吧，南方人有用玉米秆，芦苇覆盖下长在地里的青菜，有耐寒的菠菜、香菜、青蒜苗等，反正白菜生吃的极少。现在全国菜谱同化了，南北混搭不为怪了。代表性白菜生吃有两个：第一个白菜嫩帮子，切细丝与白萝卜丝（水泡过透明）、胡萝卜丝、洋葱丝、芹菜丝或青椒丝，各抓一把，放盆中，加油、盐、少许白糖、米醋、味精、生抽、辣油或辣椒粉拌匀，现拌现吃，爽脆爽口，下酒淡点，下饭味重点，现在流行加点芥末，味道别致，称为“老虎菜”。另一个是酒店冬季时令菜：酸辣白菜。取大白菜杆子（俗称帮子），去边叶，顺长切五六厘米的筷子宽的长条，撒细盐，腌两小时，用白毛巾挤水，排于瓷盘中，锅上火加油和红椒丝、姜丝见香味出，下醋精、白糖（重一点）烧沸至糖溶，成酸辣甜浓汁浇在白菜条上，加盖密封腌 40 小时取出，油亮味浓酸辣适口，排好上桌食用。

再来说说白菜的名菜。

首先是开水白菜。此菜由四川名厨发扬光大，成为国宴上的一道名菜。制作过程：白菜心切三四厘米长，在根部划十字刀纹，焯水入原盅，加入清高汤，放半只瑶柱两片熟火腿，加盖笼蒸三十分钟，汤烫鲜清，菜形完整质酥，芳香四溢。

第二个是白菜狮子头。淮扬名菜蟹粉狮子头，在炖制过程中，必加白菜嫩叶覆盖其上，上火炖两小时以上，白菜有吸油保温、保气、增鲜的功能，缺它此菜味不正，上菜前，揭白菜叶，狮子头如新娘揭过盖头一般，只只水灵，浮于汤面。

第三个是酸菜炖白肉。此菜为东北民间名菜，进入冬至，大白菜用少盐淘米水腌制，至酸味出，取出洗一下，切丝与熟带皮五花肉片、姜葱及原肉汤于锅中同炖二十分钟，见肉酥调味即可，撒香菜上席，汤鲜肉油润，酸菜香浓。如今已上了国宴菜单。

第四个就是家常白菜烹饪。心里惦记着白菜一稿之事，下午在种了茼蒿、菠菜、香菜之后，又浇了带有温热的井水之后，饭后在小区散步，见到几位近邻，便向她们请教，询问农家白菜吃法。煤气公司叶师傅，指着被称为她家白菜长得有屁股高的68岁丁阿姨讲，“她是本地人，样样懂，问她。”丁阿姨开口便说：“白菜切丝或条用盐一拌，码一码，稍会挤去水，炒肉丝，吃辣加点辣，见锅热加油，葱姜炝锅出香下生肉丝煸变色，加少许老抽和白菜拌匀调味，加盖见沸，勾芡，撒蒜叶上桌，菜脆肉鲜卤拌大米饭，有点辣，冬天吃了心里暖和和的。”我又问：“您家的大白菜长得壮，叶子大乌青，外边叶子怎么吃？”她讲：“不难，把大叶摘下，用手撕拉去除老筋，切块，开水搭（烫）一下，加点肉与千张、豆腐一起炖白菜，加点猪油，易烂汤白有味，也可以白菜炖粉条，加点红的绿的吃起来香，也能抓把虾米，冬天炖一锅，透鲜，荤素全有了。”

东北沈阳孙师傅，老公是南京造桥工程师，她是个快人快语的热心人，搬过来时间不长，我问她：“东北白菜炖豆腐，豆腐要煎炸吗？”她说：“不要。就把猪脊肉切厚片用油炒一下，要好看，就少加点老抽，一起把菜放入锅里煮，菜烂肉也烂。”她又介绍朝鲜族泡菜的方法：“东北大白菜切四瓣，撒上盐加点熟凉米汤，排缸中，用石压三天后出水，因盐少米汤发酵菜变酸，约十天后，另把冷鸡汤（或排骨汤）去除浮在上面的油，加入凉开水泡过的干红椒粗粒和姜、蒜蓉、刨好的梨丝、苹果丝与生抽拌匀抹在白菜上，闷一两天后吃，切细，酸脆甜咸鲜，可好吃啦，就那卤抹在馒头上也好吃。”经她一说，我也流口水了。

白菜在民间吃法可多了，冬天用大白菜炖牛肉、羊肉，加点四川火锅底料，味特香。现在酒店模仿农家菜制法，将白菜叶烫后投凉，布吸干水，拍生粉卷肉馅，外拖鸡蛋液，中小火煎焖熟，烹料酒出香，取出改刀装盘，外脆内鲜卤汁多。

白菜百吃，根据白菜吸油、吸味、耐煮、不褪色特点烹调。加热时间短有脆的风格，加热时间长有烂的特色，它清新、美味、不抢味，可冷可热，可汤可菜是植物蔬菜中硕大的奇葩。

白菜诱人，白菜本色本味淡雅。白菜是国菜，有松之品、笋之质、花之香。白菜是文人笔下的主题，是厨师刀下的美味食材。白菜在冬季，年年陪伴着您。

2012.10.16 16:40 于六合

不能“蒜”了

大蒜，又叫蒜、蒜头、胡蒜、独蒜，是蒜类植物的统称。半年生草本植物，百合科葱属，以鳞茎入药。

蒜春、夏采收，扎把，悬挂于通风处，阴干备用。农谚说“种蒜不出九（月），出九长独头”，六月叶枯时采挖，除去泥沙，通风晾干或烘烤至外皮干燥……

蒜类，从事厨艺的人不陌生，基本上天天打交道。说句玩笑话，现在的厨房，缺了蒜的出场，那厨房必定乱得像一锅粥。

必有人不赞同，无蒜，葱姜可以代替呀。

作为不讲究的凑合，当然可以，可现实厨房内的势态，许多名菜是因蒜而成名，而受到食客的喜爱，如避风塘系列。有的食材，多少年上不了大雅之席，因为蒜的参与，一跃成为席卷全国的热门时尚。如夏日美食小龙虾，无它还有诱惑力吗？况且，传统的烹饪中，蒜不仅是厨房治味的调味料，它更有消毒杀菌防病的食疗功效，如凉拌类菜肴。

虽然有“开门七件事，柴米油盐酱醋茶”之说，但是蒜是被列在七件事之外，那是什么原因呢？

本人推测可能是下面几个原因，并非实考，仅供消遣。

原因之一，从史书记录上可知，蒜又称胡蒜。汉朝第二代皇帝刘盈曾派张骞出使七国，带回来胡萝卜、胡椒、胡麻、西瓜等物，旧时称胡蒜的大蒜，应该也是那个时候带回来的。

原因之二，中国制酒、酱、醋，历史久远，追溯起来，舶来品蒜的引进，属于“迟来的爱”，前面说的“开门七件事”，已成事实，机会错过了。

原因之三，蒜的引入，客观地讲，从固有的习惯思维和传统的儒家、道家、佛家的思想来看，外来品称为异物。我国凡事看源头，写书法，每一笔都讲究个出处，一贯是固守的习惯，上上下下，对蒜的认识，也是谨慎的。佛门称蒜为荤辛之物，吃了会乱意，直至现代仍禁止食用。我们国家对西域的人和物，称为胡，含有多种的意思在里面，哪有人敢把它奉为至宝呢？

从史书故事中常发现，有许多人认为蒜味与臭味是相关联的。有传说，早期蒜是下等人的食材，他们自认高人一等的是不允许碰蒜的。汉唐时代，穿件衣服，还要经过沉香熏一下，吃了蒜，浑身上下的味道，再好的香也掩盖不住吧。

上述可以看出，现代人从对蒜的认识和喜爱与科技的发展有关，大蒜素的提取，造福了人类。

现在的家庭和餐饮业的厨房，能缺了大蒜吗？

时值盛夏，拍盘黄瓜，来碗拌面，订份酸菜鱼，馆子点份龙虾；吃黄鳝的季节，炒个软兜，烧个鳝鱼汤；端午炒盘苋菜，煮碗水饺，等等，哪一样可以缺少大蒜呢？

蒜不能少，少了它，生活的滋味就会打折。当然，蒜的使用和食用在于个人喜欢与否，均是正常。

从健康的角度和食品流行趋势看，我认为，蒜是厨房增香添味的好东西，对待它，不能“蒜”了。

2018.6.5 7:55 于百家湖至经天路地铁上

不弃心肺

这个题目，有点含糊。还是开门见山吧，“心肺”，本文所指的是猪的心肺。

在苏北里下河地区，猪心肺又称肚肺。在那个环境里，提到一副、一挂肚肺，就是猪心、肚、肺的简称。

今日横梁逢集，便早起把室内外打扫一遍，给小狗冲了奶粉，给待下蛋的鸡添水加稻子，又给井边种的蒜头洒点水……忙好之后，到邻居家拔了青菜，给鸡改善一下伙食。

踏上自行车，直奔农贸集市。见到刚出土的芋籽，来点；见到新鲜草鸡蛋，选点；见到白胖胖的桂花嫩藕上市，称点。走过油条摊边，停下喝豆浆，就着油条吃点……

见到活鱼、活鸡、鸭、活鸽子，目中无物。直奔猪肉摊，眼睛一扫，选了一副无淤血、无破损的一副较大的猪心肺，付完款，我就高高兴兴地回家了。

进门就把猪肺放在厨房水龙头上灌水，见肺叶的颜色快要转白时，提起猪肺，见肺叶内涨满了水，肺叶瓣全部挺起，向中心弯去，如一朵粉红色莲花。

从汉族文化来看，中国饮食中，猪肉可以做很多道菜，举一反三，很少重样。最著名的是猪火腿，是肉制品中的极品。

古代汉人尤喜食猪肉，汉画像砖石图案上有杀猪的系列过程，可见在那个年代，猪肉就是不可或缺的高级食材。

猪心肺和猪肚属于猪的内脏器官，从中医药膳学理论上来讲，饮食上以脏补脏，有益于人体内相应器官的疾病痊愈。

民间意识和中医药学史籍多有记载，药食同源，药补不如食补。如猪肺有治咳嗽和肺结核的功效，如配上银杏又是滋阴润肺的绝佳食疗佳品。

猪心有对心脏疾病有治疗作用，配上桂圆、红枣、当归、红参等炖食，有益于心脏的修复和保健。

猪肚在烹制过程中，辅以姜、枣、百合、母鸡、火腿、莲子等，均有事半功倍的养生效果。

不过现代科学研究证明，猪的内脏器官含有较高的胆固醇，长期食用容易堵塞血管，引起心血管疾病。

但在传统饮食文化中，百姓有另一种体会。如 20 世纪 50 ～ 70 年代，那时生活困难，产妇坐月子，一个月子三十天，能吃三到四副肚肺，便是令人羡慕的事情了。产妇喝了猪肚心肺汤，体力恢复快，奶水足，婴儿身体发育好，把成绩归于猪肚心肺汤的功劳上。

食材中有一物一性之说。每种食材都含有多种营养物质，过去人们把芹菜叶、空心菜叶、蛇皮、牛蛙皮都扔了，现在都成了美味，且维生素和胶原蛋白等营养素含量更高。

从央视的《动物世界》节目中，常看到大型动物特别喜欢吃被捕获动物的内脏，如狼喜食羊的内脏，狮子喜食鹿和野牛的内脏。从人类选择材料的角度来讲，该优先选择后腿臀部部位，肌肉结实，可是事实上却不是，这种现象不得不引起人类对动物内脏的思考。

猪肺、心、肚的加工烹饪方法有若干种，通常有烧、炖、卤、拌、炒、涮等，可分别独自成菜，也可合炖成杂烩风格，食客各取所需。

至于辅料，菜心、山药、白菜叶、笋、丝瓜等，都有增色助味的功能。

为了使食材营养扩大化，有时候会在把猪肺灌洗干净后，倒控出水，重新灌上鸡蛋液或鸡蛋面粉液，蒸、煮熟冷透切片，随味汁蘸食或烩食，有增香的作用。

也有把肺、肚、心分别洗净、焯水合炖，水沸后，撇去血沫加，加上纯豆油和葱、姜、两三枚红枣、麦冬或甘草等同炖至熟，改刀另烩，汤白如奶，味香醇厚，至于提神补气更不用说了。

无论从传统中医的角度，还是从百姓长期的生活习惯来看，猪心、肺、肚仍是我们餐桌上深受欢迎的美食。有了它，生活更加丰富，缺了它，却有遗憾。我觉得，可以细加工，少品食，再研究，让心肺为人类发挥更大的作用，以满足我们的口腹之欲。

2015.9.21　23:55 于江宁

臭不可闻话食材

南京电视台十八频道《听我韶韶》主持人老吴，常在节目中讲一句俗语“林子大了，什么鸟都有”，听多了，就要思考其含义，我的理解是，有见怪不怪和感叹的意思。

作为餐饮人，前几年对南京的餐饮中出现不可思议的现象颇不理解，如一年四季外地客人来南京，店员必推一道“流行”名菜——臭豆腐煲，菜品得到很多人的评价，也不知外地人恭维是给面子，还是出于好奇和刺激，可谓是赞不绝口。我的态度就如南京人口头禅：搞不懂。

我在军区大院机关美食园，或去中山陵八号帮助工作，从不推荐使用臭豆腐和臭气熏天的食材。

在机关服务时，如端一砂锅，菜未上席，臭味先飘到桌上，尤其是夏季空调包间内，围坐一桌的领导，立马不听主宾的筵席开场白，纷纷掉头张望，寻找臭气之源，那会成什么样子，酒席的规格和隆重氛围全没了。

但是，现实就是这道菜在南京的大、中、小饭店都卖疯了，虽有不喜欢者，也得跟风吧，尽管明知流行不等于经典，在市场面前，有时也得顺势而为之吧。

常见臭类食材的有：南京的臭豆腐，安徽的屯溪臭鳜鱼，浙江绍兴、宁波的臭苋菜杆，舟山的霉鳓鱼鲞和湖北大悟的毛百页，北京的豆汁和王致和臭豆腐等，这些具有比较浓烈味道的食材，既可以作主料又可以作辅料，有时也作为调味料。

它们各领风骚，各有各的消费人群，并且此“嗜臭”人群在不断壮大。有时，面对此现象我也很困惑，那咱就先分析臭制品产生的渊源吧。

南京的臭豆腐，最早出现在 1985 年左右。在太平南路八一医院周围，每天途经那里，必有一阵油炸臭豆腐之味，偶尔停下来看一眼，竹扦插一串，用辣味汁浇一下入口，无论男女，仰脸入口的表情和状态，如一周未吸到香烟的烟鬼那般地享受。油炸臭豆腐，是炸得外脆之香，还是那辣汁的刺激？都不是，就那臭不可闻的味道在引诱人。

我去过鲁迅的老家，在咸亨酒店门口，那小方块臭豆干，经油炸后，放在通红细咸的辣酱中蘸一下，撒上小葱花，吃起来津津有味，游客都排着购买，就为了满足那一口的心愿，因为那是绍兴地方文化的一个重要符号。

浙江杭州的餐饮公司在南京开的几家名店，如张生记、红泥、万家灯火、向阳渔港等店，接二连三推出臭苋菜杆子。我在浮桥一家店里，吃过臭苋菜杆子。记得是一大盘，下垫豆腐和咸货，上覆盖一节节苋菜杆、蒸菜类，有人为我挟一根，入口用牙咬一下，从节中喷出液体，满口臭味，转头望着别人，人家在享受着呢，我也不吱声了，忍着咽下至今难以忘却的淡绿色汁水。有人说它鲜，有人说它香，我不敢再碰了。

如此臭，细问加工流程，就是在淡盐分之下，在原发酵老卤和适宜的温度之下，产生的蛋白质的衍生物，由一种氨基酸发出的异气而已。这臭味和臭气，就如夏天鸡蛋经蝇虫叮食后腐败产生出臭气，同是一个原理。那主要元素，在化学上的术语即为硫化氢。

下面，就带有臭味的食材进行分析。

我在聂司令员家工作，他特喜欢老家带来的空心卷切成段的千张结。孔朝上，一排排竖放于用高粱秆编的双层合并的圆形“盘子”上，梅雨季节，任其长满白绒毛，这时那物已腐易碎，需轻轻移下锅，用油上下煎到黄，装盘上桌，首长一人蘸着辣酱享受，这属于解乡愁之食。一个十多岁出来参军的孤儿，家里能有什么吃的？那长满白毛的千张，是因为不舍扔弃，加点盐在锅中干烙，臭味可忍，食物可不能丢弃。我猜想，凡臭味独特的食材，必有其故事，也必有一个共同点：那就是这东西出现不是源于“朱门酒肉臭”之家，必是出自生活在社会底层的劳苦大众之中。

有人要问，现在吃带臭味食材的群体，哪有缺吃少穿的呢？那就是人的审美和生活习俗，有的是先天喜爱，有的是后天因素。

古代有一成语，爱屋及乌，这与嗜臭不能说没有关联。

最后要说的是，臭，在烹饪加工方面，有时是单一食材的味道，也有的是复合味道之一，如有加工猪油、辣椒、肥肠、肉蓉、咸鱼干、干贝等海腥味，来丰富或复合成全新的味道。

国外知名香水，也不全是香气物质，有的人为加入臭气元素，来满足一部分人的需求，就如中式月饼，甜味冰糖馅料中，加点椒盐，看似风马牛不相及，但它是经典。

审美和调味，烹饪与选材，如李时珍用药，不管你怎样不理解，只要有人喜爱，就有其积极的意义。哲人曰：存在就是合理，就让它们存在下去吧。

上述浅见，愿与大家共同交流。浅显的分析，还请业界友人指教。

2019.2.28 20:50 于横梁

初探大乌参

近期吃了几次上规格的宴请，见到似曾相识的食材——大乌参。

大乌参属海参类，因个大，体长肉厚，涨发难度大，且不易入味而著称，令小厨们头痛。大乌参的出产地有海南和北方辽东半岛。大乌参腹腔被划一刀晒干后，表层有一层碱质污垢，极难除净，除不净入口有粗糙感和麻涩味。

去除的方法是：先将乌参晒干，然后把干参放入无火苗的草木灰中，或者放入煤灶炉下炉灰中，慢慢受热，见乌参表层干硬时，用刀刮净垢质，再用常用的涨发方法进行涨发。

行业内如把大乌参涨发到家，无夹心黑心硬心，浅白透明，切口处有光泽。

和廉货凉粉比，差不多的质感，明晃晃的；和极品货比，大乌参的肉质，透明度不亚于光照下的和田玉，其切口处，如织锦锻子面一般细润有光泽。

加工处理这一行当，属专职，没有十年起早带晚的摸索，别想混出名堂来。这活，行话称发料，今称干货涨发。军区华东饭店著名大厨庄孝如师傅的老师金师傅是这方面能人，如干牛蹄筋、大乌参等，他发的让人放心，出品率也高。

涨发好的大乌参经去腥、去麻涩味，用葱姜酒煸炒，下入参炝入味，再用毛汤煮一下，如此三次，水洗后，抓参用鼻子闻一下，无一丝海腥味，扑鼻葱姜酒香气，行话称为浆一下。

这仅是开始，另起锅，用猪油焖青葱杆（出黑色）或京葱杆（出黄色），使葱油香与参融为一体，加高汤与酱色、白糖等调味料一起加热，然后转入下垫草垫子（防粘锅）的大砂锅中，小火慢煨，慢慢恒火，使之里外入味上色，这样处理后的参如蹄筋一般，象牙黄色，且有底味。逐条放入容器内，需要用时入笼蒸一条，再炝锅加老汤，补色补味，大火收汁，汤留宽一点，再泼稠芡，沥入热鸡油或葱香猪油，边饰菜心或鸽蛋，这样美感和美味就全了。

装盆后，乌参油亮，参形完整不破且有润泽的感觉，在沸油作用下，芡汁红亮，翻着小气泡，表面上无一丝热气，用刀叉切一块，放在面前，不小心滑入口中，必让你烫到心。

乌参菜的特点是软糯有丰富的胶质，长期煨蒸易融化缩小，过火则弹性弱，欠火那就是次品，麻口涩嘴。乌参菜是名贵大菜，是招待贵宾的，是展示饭店实力功夫的招牌，若把乌参烧出味，入了味，有品相，口感滑韧有润的感觉，终身不愁生计的。

以乌参入馔的，根据参的品质来定，乌参涨发后，形无破损，表层干净无黑色老茧皮，肉质透明光亮。每只在1～1.5千克，易选作扒菜，宴席的头菜，略小或肉质黄黑的，用葱烧和给烩炖焖之法。

再次的乌参，用于切块批片切粒方法，干烧、红烩和什锦作羹之类，菜单上体现均是乌参名称。

现在流行刺参。其实，民国时期，流行吃大乌参，有气派，口感好，加工烦琐，烹调程序复杂，所用辅料为老鸡、棒骨、火腿、干贝等，许多食材的使用，顾客看不到，味全在那加工过程中和芡汁中，外行人吃不出来，辅材的成本高于乌参成本的双倍也不止。

大菜是脸面，反映技术上的综合本事。因大菜的名气，也带动了其他出品的销售。

乌参，为何称乌？黑也，这种棘皮动物，吃浮游生物，生长期长，表层是黑釉色。这类动物，也属于化石类的宝贝，在地球上生长了上亿年，因此，中医认它为滋补品，益肾壮骨。

乌参的调味、色彩、芡汁稀稠以及味型，不同地区有各有特色，主要味型是咸鲜型，延伸的有咸甜，咸香等，咸辣和麻味的较少，以其加工成咖喱和茄汁的也不多见。

广东喜加蚝油和海鲜汤，江苏多以母鸡、猪腿骨来丰富其口味。光绪年间开业的上海老饭店，虾籽大乌参是饭店招牌菜，因在味汁中加了虾籽，口味技胜一筹，以虾籽大乌参出名。八一大楼管生活的王主任，其同门师哥在鼓楼一家饭店做谭家菜，我跟着一起去尝了，其中有乌参一款菜，觉得芡重于江苏，其味有点相似于闽味佛跳墙。

北京谭家菜是晚清官府菜，后并归到北京饭店，其盛名其味不是一般人能遇到的。看过谭家菜原始菜谱，其制法和烹调原理，与淮扬菜有一脉相承的感觉。

近几次尝了乌参类菜肴，总体感觉不错，涨发得透，入口有弹性，如在入味和丰富口味上，再进一步，和当下有名无味的刺参比，定能夺回市场，让曾经的名馔大菜再度辉煌。若真那样，现代人的厨师队伍，当无愧于“传承、发展、弘扬”这一响亮的号召了。

名菜需有好的食材，好食材需有高手来精心侍候。侍候的目标是，对职业尽心尽力尽责，对顾客无憾，对食材无愧疚，有了这样的敬业初心，不仅乌参重塑光彩，而且我们在烹饪事业上也会大有作为，前途远大。

本人对乌参的涨发和烹饪也不擅长，只是突来了念头，写点对乌参的认识，也算是初探吧，还望业界大师名厨们在实践中找出最佳的加工方法，表现出最佳的味觉和味道来。

2017.10.4　14:48 于江宁

刀鱼有无中

昨天下午在地铁上接到电话，让我晚上去江宁太阳城西侧将军大道，一起品尝从张家港获赠的新鲜刀鱼，我当然先答应下来（馋相已露）。心中记忆刀鱼应该是清明节前左右上市，现在还有刀鱼上市吗？真如一句形容新疆气候的俗话："早穿皮袄中穿纱，晚围火炉吃西瓜。"纯粹是季节混搭了。

立马在车上编四句：冬日落叶黄，忽闻刀鱼尝。惊奇加惊喜，垂涎无限长。

刀鱼珍贵，无论历史、近代、现代，它都是美味的象征、奢侈的体现。

先说说刀鱼的特性。

刀鱼学名长颌鲚，是大海与淡水洄游生物，平时生活在海里，每年 2～3 月由海入江，并溯江而上进行生殖洄游。

这鱼形似一把匕首，浑身洁白光亮，在灯光下鳞片反射的光泽不亚于名贵的宝石之光。

史书上有记：刀鱼，盛产于长江瓜洲与镇江焦山之间（当然福建闽江、浙江富春江等近海江汊地也有出产），最大的也就是 250 克上下，没听说有谁见过 500 克以上的。

刀鱼究竟味道如何？我昨晚和马川讲：江河湖海中鱼类，如石斑类、鳜鱼、虎头鲨、昂刺（四川又称黄腊丁）黄鱼、鲈鱼等，其肉质有一个共同特点，行话称蒜瓣肉，味鲜口味好。

这些鱼大多无细刺。刀鱼是另类，背也是蒜瓣肉，但刺多，往往被食者忽视它也是蒜瓣肉。细刺特别多，鱼类学家称这是一种自我品种保护的方式。

常见有“凡夫俗子”厌吃带有细刺的刀鱼，认为那是费事。其实品尝一份刀鱼，如同欣赏苏州园林一件盆景。

反之于刀鱼，个小刺多价贵受热捧，对于那些“拙嘴笨舌”之群，吃起来是一件痛苦的事，但生活中就是有这一大群人，争相尝着那一口之鲜呢。

再说说文人笔下的刀鱼。

民谚有“春潮迷雾出刀鱼”，让我们了解了捕获刀鱼的季节特点。苏东坡笔下的“恣看修网出银刀”是一种有着动感的诗意美。

宋代名士刘宰在为友人饯行的刀鱼宴上，作了一首赞美刀鱼的诗：“肩耸乍惊雷，腮红新出水。芼以薑桂椒，未熟香浮鼻。河魨愧有毒，江鲈惭寡味。”这是一首内行写的诗，内容有点像刀鱼赋了。

最后说说巧手烹刀鱼。

过去，从事厨师职业的人文化水平偏低，在烹制刀鱼时，不讲究诗的意境，更讲究的是如何利用技术，让名贵的食材在不失个性特色的前提下，扬长避短，让食客感到吃得方便，吃得舒服。

我在镇江当兵，有幸认识俞嘉仁大师。他在江苏烹坛是个不显山不露水的真正大师，他向我介绍过刀鱼菜和制作经验。

从“润扬大桥”的命名可以读出其中的奥妙。从老一辈厨师口中得知，旧时厨界流派只有镇扬菜之说，没有今天的扬菜独领风骚的势头，似乎明天就代表了淮扬风味，那是沾了所谓文化的光。真正做起江鲜来，还是镇江的大厨们。

在《中国烹饪》杂志首刊上就有镇江顾克敏执笔的《镇江刀鱼丸》一文。以刀鱼取肉，如秃头上刮油一般，瘦骨伶仃的刀鱼，浑身是刺，去掉皮骨与鱼红，哪有多少肉呢。还以它打蓉调味制成丸，配以名贵的发菜同烩，黑白配，如同时装界一句名言：黑白永远不会过时。

不仅如此，在江苏名菜中，有一道菜叫双皮刀鱼。即以取青鱼肉去骨之法，生剔骨取肉去骨（骨另用，取其鲜气），保留鱼二面之皮，刀鱼肉制成缔子，竹片刮抹于鱼皮之上，然后对合，接上原头与尾，用猪油略煎红烧，装盆仍是完整的刀鱼形，且皮完整无缺。

后来有人延伸创意，取刀鱼蓉，挤出细条油氽、滑炒，洁白鲜嫩，一般是高级技师的表演项目。

至于烹刀鱼、蒸刀鱼，还有其他吃法，就是一个特点：突出本味。若在十年前，有人以它施以茄汁，估计少不了会挨认真的师傅一脚。

昨晚如愿品尝到货真质实的新鲜大刀鱼。每条近 200 克，鳃艳嘴尖红如刚出水一般，腹无黑斑，蒸得也恰到好处，鱼眼珠刚脱出，夹一块，蘸点姜醋汁入口，脱口说："有野生的味道。"旁边的大厨小单师傅讲，加工时看到鱼身上还有细网须呢。

昨晚喝了深加工的加饭酒，大冬天尝了饱尝心意的稀罕之物。唐代王维的山水诗意："江流天地外，山色有无中。"移花接木，画龙点睛，我说是："江流天地外，刀鱼有无中"。

业界罗非曰：此时能觅得刀鱼，实属难得。世人皆以价高亲近此物，而真懂刀鱼至鲜、至嫩又有几人？常常因那软刺拒之，却不知一条小刀鱼，配上火腿、春笋，制作过程考验的是耐心，品尝的是江鲜文化，回味的是舌尖上那瞬间的舞动。

2016.12.16 12:12 于江宁

"肝"苦与共

近几年动物性肝脏原料如鸡、鸭、鹅、鸽、羊、牛及猪肝，众人敬而远之，食者避之不及，见之恐慌。

肝，乃动物内脏解毒之物。有报道说，各种细菌和残留农药中的重金属经过肝脏的解毒后，仍有剩余存在肝脏之内，烹调食用后，对人体有害，还有肝脏含有较高的胆固醇，因此，大家纷纷退避三舍。

我是个相信传统饮食的人，因学过中医食疗课程，坚信中医食疗的名言：以状补状，药补不如食谱。平日里，见到动物肝脏，筷子就停不下来。

我也学过西方营养理论课程，胆固醇是人体需要的一类营养素，存在于鸡蛋黄或动物性肝脏之中。婴幼儿若长期缺乏胆固醇，会影响生长发育，这是基本常识。我查过资料，以猪肝为例，它含有丰富的蛋白质，并含有人体必需的钙、磷、铁、锌等，尤其是含有维生素 A、B 族维生素、维生素 E、维生素 D 等，有促进人体细胞新陈代谢的作用。

肝，以猪肝为例，是烹调中的大众化食材，是百姓熟悉并且吃得起的营养保健品。在我住地，六合横梁农贸市场，猪肝价格始终高于南京，其他肉、骨均低于市区。农村百姓就认它，不仅是味道好，还有营养价值。

如何烹调，家庭主妇了如指掌，尤其懂得汆汤、熘肝尖是美味。从肝研究角度引申来看，周代八珍之一肝膋，曾是帝王的御食，很多人不晓得何以为奇。因那个年代人类在切割上仍依靠石器，把又韧又滑的肝类捣烂成泥，再调以粉状调料，这种既细腻入味又鲜嫩易消化的细活菜，怎能不受帝王青睐呢？

河北和陕甘宁地区，有名菜肝羔汤，出现在《中国烹饪大全》中，古今皆是受欢迎的细工菜。鲜肝排刀剁蓉，细筛过滤，调味加入蛋清，小火蒸熟，点缀滑入汤清见底的精美器具中，想想就很好吃。

关于猪肝，下面我再谈点实践体会。

首先是选材加工。猪肝有鲜、冻之分，色有浓淡之别；每一副有三个肝叶，大小厚薄不同，并且同一挂肝组织、结构、质地也不同，一锅出来有老嫩之分。猪肝烹调通常是名厨不解，却是民间厨师的拿手好菜。究其原因，大概是做得多了掌握了特性，熟能生巧，成功在刀工、火功和选料上，味在复合重口味上，以鱼香、酸咸辣居多，亮在兑汁包芡上，生炒出鲜，香在煮的火力、火候和时间上，时间短有筋络，时间长切下散了。

其次是烹调功夫。炒肝是考核厨师眼力、火力速度等基本功的菜，尤其熘爆，火小脱浆吐血水，火候过了，干硬老，味不足，腥而苦，色不足如剩菜，油重汪汪一盘油，少油干巴巴，糊多连一块，水多不出味……

再次是因物施艺。猪肝还可卤煮后，切冷盘。选用面肝，与蹄髈白煮至熟冷透，切厚片做烩菜，增香汤白，选用粗颗粒状肝。猪肝在一般人印象中，属腥气重的东西，如果与筒子骨白煮，汤清鲜，色如琥珀，无一点异味。以它吊汤，比鸡蓉效果好，熟肝烩三鲜，胜过猪肚、猪心、皮肚，配上原汤和菜心或丝瓜，则锦上添花了。

猪肝有多种吃法，剁蓉加缔子可酿、瓤、蒸、煎，也可生涮。将其批薄片后油汆或焯水后很清爽，与可去异味抢味的根茎类配料一起烹炒，色味俱佳。如西芹、蒜薹、芦笋、芦蒿、莴笋、春笋、鸡腿菇、荸荠、洋葱等因季节变化和刀工变化而选择，有百变的潜力。充分享受猪肝的益处，让我们共同幸福快乐地生活。

2015.1.6 22:38 于江宁

关于龙虾

我对龙虾的认识源于1978年之前，当年在苏北里下河地区，基本上可以说没见过。如果有，猜想它也是很小很少的，小到不及成人小指头长短粗细，少到周边两三条河见不到一只。就是偶尔有渔船在沟河里捕到它，认为无肉，将它掺到杂鱼中出售，认为不值那个价，随即也就扔了。

1978年之后，在苏州农贸菜市场即太湖附近小镇上，也从未见过这类不讨喜的龙虾。大约1980年之后，在镇江七里甸兵营，经常上市场买菜见到过小龙虾。500克20余只，单价5角，经济条件好的市民不屑一顾、不看不问，有吃了龙虾有失身份的潜意识。偶有问津者，便是城乡接合部的村民，买三两斤龙虾回去，嚼嚼，沾点鲜味，有闲者，剥出肉，蘸点卤，口味还可以，就是耽误不起那时间。

1982年在镇江金山宾馆学习，见水产初加工处有个别小龙虾，标准称“幼龙虾”。幼龙虾夹带在杂鱼中，加工的阿姨们把它扔了，留下大小河虾。我好奇地说：“幼龙虾也能吃，就是肉老，味不及河虾鲜嫩。”见我是穿着军装，她们耐心回复我说：“这种虾，不能吃，长在臭水沟里，细菌多，你下班把猪肝片、虾仁用细线扎上，在宾馆下水道上掀起盖子，放在污水中，肯定能钓到这东西。”中午下班实验，果然如是说。

1986 年结婚时，收入不高，我们夫妻过日子，以吃饱为生活标准。爱人在山西路上班，下班经过兰园菜场，会买下刚热死的龙虾（卖龙虾人将虾头摘下），把后半截尾巴买二斤回来，改善一下伙食。我现在常讲这个经历给女儿听，过日子嘛，讲究不尽，吃饭千万别比较。现在回想起来，并不觉得丢人或者感到不卫生，煮时多加葱姜蒜和辣椒酱，味道也鲜，没有异味，虾壳虾肉本色，肉质也紧实。

1994 年，我在单位美食园工作，那时候南京小型饭店开始出售龙虾，农民工在路边，点上一盘，剥剥壳喝点金陵干啤，边解乏聊天，边打发时间，也不错。那时正规酒席桌上还不准上带有壳的龙虾，认为粗，上海人到南京看看，从不下手，认为不卫生，还脏了手，没吃头。那时市场上有用的是小包装龙虾仁，一袋一斤，个头不大。解冻后也就剩五六两虾仁，经上浆后，两包炒三份，加点配料。洗虾仁的要数徐永兵会做，每次要加口碱涨漂，前后 45 分钟左右。甩水上浆 4 小时后，炒出来的虾仁白嫩亮且弹牙有脆感，如今已成为“绝响”了。

当时还有虾黄即虾脑出售，袋装冰冻方扁块状，加豆腐或碎粉丝做羹，多加白胡椒粉，压去腥味，突出鲜味。

1997 年单位开始进一些带壳的活龙虾，因色红分量大，上桌有气派。在有限的费用中，让桌子上不出现空盘子，就让厨房烧龙虾，加点三五牌火锅底料，一起烧，味道浓，很受欢迎。

那时华江饭店每天出售几百斤龙虾，用红塑料桶装，25 元一桶，在饭店门前路边上出售，市民下班路过购买，每天生意很好，并且用的是盱眙十三香调料，觉得当时也是一场龙虾革命的开始，口味上也是开创型的突破。接着龙虾红色风暴席卷而来，五台山体育场万人品尝，各类媒体轮番宣传。现在龙虾越长越大，越吃越多，越来越多人嗜它如命，价再高仍有人买。初步预测未来的龙虾市场，品质价格和口味创新与螃蟹将会平分秋色。

吃龙虾给我印象比较深的一次是南苑宾馆谢经理，让我一次吃了 28 只；第二次是东宫大酒店夷总，十多年前，以 8 元一只龙虾请我；第三次是前不久在熊猫酒家吃了 28 元一只大虾。还有前天晚上在东宫品尝过的龙虾，近几年南京做广告名气很响亮，食客口碑极好的大个子清水龙虾。

如果您问我哪儿的龙虾最好吃，我坦率地讲，龙虾的品质是基础，也是重中之重。龙虾的加工方法基本公开，无论加大骨、梅菜、牛肉汁 、老卤、柠檬等，要求是薄壳个头大且入味，出锅时间恰当，虾肉鲜嫩者为上。我认为上档次有品味的还是现铂金大酒店老板（原华江饭店军人厨师，后转业到星湖饭店任总厨，五六年前代表饭店参加省大赛，以龙虾宴获金牌而一鸣惊人的总策划人，现在在南师大附近，省武警宾馆对门个人开设的铂金大酒店）做的龙虾，其中有一款麦香龙虾，口味上有创新，有耐品的特点，加工方法当属秘诀。因和他是朋友，几年前曾推荐给军区政治部紫金楼，效果非常好，常受到北京总部领导的表扬。

关于龙虾的认识和记忆，纯属日记形式表述，各种风格，各餐风味均有特点，均是对龙虾的加工，付出很多的智慧。因朋友情，因同行友谊，让我得到认识、享受和满足，是我最大的感动。我借本文谢谢大家，同时祝愿朋友们因龙虾而受益，事业因龙虾而红火，因火红龙虾而红红火火！

2014.5.26 23:00 于大院

河蚌

前天中午，邀约了亲友来江北欢聚，一大早按菜单去买菜。为了突出时令风味，选了一道菜品——河蚌豆腐煲。

河蚌在横梁不稀奇，春节后，市场陆续有供应，但不多，且大小不一，询问得知，是挖河泥顺带而取，全是野生出品。

进入市场，选两个大河蚌，一只约五斤多。卖蚌者是一位善良的老人，因常年赶早卖水产品，在无遮无挡无阳光的市场北侧，西北风在老人脸上留下难以褪去的痕迹。

我请老人家帮我剖开，她回答："放心，我会帮你弄干净交给你，入口的东西不干净不行。"只见老人从蚌背泄腔口，用长尖刀插入，凭感觉切断蚌柱（学名闭壳肌），两壳自然分开，流出许多清水，此时不由想起海产文蛤，洗净剖开，壳内水汁收起，用于烹饪，增鲜助味，烧汤尤佳。

于是我试着问老人，这水还有用处吗？没用，全是水，回答很干脆。

这让我了解到河蚌壳内的水，是河蚌存活的需要，有提供养分、平衡温度的作用。一旦河蚌壳破损，水分流失，蚌肉受微生物侵蚀，很快会发出异味，就失去食用价值了。

老人一边回答我的啰嗦，一边打开蚌壳。见老人左手扶壳，右手指撕下两边的蚌鳃，头也不抬地说："这鳃是凉性，体弱的人吃下会拉肚子的。"

见她又撕下左右两弧形蚌裙薄肉，然后，手握蚌斧（农村形象称蚌舌头）取出，把壳放一边，被我要求带回，可洗净晒干放鞋柜上，用于放钥匙，顶一用具，又有就地取材的乡村趣味。

蚌内壳天然闪着光亮，尤其十年之上的老蚌，硬质内壳白釉较厚，年久不褪色，不生虫腐烂。扬州漆木制品中，根据其厚薄、光线折射角度而选择、装饰点缀，是拼出花样图案的主材。很多黑色漆器具上，还能见到它们前辈的身躯。当然也有药用价值，还有不法商人将其粉碎后，替代珍珠粉使用。

令我惊奇的是，售蚌老人取蚌斧，放在木板上，用木棰敲击蚌舌边沿，使其质地疏松相连，仍低着头对我讲："这块肉，锤过后易烂，加点咸肉一起炖熟，汤雪白，跟牛奶一样。"

我立刻谢老人想得细，免得我回家再劳神了。笑眯眯地打包返回，告诉我爱人，加工的程序：把蚌肉用盐抓一下，洗净，焯水切薄片，猪油煸葱姜加水，炖一小时左右，见蚌熟，放入卤水点浆的锅烧豆腐，再加几片春笋，调味，撒上胡椒粉即成。

河蚌是化石性食材，味独特有鲜气，也无其他可替代的。河蚌可烧、烹、炖、煮，做成美食供人享用。

我对河蚌的认识不多，早年在新东方、市体校等处教学，曾选择三四两一只小仔蚌，取嫩蚌斧，洗净切薄片上浆，五成油温划油，与笋、椒滑炒咸鲜本味，盛于大蚌壳内上席，质嫩味鲜。

我也曾在东宫大酒店吃过河蚌狮子头，别有鲜味。其最大特点是质酥不腻，汤汁也不浓稠。

政治部的紫金楼总厨，曾以仔蚌个体，用复杂的调味方法，使蚌肉形整，酥烂，调以咖啡色鲍汁。将其盛于点火加热的个客白瓷食器中，揭开盖，汤汁翻着小泡，香气随之溢出，乍一看，以为是鲍肉，入口别有鲜气，卤汁已经渗透，早无河蚌底层的卑微，让食客立马佩服厨艺的高超和设计的用心，出品身价随之提升。这道土生土长的寻常之品，多次受到过表扬，被认为亲切可口。

河蚌的其他吃法也很多。现在本人已“刀勺入库”多年，已不在研究席上东西了，故不再累篇了。

2016.3.21 16:00 于横梁

腌制品中的化石——咸肉

春节过后，咸味当道。咸肉、咸鱼、咸鹅、咸鸭、咸肫等各类咸制品闪亮登场，制作成荠菜咸肉饭、咸肉炖河蚌、咸鱼蒸萝卜丝、咸肉蒸冬笋及炒菜

（咸肉炒青蒜、熟咸肉炒荸荠、辣子炒咸肉、雪菜炒咸味，咸肉煮河虾）等，不胜枚举，这就是丰衣足食的生活吧，也是日复一日、年复一年的美好生活。

当然，各类食品如百花园中的鲜花争奇斗艳，经过调和巧配，有“一样材，百样菜”之说，受到欢迎的各种佳肴，如天上的星星，不计其数。

近几天，见到不少咸货类的制品，有的很出色，有的不敢下箸，于是根据自己的生活体会，简略谈谈些浅见，和大家一起分享。

首先，谈谈腌肉制品类的加工和认识。

盐腌咸猪肉品不少，按部位分为咸猪头、猪爪、猪后腿、猪五花等，不同的部位有不同的吃法。咸猪头以猪耳、猪脸、猪拱嘴、猪口条等部位组成，通常食用方法是清水或淘米水浸泡 1 小时左右，去咸气、去腥气，然后洗净切薄片蒸食。猪后腿与猪五花肉，有带骨和去骨腌制，二样口感差不多，带骨腌，据说肉有骨香。咸骨头可与河蚌、鱼头、萝卜等一同炖制，出锅汤乳白，有独特的鲜味，荤素搭配，有互补作用。

净五花和臀尖部位，使用面较广。五花肉一层白一层红，经盐腌，肥的不腻，瘦的呈胭脂色，肉紧有香气。可将其生着切片蒸，下垫铺料，也可煮熟切厚片上席，有的地方称刀板香。

关于衍生腌肉制品，因地域、民俗、历史等食物储存方式的不同，又有腊肉、酱肉、腌熏肉等种类。

如果选用瘦多肥少的小型猪腿，工序可细化一点，藏在地窖中冷藏两三年，低温发酵后，就是名品火腿了。

因我国地大物博，地理和运输条件不相同，在云南、贵州、四川、湖南、江西等地的山区和乡村，从先辈传下来的蔬菜保存方法是干制，分为生晒、熟晒和深加工干晒。对于动物性原料，采用盐腌的方法，使其失去水分，并利用盐杀菌防腐的原理，进行腌制荤菜。

盐腌后的动物制品，经过暑天，在高温作用下，微生物繁殖快，使肉制品的表层色转黄，产生哈喇味，即是腐败的前期征兆。

民间放在灶前的腌肉制品，经过灶里的余烟熏过后，腌制品表层出现一层烟黄、烟黑色，苍蝇不叮，蚊子不落，也没出现表层腐败现象。根据这一经验，百姓总结出腌后烟熏风干后的制品，不仅能完整地保存食物，还产生一种新型的味道，据有关资料介绍，烟熏中的烟味有抗氧化功能。这种腌（烟）熏肉，成了当下的流行食材，如腊肉、腊肠等。

有了食材有了保存的方法，于是就希望口味上有新的突破。就在腌肉的基础上，把咸肉放在阴凉通风处，待水分干后，抹上面酱、豆酱、辣椒酱在表层，三天抹一次，共三次，这样肉中渗透了酱的香气，烹调出来的口感更加诱人。

再来说说腌肉及品质鉴别。

腌肉，选择霜降、冬至季节之后，气温低于5℃，这样的室温，肉类不易腐败、不易产生异臭。大批量腌制具体方法是：把几头猪留皮分档后，排叠加盐，用几百斤盐掩盖，上压石块半月，翻身复腌压，一月后取出晾干。

小批量家庭腌肉程序是：把猪肉切成二斤左右的块状，用花椒和盐同炒，见香气出离火冷却，以温盐手搓肉至表层出水，逐一完成，放入缸盆中，压石、隔天翻身，见腌透，三五天，取出晾干。另一种方法是：盐腌肉三四天后，取原卤加水和盐烧开后，冷透下肉块，泡三天，取肉晒干水分，原卤复烧沸，撇去浮沫，冷透加生姜和肉浸泡，压石，三五天后取出晾干。可以将肉内血液吐清，之后烹调出来的咸肉有香气、色明亮、有光泽。

优质的腌肉表层干燥，外表有一层盐霜，瘦红肥白、皮无杂毛，切开有香气。

品质差的腌肉色暗，发黄发暗黑，嗅之有异味。

最后聊一聊腌肉的食品加工。在加工上，各个厨师均有自己的认识，不分伯仲。本人认为，为了突出本味，建议不需久泡，若咸气过重，采用切薄片和加辅材中和，至于炖汤，该改刀后出水，汤汁清爽，用于筵席的咸肉，出品要美观，大小厚薄均匀，最忌材料中有猪毛出现，每席不超越二道腌货，防止食盐超量。

美食该是美的，至于如何为美，只能是见仁见智，“英雄所见略同”罢了。

上述关于咸肉的简议，仅供参考，失言疏漏之处，请朋友们指导。

2015.3.11　12:50 于六合

黄鳝印象

黄鳝家族与人类共同生存几千年，又有人称其为长鱼，大家提到它，首先想到的是美味、有营养，可做多种佳肴。尤其是两淮地区，擅长烹饪黄鳝系列菜肴。

黄鳝的出产地比较广泛，如江苏、湖南、四川、安徽、浙江等有水区域都能发现它。

沼泽地是黄鳝的乐园，在浅水区吃到水面浮游生物，使其肉嫩肥腴，因为它吃的是食物链的始端，有污染的地方不会有浮游生物，所以它入口滑润，蛋白质含量丰富，更富含胶原蛋白，它与猪蹄、驴皮相比，入口鲜气足，活体烹饪，基本无异味。

在苏北里下河地区，沼泽地上一般长满了芦苇，芦苇根部纤维发达，黄鳝打洞难，多选择小河沟和大面积水域，有了丰富的食物来源，通风，又有阳光的照射，适宜安家落户。

小时候常跟着邻居去钓黄鳝和丫黄鳝，黄鳝大多是诱捕，如果在野水塘边撒网和抽水，均很少找到它，因为它钻到烂泥下去了。

丫黄鳝，有人不懂，初春，芦苇长出水面尺余，黄鳝冬眠了一冬，夜间出来找吃的，在浅水区较多，用手电筒照，见水下有一黑色长条状，就用烧柴拨火的火叉（形如一个“丫”字，生铁制成），见鳝鱼伏着不动，即用铁丫拦腰压住，不让它逃脱，用右手中指锁（勾）住取出水面，放入底大口小的鱼篓中，遇到温暖的天气，一个晚上可以丫十来斤呢。

黄鳝喜欢待在水下洞里，十余分钟后，头慢慢伸出水面，长长地吸口气，然后又缩回洞中，当然，晚上它会出洞寻食，内行钓鱼人，见水边有一洞孔，右手食指探洞，见洞壁光滑，就知洞内有它。可以用活蚯蚓引诱黄鳝。

黄鳝生性懒动，运输鳝鱼的人多在养鳝的水中放几条泥鳅，这小东西好动，上蹿下跳，不得安宁，经它的搅动，水中不缺氧，待在里头黄鳝也不会在昏睡中丢了小命。

在民间有“小暑黄鳝赛人参”之说。入夏之后，黄鳝体壮且肥，进入产卵期，其滋味更加鲜美，滋补功能也更强劲。中医认为黄鳝性温味甘，具有补肝脾、除风湿、强筋骨等作用。

说到补，在盐阜地区，以烧大长鱼最受人欢迎。说来也简单，选用难于捉到且狡猾的大鳝鱼，用麦或稻草抹去鳝鱼表层黏液，剪腹去内脏，斩段洗净或焯水，用大豆油与蒜头和鳝鱼段煸炒，去腥增香后，冲入沸水大中火烧二三十分钟，中途不添水不揭开木锅盖，待汤白浓，加盐和白胡椒粉出锅，肉酥离骨。

制作黄鳝方法多样。百余年下来，受到欢迎的仍是炒软兜、响油鳝糊、红烧马鞍桥、煨脐门、生炒蝴蝶片、酸辣鳝鱼羹等。

黄鳝家族给人类带来了享不尽的口福，赞美它一句：“水中人参，愿你与人类共生存。”

2018.5.29 8:35 于南京

火腿云烟

浙江金华名猪两头乌是我国十七种优良品种的地方猪之一。

有人以为这个品种的猪与四川、湖南、贵州等地传统的黑毛猪差不多，肥肉油润，瘦肉鲜香罢了。其实，它是我国著名的猪肉深加工产品的原材料，具有国际声誉，被越来越多的人认为是中国传统肉加工产品的国宝——浙江金华火腿不可替代的原材料。

见过火腿的人很多，品尝过火腿的人也不少，但真正了解火腿、懂得品尝火腿品质和美味的美食家，屈指可数。

初识火腿是 1978 年秋，我跟随事务长张季明到苏州光福镇上买菜，见菜场肉店挂着十余只油污厚重、脏兮兮的整猪腿，因从未见过也没好感，看也没看相，还不如老家腌的咸猪肉干净，心里不想买，随口问了价格，售货员见我一小兵，未抬头告知了价格，一听是鲜猪肉的三四倍，当时近三元一斤，我们每人每天伙食费四角七分钱，真是吃不起。那一次至今未忘。

再识火腿，那是一年以后，后勤处长姚光启送我到苏州百年老店松鹤楼二楼学习烹饪技术，第一次见从斩块、浸泡、清洗到煮熟、剔骨、重压、冷却、修边、分割等加工过程，看过之后，就如刘姥姥在大观园听了凤姐介绍茄鲞做法之后的感觉一样。

认识火腿的制作和使用，又是在那之后的两年，在《中国烹饪》杂志上看到一个专栏美食家写的关于火腿的文章，介绍的细、全、透，对于我以后加工制作火腿菜肴起到了非常重要的作用。

相传宋代金华籍抗金名将宗拜，从老家带了咸猪腿送给宋高宗赵构，康王见其肉色鲜红似火赞不绝口，赐名火腿，于是成了贡品，距今有 900 多年的历史。

第一次加工火腿，有一个让人喷饭的笑话。大概是 1982 年，我到镇江市某军后勤部看望一个老领导，到他家后我主动到厨房做菜，见墙上挂着大半只火腿，于是切了一块煮熟，然后，拣可切刀面的切薄片，蒸嫩毛豆米，余一部分切片与油发皮肚和木耳烩菜心，火腿边角料切细青椒炒鸡蛋，皮和骨头炖汤，加了点萝卜丝，汤白香鲜，领导下班回来尝试之后说："你做的好吃，我家是把它割下来当香肠吃的。"我说煮熟后，改刀直接吃也行，领导平静地回答："没煮。"各位看到此处，该猜到我当时的面部表情。

中国有火腿，外国也有火腿，其选料和加工程序加工原理基本相同，区别在中国不加香料，食其本味，还有外国在晾干的同时，提高温度熏烤，随着猪腿内蛋白质结构变性，可以不必烹饪直接食用。

这两种火腿的共同特点是：色泽艳红，红白分明，瘦肉香度带鲜，肥肉香而不腻，美味可口。加工流程都需要十五道工序左右，从腌制到出库到上柜出售周期是三年左右，而且周期越久越佳，正品出厂是形美状如琵琶，瘦肉部分干燥无霉、无洞裂、无虫蛀，猪皮和瘦肉部分外有一层看似霉状油污的保护层，油而不湿，爪尖紧握，无油头腐败走油现象。

火腿瘦肉色如胭脂，是在腌制时加了亚硝酸盐，它是发色剂，能使产品产生鲜艳的粉红色。如同我们日常中午清炖排骨，晚上回锅加热后排骨就会出现粉红色，这是盐中钠元素的化学反应，有人惊呼会致癌，从辩证角度分析，有着千年历史的火腿如果是致命源，也不可能传到今天，适量食用即可。

火腿香气的产生，主要是低温发酵所致，任何有机物质遇水和适宜的温度均有不同程度的发酵过程，如豆腐乳、酱油、酒、醋、梅干菜、米糕、发酵面团等都是发酵后产生新的化合物，即香气。会有人较真，猪后腿肉还能发酵吗？是的，猪腿在窖藏过程中必须盖上梅干菜一起存放，相得益彰。

名人与火腿的佳话，也很有趣，在民国文豪美食家梁实秋先生《雅舍谈吃》的书中，其中有一篇为《火腿》，在结尾处叙述了一个真实故事。有一年，他从朋友处得到一只从大陆辗转到台湾地区的金华火腿惊喜万分，见一只八九斤重的干硬火腿，握笔之人无从下手，于是拎着到常去吃饭的酒店请老板帮助斩成块，他描述老板现场："劈成两截，他怔住了，好像是嗅到了异味，惊叫，这是地道的金华火腿。拿着嗅了又嗅，不忍释手，要求把爪尖送给他，结果连蹄带爪都送给他了。"估计作者内心是不舍的，把它写出来了。可见火腿的魅力。

火腿是传统技艺的载体，是不太为人知的美食补品。20 世纪 90 年代初，逢梅雨季节，军区大院垃圾场常有人拣到整只火腿，多是别人馈赠，夏天火腿发霉主人不会做，见火腿长毛以为臭了便扔了。其实，火腿看上去长毛，过了梅雨季节自然会晾干，不会有腐臭味，相反内部经过自然发酵后，品质会更好，香气更醇厚。

火腿与人参虫草放在一起，大多数人认为后者滋补性强，但从《本草纲目》记载中看，药补不如食补，火腿是饮食补品中的精品，火腿尤其是与冰糖、莲子、红枣同蒸同食，久食补气养颜。香港人喜欢将火腿、蹄髈与母鸡、干鲍同炖，是抗衰老的秘方，是有一定身份和经济实力的大户首选，这个菜胜过冰糖燕窝，因为经长时间火功自然酥透，不需要耗用人体之气来消化，另外有本色本味补真气之功，是食中大补之物。

唐代孟诜在《食疗本草》记载："火腿健脾开胃，生津益血，对于脾虚久耗，失眠盗汗，食欲减退之症，有着养身益气添神之功效。"

吃饭是为了活着，活着不仅仅是为了吃饭，吃饭要有自己的思考和理解，要吃出内涵，吃出感受和吃出知识来。

火腿是猪肉的一部分，但是，它绝对不等同于一块普通的猪肉。火腿早晚会让人们刮目相看的，火腿的饮食文化现象在未来的历史长河中，该是有它浓墨重彩的一笔，大家品尝的感受也不会再是逝去的云烟。

2014.1.17 14:00 于江北六合

鸡不可没话食材（上）

鸡，有雌雄之分。因地域、种别、饲料、生长时间和环境等因素的不同，鸡的品质在厨师的眼中，当然也分个三六九等。

鸡的种类有：广东清远鸡、南通狼山鸡、山东青岛的大公鸡、江西的乌骨鸡、乌毛鸡等。讲究的还要从鸡的羽毛上看，其基因是否是原山里多少代未串种的健康鸡种。

有一种斗鸡品种，天性好斗，其肌肉特别紧实。

关于鸡文化以及鸡在民俗中的寓意，当不在本文叙述之列。

本人生长于农村，对鸡的大概情况，略有一些认识。

20 世纪 70 年代中期，农村人每家养三两只鸡，吃吃（又称拾拾）饭桌上掉下的饭粒，或者由它自己到家前屋后地里寻找毛毛虫和野蛐蛐充饥，有时不听话，会挤过篱笆，跑到青菜园中偷尝点鲜食。那时候，人都吃不饱，鸡也少有肥油油的。

记得那个年代，流行养全白羽毛的鸡，蛋壳也洁白好看。

开始，大家喜欢，因生长快，不挑嘴，见什么就啄，听说是从国外引进的品种，还有介绍说鸡和蛋的营养价值高。时间过去不到半年，大家开始埋怨起来，那白毛鸡蛋吃嘴无味，小孩不肯咽，鸡肉也不香，不如本土鸡鲜，就这样形势急转。

当年，好多人家多养了几只，舍不得杀了吃，卖又没人要，后悔极了。从那时起，整个中国农村大市场，就开始看羽毛选鸡了。

从国外引进的鸡种，水土不服。后来人工杂交，让鸡的基因有国外血统，生长期短，骨架大，鸡毛是原土鸡的芦花鸡毛。但是人们买回家吃，不是那个味了，跑去问售鸡人，回复说，这种是杂交鸡，不易生病，价格便宜。黑爪子小，那才是草鸡，因此，市场上又流行专选乌爪子鸡，结果养鸡场老板专选乌爪子鸡，其实杂交多少代，他也不清楚了。

2000 年后，见市场上出现有许多红皮掉毛鸡，放在铁笼子内，又称淘汰鸡，价格不高，味道还不及杂交鸡，传说这种鸡又称蛋鸡。下的蛋专供超市。

过了三五年，红毛鸡虽然还是鸡毛不全，但味道好了，这些鸡原来吃的是进口配方，在国外，可以只让其产蛋，老了不下蛋，鸡就失去价值而处理了。到了国内，给红毛鸡增加喂粮食的比例，从幼鸡到衰老，前后有两年多的生长期，尽管外形丑陋，还是有市场价值的，比处理掉好，鸡厂又多了一份收入。当然，这些淘汰鸡也可以用于红烧、炖汤加点烧鸡公调味料，欺骗一下舌尖。

我在山东曲阜见过有加工成烧鸡味的卤鸡。生长期长，又以粮食为主的饲料喂养的鸡，烹饪后是有鸡味的，也有可食性价值。有的鸡腹中有三两左右的脂肪，炼油后，香气不及草鸡。

我认为，若有条件，把红毛鸡买回，喂稻子、玉米，散养二三十天后，吃点活食，如小泥鳅、蚯蚓、菜虫、蜻蜓等待鸡体内药性淡了再烹饪，味提升了，也可放心吃了。

大家看看，厨师烹饪鸡，也要了解鸡的生长时间，生长环境和饲料品质。古代宫廷吃的鸡，平日里喂枸杞、红枣、芝麻、天麻、人参等中药材呢，饲料、品种、光照时间、生长期等，都与口味有关。

爱美食的广东人，吃公鸡，选未性成熟的，标志未打过鸣，母鸡选未下过蛋的，这些与烹饪出的品质都有关系。因此，识鸡、加工鸡是厨者必备的基本常识。

2019.3.1 9:44 于横梁

鸡不可没话食材（下）

鸡，在美食美味中，算是鲜的标杆，香的经典，不是其他食材能取代的。

在动物性食材之中，鸡属于进得“厅堂”，入得“厨房”的“戏骨”，有它出场，出品就成功一半。

从可口养身和保健的作用来讲，鸡汤老少皆宜，产妇和手术后的滋补首选它。农村红白喜事，有它到场，规格到了。

国宴盛筵有它的灵魂，见其味，见其形，地道的无名英雄。辽参、溏心鲍，离开了鸡，那真不如去吃炒粉丝、卤茶干了。

国馔硬菜“佛跳墙”，没有鸡舍出一身鲜气，那个闽味集海珍之齐于一坛，再怎么蹦跶，也吸引不了佛跳墙。

全国名鸡菜肴很多。民国时期，让广州市民引以为傲的是各店都有一道名鸡，十大名店，十大名鸡，带动了市场，分店还跑去了香港，给顾客带来了难忘的回忆。

南京是个流动的都城，烹饪菜肴亦是如此，名菜留不住，传不下来。

尽管《随园食单》时过境迁，王小余的手艺早已无踪影了，但南京名肴的精髓在《金陵美肴经》上可以寻找。

改革开放初期，江苏酒家、大三元、老广东、曲园、四川酒家、同庆楼等名店推出不少让人耳目一新的佳肴，经过一段时间的试水，又恢复了原样。现在吃老南京味道，只有去南京大排档找了。

南京的鸡肴代表菜有：荷花白嫩鸡、白斩鸡、蛋美鸡、桶子鸡、油淋鸡、八宝鸡、红松鸡等十余道菜肴。

南京菜，以鸡成名的不多，为什么？细分析，多是因为南京没有好的鸡种，统称三类：老鸡、嫩鸡和小鸡。无论公母，老南京人始终喜欢食毛豆米炒仔鸡。至于老母鸡，没有大山里的好。嫩鸡，因鸡种和气候偏冷，生长时间长，入口质地老。

南京厨界的前辈，经过努力创新，将鸡脯斩蓉成缔子菜风行一时，如今又过时了，那好吃好看的，太费事，不赚钱，哪家店会犯傻呢。

至于烧、炖、烩类，《红楼梦》中有一道菜品：鸡皮虾丸汤，那是有品味的菜，原汤烩原鸡，那鸡皮在清代时期算是金贵的食材。鸡皮入口有鲜、香、润三个特点俱全，挟一块熟鸡皮，放在三伏秋油中拖一下，入口是吃鸡的最高境界。

现代人见鸡皮就皱眉头了，摇头嫌弃，那是不知清代时生活食材是相当匮乏的，市场食材远不及现在这样丰富。

在《儒林外史》中，范进中了举人，他的老丈人是屠户，常嫌其读书女婿无用，常说女儿跟着他吃了苦。试想，他们会有机会吃到鸡皮烩虾丸吗？

现在南京市场的鸡五花八门。活宰、保鲜、冰冻都有，厨师们拿到手，新鲜的以突出本味为多，蒸炖烩，或仅取其汁，冰冻的腌渍一下，再油炸，调味重一些。

现在的年轻人是餐饮消费的主力军。他们吃鸡，吃出花样，鸡冠涮火锅，鸡血烩鲜菇，芥末拌去骨鸡爪，牛鞭炖鸡腰，可乐焖鸡翅，烧烤鸡心肝，炒鸡杂等。

本文题目或许仅是一面之词，从我的理解，鸡是江苏菜系中最重要的食材之一，就连炒青菜、烧豆腐，来半勺鸡骨汤，那味就好多啦。

海派厨师，梅陇镇酒家名厨讲过：“唱戏的腔，厨师的汤。”

鸡，食界不可没有它。让我们大家重视和研究它，作为食材，厨界应当觉得：“鸡”不可失。

2019.3.2 8:44 于横梁

鸡蛋

现在，鸡蛋早已不是稀罕东西了。不过在我的记忆里，鸡蛋是珍贵的。它是补品，是宴客不可少的，是产妇、病人必须要吃的，之前在部队，又是病号饭必需的营养材料（面条上卧一荷包蛋）。

关于鸡蛋，有吃的寓意，有吃的讲究，有选材的技巧，有品质识别的常识，还有对鸡与蛋的价值观，及鸡蛋的保管和卫生等。

我对鸡蛋的认识，所见所闻的故事，有欢乐也有辛酸，更有无奈。每当在一个人时，回想起从少年到青年，又快步入花甲之年的时候，就鸡蛋的吃和选用，许多往事，如电影一般，经常在脑海中回放。

小时候，我们晚饭后做完作业，见我父亲从碗架上取一小碗，又从柴灶后墙角从母鸡旁拿出一个鸡蛋，在锅台上磕一下，蛋壳出现一凹陷，然后两只大拇指，轻用力，指尖顶破蛋壳内层薄膜，双手抓蛋，凹陷处朝下，对着碗口，两手向后稍拉一下，蛋壳分离成两半圆形，鸡蛋滑入碗中；接着见父亲从筷笼中抽出一双筷子，将鸡蛋液挑起抽打，使其均匀融合；再从大锅（农村一家一灶大小两张锅）靠墙的间隔空处，拿出竹壳热水瓶，把热水冲入鸡蛋碗内，边冲边搅，大约至大半碗，再从灶洞糖罐中，用汤匙“挖”（动词“挑”的意思）一勺倒入小碗中搅拌；然后双手端着碗，眼睛看着碗，不看脚下，把这碗鸡蛋甜汤送到我奶奶床前。奶奶见到热气腾腾的鸡蛋甜汤，客气着说："我不吃，让孩子们吃吧。"父亲会说："小腿们（苏北话即小孩）吃过了，你眼睛不好，趁热喝得（掉）吧"。

奶奶端着慢慢喝着，在昏暗的油灯下，看不清楚脸上的表情，我们也猜得出：感激父亲在极其困难的时候，送上一碗加了糖的鸡蛋汤，有享受儿子孝顺的愉悦，又有舍不得给孩子们，独为自己加点营养吃下的愧疚。父亲看着奶奶喝下，拿走空碗，随手为奶奶掖一下被角，然后也去睡了。

从这一只鸡蛋，能读出当年的窘迫吗？用我母亲常说的一句话，"谁愿意与孩子争吃呢？谁不盼望让上人（长辈）过得好点呢？没法子唉。"

现在在横梁市场买鸡蛋，在一旁的篮筐内有几个蛋壳上会有血迹，价格高于其他的鸡蛋，美其名曰是母鸡生的第一个蛋，我开玩笑的给它们起了个名字：处女鸡蛋。

在农村，有老人专买壳带血的鸡蛋，回去给孙辈们吃，认为有营养，这其实是一种荒谬的认识。任何食材的营养成分都是固定的，没有其他看不见的假设。

这类现象很多，就如现代有人迷信吃海参是补气，其实营养成分并没有更多，只不过是生长于海水中罢了。

今晚我爱人问我，鸡蛋有透气之说，鸡蛋经蚊虫叮后，容易变质我懂，为什么鸡蛋会生霉，蛋黄粘在蛋壳上，刚下锅就开裂，是怎么回事？

我回答，这就是农村散养草鸡下蛋的弱点，鸡蛋生在不太干净的鸡窝里，难免粘上污物，当然影响卖相。养鸡户会把鸡蛋放在水中洗一下（也有可能加了洗涤剂类），未晾干，就放进不透气的盒子中售卖，顾客不知，买回家一段时间，温度再高一点，就会出现霉斑，因此最好把新买的鸡蛋放在透风透气的容器中，就会减少发霉变质的机会。

鸡蛋是日常生活中不可缺少的食材，因为它富含蛋白质和其他多种营养素，并且易于消化吸收。每人一天一个鸡蛋，当然，若鱼、肉供给量不足，可适当增加鸡蛋的摄入量。

有些地方有个风俗：把鸡蛋加红色素一起煮熟，送于亲戚朋友，不用问，见到红鸡蛋，立马清楚做爸爸了，根据收到的奇数、偶数就知道是生的儿子还女儿了。在这里，鸡蛋不仅是食材，又有新的含义了，在生活里，鸡蛋又充当饮食文化的使者了。

2016.3.22 22:58于六合

近代争议美食——河豚

前几日，南京某家餐饮名店，从泰州引进河豚试菜，我这人诚实，不懂不说。

两条河豚鱼上桌，边上围饰着清炒嫩草头（又称秧草）。其形完整，个头不小，估计每条不少于八两，两块原鱼皮覆盖在鱼身上，从鱼皮上看，是鲜亮的黄金色，品质高于暗纹河豚。汤汁稠浓，奶黄色，嗅之，有鱼的鲜香，用筷子碰一下熟河豚皮，抖动了一下，不欠火也不过火。从色泽和汤汁方面来看，苏州称为白汁，南京镇江称为白烧，未加调味色，从行话来讲，口味属于本味，又称咸鲜味。 眼睛审视之后，再用筷子插进鱼背，感觉其质感，感觉鱼大但肉质不老，筷头顺势在鱼汁中蘸一下，放入口中，品其盐分的多与少。

我对河豚不懂，考核评分多次，也尝过多种风格的河豚。印象深的是，苏州太仓玫瑰庄园、财经大学栖园宾馆、南京农家小院老门东新店，这三家店，有以下共同特点。其一，选料讲究。每条八九两，且品种好，不是那种小黑皮，看起来瘦小缺氧的那种。其二，因鲜施技。品质好个头大的河豚，烧汤、红烧虽好，一人一条吃不了，分段上桌不大气，他们是鱼脊骨批薄片刺身，余下的生涮。鱼头与骨加鲫鱼熬汤。其三，扬长避短。这道主菜上席，为烘托气氛，用碎冰垫底，将鱼肉、皮、肝和其他同涮的辅材拼成一个大拼盘，让客人感觉到隆重，还适合席上不同客人需求，刺身、生涮由己，酒宴中途上来，正好喝点热汤，醒口。

当然，河豚鱼的加工方法和个性口味，如同南京加工龙虾一般，没人统计出有多少种制法和多少种口味，只要有供应，必有相对应的食客。

河豚在江苏的加工，让很多人赚了几桶金。第一批人赚的是胆大，那是20 世纪 80 年代后期，扬州、靖江、泰州和长江周围的本地加工，属于农家乐类型，烧好，吃了没事，未中毒，就这样一传十，十传百，外地人会专门开车前往学习。第二批是城市内的有名饭店，一条河豚上桌七八百元，这让大酒店的利润高于海鲜。第三批是培训烧河豚的单位，示范培训后，发个证，如何去毒，如何调味，如何变化，这样就推动河豚产业化的经营，各得其所。

关于河豚，我有自己的浅识。

其一，河豚有毒吗？十年前，无人敢正面回答，记得20世纪90年代后期，龙蟠中路紫金楼总厨杨兵对我讲，他查找资料后得知，河豚是洄游性鱼类，只要在淡海水里生长过，俗称野生河豚，必会有毒；若河豚苗从生长幼苗到成熟出售，是无毒的，后来我把杨兵的观点对业界人讲，均不作声，因为没去研究过。

其二，人工养殖河豚无毒。有人加工人工养殖的河豚，仍对其血、眼睛、内脏精卵巢进行清理是对的，以防万一。在烹调方面，有人讲，用菜籽油或猪油，辅料最多的是选择草头，其他辅料各地有各地的特色，适口者珍嘛。但河豚用麻辣的不多，炸熘的方法和咖喱糖醋的也少见，估计未来会有人加榴莲或草莓等物。

其三，河豚加工的认识。因为在史上有拼死吃河豚之说，又有当年电视介绍日本人如何吃河豚的渲染，让大家感到河豚很神秘，其实河豚与野生黄鳝比较，其鲜美及保健功能可能还不及暑天的鳝鱼。

从鱼肉的品质来看，河豚鱼肉质偏硬，不易入味，也易散碎，有人用它制作狮子头，只不过为了新奇稀罕吧。

现在有的行业部门，为了一个提法，随便找出依据，避开教科书上所讲，长江三鱼是鲥鱼、刀鱼、鮰鱼，但是长江三鲜，有人把鮰鱼换成河豚鱼，或许这是为了推销而宣传吧。

现在有人将大河豚鱼分为三类，又根据大小，把小的一斤 5 ～ 6 头的称为小鲃鱼。20 世纪 90 年代的某一年夏天，我在苏州就见到小鲃鱼，太湖所产，用于招待外宾，皮骨不上席，扔了，把肉取下批薄片，配上鲃鱼的肥肝片，分别焯水，放盆中，另用头道鲜汤与熟火腿片、冬笋片、莼菜一同调味倒入汤盆中，即是民国名菜鲃肺汤。若用鸡蛋清打发，做成鸳鸯，蒸一下，浮在汤上，又称为鸳鸯鲃肺汤。

现代的厨师水平提高了，调味品丰富了，一道吓人的河豚，被加工成人见人爱的美食，成为江苏的品牌，这些归功于研发养殖无毒的河豚鱼厂家，归功于厨师的智慧，把味道不算好的河豚加工成近代美食，可以想象，河豚在未来的餐饮桌上，它的地位会更高吧。

时下，销售河豚鱼，要有许可证，烹饪经营河豚鱼，需要上岗证，可见关于河豚鱼如何吃，仍在争议之中。

2019.2.22 22:06 于横梁

老味道——田螺

昨晚，一轮明月非常美，我在小区走了一趟，没有停下来仔细观赏。心想，好东西不要极致地享受，留点，隔天还有一次机会再看。今晚，果然月光比昨晚更加明亮。一轮明月挂在遥远的天空，离树梢很近，感觉比过去都大，好像就在不远处。

在农村，无太多夜灯干扰，除了又大又圆银盘似的圆月，四周寂静，我认为最美的夜空就在今晚。晚饭后，我出去仅走了一个来回，一边看着月光，一边心里在打着腹稿，准备写点我自己经历的事。

小时候的夏天会约上二三小友，拿着铁锹、脸盆、菜篮子，找水浅的小河小沟，拦腰筑坝，阻断水源，用脸盆向坝外泼水，水净鱼出，可以捉到小鲫鱼、昂刺鱼、小虾、泥鳅、白鱼苗、螺蛳等，甲鱼和大的鳗鱼、螃蟹等很难见到，水少养不到大鱼吧。每搞一次都有收获，但人也累。那么多水，二三小时不停地泼水，有时一边泼水，一边回头看看水面，水位有没有下降，有时用芦苇尖做个记号，看看水量下去的进程，如果水位久不下去，那就找原因：是土坝漏水导致暗涌，里外相通了？还是地下有小的泉眼。遇到这两种，算是运气不好。还有倒坝的呢，眼看鱼跳了，经水泡后，新堆的土坝经不住压力差，瞬间水涌进，白忙活一场。

省力又能解馋的就是在前一天下过大雨之后，第二天一大早起床，到小河边，贴近水面的河坡上，捡田螺。

田螺是野生的，我们找大的捡，大个田螺肉多，见小的嫌费事不要。我们找也是有规律的，这东西爱干净，喜清水和新涨水的地方，喜阳光有水流的地方，水质不好、脏乱的地方没有，路边行人走的地方有，也凑热闹，下午时间很难找到它，因于浅水区表面温度高，它们就转移到阴凉的深水区了。

田螺是一群一群的，单个的少，但是很灵敏，有时眼见散落的四五个田螺，伸手取二三只，其他的听到声音，赶紧封盖，顺着坡滚到深水下。要有耐心等几分钟，水清了，又爬出来了。

烹制田螺，各有各的喜好。在老家，父母擅长制作，无论大小，先取河水，把田螺放入盆中静养一天，让其吐净脏东西。

小田螺盛在菜篮中，放水中用竹刷朝一个方向旋转，将表面青苔污泥洗净，用开水烫一下，见盖脱落捞出，用牙签挑出螺头，合在一起加点盐，用手抓抓，去除螺头的白色浮物，再洗净，烫的水留下沉淀备用。

大田螺的处理方法，一是砖头直接拍碎螺壳取螺头肉，用盐抓拌洗一下，与小鱼小虾一起红烧（软烧、不煎炸），调味，加点辣椒酱或者腌雪菜一起煮，鱼熟入味出锅，这种方法鱼鲜和螺鲜互补，味道非常好。二是，有时是农村柴灶煮鱼，在锅一周抹一圈面糊，盖上锅盖，饼一面软，一面结壳，蘸鱼卤吃，很有味道。

小田螺有种吃法：锅煸葱姜出香，下入洗净后的小田螺肉与原汤一起，再加点水，放入盐、味精、胡椒粉等调料，烧沸，用山芋粉勾芡，淋入鸡蛋液，出锅撒上嫩韭菜末子（跳色出味出香），淋上香油（或猪油）即成。

大概是 1996 年，跟随机关食堂外出考察，在四川成都吃过干辣椒生煸螺头，螺肉嫩，入味，鲜中有辣香，舌尖上还有点花椒的麻味。

在南京吃过把熟田螺肉切细掺入猪肉蓉中，塞入田螺壳中红烧，小火收干汁，使壳红亮，壳内馅油润鲜香，这道菜不加少许糖，味是出不来的。

关于田螺制菜的方法很多，汆汤、凉拌、炒青椒、青蒜、西芹、韭菜等，有增香的功能，也可竹扦成串烧烤或涮麻辣烫，通常多见小田螺剪尾壳生炒，同样别致可口，味浓拿口，配啤酒爽快惬意。

过去是原生态环境下生长的田螺，小的嫩，大的香，肉紧实，壳子厚。现在可能生长环境变化，田螺的鲜气始终达不到那个年代了。常见到聪明的大厨们，在加工田螺时，必重葱、重姜、重蒜、重辣，最后在口腔中留下的是浓浓的复合味。至于田螺的鲜与嫩，也没人去追究了，调味蒙蔽了味蕾，舌尖感觉的是刺激，眼睛看到的是气氛，至于心里需要找回的乡味、记忆、怀旧和许多趣事，全被淹没在灯红酒绿、喜气洋洋的气氛中。

田螺，在浮躁的大环境下，是微不足道的小东西，在乎它怎样，不在乎它又怎样？田螺越来越少，我们大家的口福随之受到影响，如果实在渴望，有空从下面一首平民诗中去慢慢回味吧。

“灯光夜市影婆娑，巷角街边食肆多。眼下时兴新口味，泥炉猛火炒田螺。”

当下什么都在变，田螺的传统特色在变，味觉的需求在变，视觉的审美观在变，我写到这里，为田螺讲一句，谢谢你，让我分享到原始的情趣和快乐，咱们一起随着时代而改变吧。

再见吧，田螺。

2016.11.16　23:23 于横梁

老味道——雪里蕻

柳叶红了，柿子黄了，霜降已过数日，小雪快到了。看着门前茁壮成长的香菜、菠菜、青蒜叶，在秋风中摇摆，让我想起有一种食材快要上市了。农村里的大爷、大妈们快要忙起来了，该准备把家里的大粗缸抬出来，洗洗、擦干、晾晾了，等着肥头大耳、葱茏一片的雪里蕻进家门。

生活中，有的物品非常珍贵，可欣赏，而不可食用。有的物质，非常平常，但其美味能让你魂牵梦萦，想起它特别亲切。有了它，食欲大增，也可令你在美食面前，有着非常愉悦的视觉和味觉上的享受。

雪里蕻，是“官方”指定名称（学名），百姓称它为雪菜。品种因地域形状不太相同。有的一棵数斤，茎秆翠绿，粗细均匀，腌制发酵之后，鹅黄，乡下称嫩黄；有的一大棵，长的不规则，先长主干，后生枝杈，菜叶深绿（墨绿），叶子边缘有细刺，有人讲是原生态传统雪菜。

在连队刚学厨时，大冬天从冰冷的缸里拿出雪菜洗过、打把、挤去水，一刀就把粗粗的老根剁下扔了。

到了南京，见金陵老派师傅将老根拣出来，洗洗干净，切小粒，用干红椒节炝锅，放进刀切后雪菜根下锅跳跳，撒点味精，特下饭，加点酱油、白糖更好，比大锅菜白菜炒肉丝受欢迎。江苏、湖南、四川等地尤为喜欢，制法与吃法相近。

今天以我本人经历，说点关于雪菜的故事。

一、雪菜不仅仅是小菜

当兵前，只见过香油、青蒜、辣椒酱拌着生腌的雪菜梗，嘣脆震牙（凉）。或者白煮黄豆炒雪菜，到部队还吃过雪菜炒豆干、香肠和炸黄豆等。

最喜欢的还是在老家常吃的、母亲引以为傲的饭锅头蒸咸肉雪菜。做法是：入冬腌雪菜洗净切细，放入碗中，咸带皮五花肉切片，下锅用葱姜煸变色，加点糖色，放在雪菜碗中，在柴灶饭锅内炖，加木锅盖，利用灶膛余火慢慢加热，四十分钟后，饭熟肉香菜（雪菜）润。有亲友来夸我母亲会做。过程主要是：一是煸过去腥增香，二是肉片上有酱色，女性敢下筷子。当年白肥膘，很多女性望而生畏。这种吃法几十年没丢。

二、雪菜为阳春白雪添彩

过去一直认为雪菜是下饭小菜。二十年前，我在鼓楼广场东侧食为先饭店吃饭，上来一道雪梗炒鲜带子菜品，顿觉奇怪，原来这菜叫“雪冬山鸡片”，是江苏名馔之一。

那日见到新的创意，顿时感觉新奇，创意好，下里巴人攀上阳春白雪了。后来还见有的店用雪菜梗炒虾仁、鲜鱿、嫩蚕豆瓣等季节性菜品。

三、雪菜与平民最亲

在大雪纷飞的冬天里，围着冒着热气、翻着小泡的砂锅，吃几块雪菜肥肠，能不过瘾吗？古代有思莼（菜）鲈（鱼）而辞官还乡，现在经不住雪菜臭豆腐煲的诱惑的也大有人在。

想在南京开面馆，如果没有雪菜肉丝面，那就等着打烊吧。雪菜粉丝包子比净肉包子受欢迎，有人形容，一闻到那熟悉的、久食不厌的雪菜味，两腿就迈不动了。

四、雪菜的境界在宁波

浙江有名菜：大汤雪菜黄鱼。我曾经以为就如江苏鲫鱼汤中豆腐，他们加雪菜而已。

宁波的厨师把雪菜做的花样比肉还多。雪菜叶和杆有炒、拌、烩、烧、炸、蒸等多种烹调方式。令我印象最深刻的是雪菜黄鱼汤，说汤不如南京多，说烧，汤多于白汁，雪菜与鱼的味道融为一体，奥妙在欠火汤不香，鱼过火肉无味，雪菜与汤和鱼的比例决定着鲜气。

本人就雪菜和大家聊点故事和认识，老味道或许能引起大家的共鸣。能牵引起大家的乡愁，更加喜欢蝶不恋来牛不识的寻常之物，也就达到我的预期了。

雪菜本是草，精做是个宝。个性是特色，出味都夸好。

2016.11.14 19:58 于横梁

鳢鱼传

鳢鱼俗称黑鱼、乌鱼、蛇皮鱼、食人鱼、火头，财鱼等。黑鳞头顶有几粒白色斑点的称七星鱼，体大者称七星黑将军，黑色斑纹稀疏的称斑鳢。

黑鱼是乌鳢的俗称，它繁殖力强，胃口很大。早在两千年前在《神农本草经》中，将它与石蜜、蜂子、蜜蜡（蜂胶）、牡蛎、龟甲、桑螵蛸、海蛤、文蛤、鲤鱼等列为“虫鱼上品”。

黑鱼在我国陕西省合阳县洽川镇的黄河湾湿地分布较多，西北的其他地区就极少分布，江苏、浙江、安徽各地的淡水河、湖泊、沟塘、池沼中均产。

黑鱼体圆长，口大牙利，性凶猛，一身黝黑形似蛇皮的图案，身上有黑白相间的花纹，一对突出、发光的小眼。由于各地水色不同，黑鱼的体色也稍有差异。

黑鱼属肉食性鱼类，小黑鱼食水生浮游动物，稍大即食小鱼、小虾。大黑鱼以食其他鱼类和青蛙为主，有时还食小黑鱼。黑鱼喜栖于水草茂密的泥底或在水面晒太阳，有的黑鱼还经常藏在树根、石头缝中来偷袭其他鱼。

黑鱼烹调，批片（术语），色状白绸；拉丝（行话），味赛河豚；刺身（生食），切米，似碎玉；煲汤，香白如奶，味醇，胜于禽；斩蓉煎鱼饼，鲜嫩虾所不及；汆鱼丸，柔舌轻触即化。在《中国菜谱・江苏》一书98页水产类排名第四十找到唯一黑鱼菜：“黑鱼二吃”。后又在精装版《江苏风味》51页中见到“将军过桥”，有图有释：“过桥”，食家通俗解释是一菜二吃（鱼片炒木耳，鱼、头骨炖汤），将一菜从此碗移入彼碗中，扬州厨人称此吃法为过桥。将军过桥，即黑鱼二吃。

民间传说中，黑鱼为龙宫大将，因而又有“将军”的美称。此菜原为扬州民间家常菜，因其风味别致，故成为筵席佳味。

从黑鱼的特征来看，乌鱼头大、骨硬、肉质偏老，较大者五至十斤重，红烧、清蒸，肉质老柴不鲜。它与淡水鱼鳜鱼、白鱼、刀鱼相比，细嫩所不及；其形也不符合国人完整鱼形装盘上席的审美观。有妇人、小孩见其色、观其牙，不寒而栗。可能是不入主流菜的要素之一。

另外将黑鱼一鱼二吃，符合烹调原理，又可扬长避短。黑鱼肌肉紧实，片薄、切粒、漂水、上浆，让其吸收水分，显现白润；头骨炖汤，配点豆腐、粉丝或丝瓜，吸味实惠、营养可口，这正是扬州名厨对材料的理解，而开发出的“化腐朽为神奇”的经典智慧。

黑鱼文化的亮点不仅于此，请看我对黑鱼的品德解析，确实为之感动。

一、有情有爱，不离不弃

我在农村长大，跟在邻居大哥后面，暑假白天叉鱼、摸虾，晚上手持火叉丫捉黄鳝，对黑鱼尤其熟悉，观察也较细。黑鱼配对，体型绝对是雄小母大，在风和日丽交配前，二条鱼恩爱有前奏，互相尾随，一起寻找有水草可隐蔽、有阳光照射的浅水域做巢。雌雄黑鱼成对游动在产卵场地，共同用口含取水草、植物碎片及吐泡沫营筑略呈环形巢囊，叉鱼人跟踪不离，不急下叉，见一二天后，鱼交尾，水花泛起，一叉下去，刺中二鱼。虽凄美，但知黑鱼不是露水夫妻，是成双成对的。若产籽后，一方不幸中叉，有另一方坚守保护后代至幼鱼独立生存。

二、舍身护籽，爱子情深

黑鱼五至七月产卵，金黄色，卵成球形细看如豆油花，成鱼在附近护守，待幼鱼成形成群游动，总是一头一尾护卫鱼队，免受侵扰，伴随保护鱼群。鱼稍长大后，全身变成黑色，卵黄囊消失，集群游动，开始摄食，黑鱼仍随群保护。为防天敌青蛙，在护守期间，尤为暴躁，略有动静，鱼即跳起。常有渔人悉其规律，取活幼蛙，在黑幼鱼区垂钓，黑鱼护子心切，常依次上钩，为子舍命，真是鱼类精神。待幼鱼再长大一些，体呈黄色，鳍末端呈黑色，背鳍、胸鳍和臀鳍已具鳍形，开始分散游动，亲鱼亦停止护幼。这时捕获的成鱼均瘦小无力。

黑鱼十分凶猛，攻击力强；同时又爱子如命，对其卵与幼鱼十分爱护，用一切力量加以保护。其实，这些都是生物繁衍成长的自然现象，也是优胜劣汰，让黑鱼种群得以延续的天性。若不是专养，鱼塘中黑鱼比例确实低。

黑鱼在众鱼类中，其貌不扬，不受养鱼人喜爱，见之必捕。真是“黑鱼捉不尽，遇水泥中生”，有人为之咏叹，恨黑鱼者曰：“黑鱼凶猛性乖张，平日泥中暗躲藏。扑食鱼虾如吃米，贪而无厌赛豺狼。”爱黑鱼者曰：“刀伤君助体更张，形似黑龙波里藏。云雾无缘酬壮志，九霄空令羡天狼。”

2012.6.21 端午前夜于横梁

鲈鱼的背后

鲈鱼是文人心中精神的象征，是诗人笔下的不朽诗题，是医家眼中的治疾良药，是政治家手中的外交礼品，是统治者奢侈追求的珍馐佳肴，是产地的文化名片，是美食家口中的至味满足。

鲈鱼总的特征是：体侧扁，嘴大，鳞细，背灰绿色，腹面白色，身体两侧和背鳍有黑斑。它生活在近海，秋末到河口产卵。鲈鱼为常见的食用鱼类。鲈鱼侧线完全与体背缘平行，体披细小栉鳞，皮层粗糙，鳞片不易脱落，体背侧为青灰色。

鲈鱼多分布于太平洋西部，我国沿海及近海的淡水水域中均产。早年鲈鱼为常见的经济鱼类之一。它喜欢栖息于河口咸淡水，也能生活于淡水。它性凶猛，以鱼、虾为食。鲈鱼个体大，最大可长至30～50斤，一般为3～5斤。

鲈鱼肉质坚实洁白，不仅营养价值高而且口味鲜美。鲈鱼因其体表肤色有差异而分白鲈和黑鲈。黑鲈的黑色斑点不明显，除腹部灰白色外，背侧为古铜色或暗棕色。白鲈鱼体色较白，两侧有线形规则的黑点。

鲈鱼的性平，味甘，有健脾，补气，益肾，安胎等功效。适宜贫血头晕，妇女妊娠水肿，胎动不安之人食用。《食疗本草》有："安胎、补中，作鲑尤佳。"《嘉枯本草》中有："鲈鱼，多食宜人，作蛙尤良。暴干甚香美，虽有小毒，不至发病。"根据前人经验，患有皮肤病疮肿者忌食。鲈鱼忌与奶酪同食，崔禹锡："鲈鱼肉多食发痃痔肿，不可同乳酪食。"

据有关资料介绍，鲈鱼总的分为四个品种。

一、野生本土鲈鱼

体型较大，有的每条达十余斤，外形轮廓相似于大白鱼，鳞有光泽，身上有不均匀的斑点，出水后不久死去，眼睛有红色血。宜清蒸、红绕、腌制咸鱼，鱼肉细嫩，熟后行话称蒜瓣状，肉质鲜嫩优于鱼。通常舍不得取肉斩蓉成菜，因含水分多，出品少，成本高，现基本绝迹。

二、野生本土黑鲈鱼

习性与前一种相近，生长在较大的淡水河流，或入海口处，淡水、海水都能生存。它磷细小，皮深灰色，长相凶猛，食用加工方法同前者差不多，产地不够广泛。这两个品种，因水质污染和高科技捕捞，20 世纪 80 年代初市场就已少见了，偶然得之，个头在 500 ～ 800 克一条。有些地区把它当作普通鱼，价格高不过鳜鱼，和白鱼不相上下的价格，偏远地区不认，只认鳜鱼、白鱼、草鱼、鲤鱼，认为这些鱼上桌吉利，肉质、价值观大家都能接受，南方少见。

三、加州鲈鱼

这是 20 世纪 90 年代中期引进的外国鱼种，人工群养。刚开始不熟悉其特点，个头较小，每条重 300 ～ 400 克，少见到 500 克以上的。近年来，饲养条件提高了，600 克以下的难寻，多是 1000 克以上的。它肉质肥嫩，皮下油脂多，腹部固体脂肪满腹，由原来微扁形变成了圆柱形身材。血脂高的人敬而远之，现在餐桌上很少见了，大家转吃左口鱼、江湖里的大鱼和海水养殖的各类石斑鱼、虹鳟鱼、玉秃鱼、黄鮰鱼等。

四、四鳃鲈鱼

鲈鱼在酒店中使用比较广泛。因无小刺细，宜老、少食用。它肉质白嫩，可选用多种烹调方法加工，清蒸、醋熘、干烧、锅仔等。取肉可切丝、片、条、丁，或炸、或煎炒、或剁椒、黑椒、生烤、刺身、酸菜等，调制咸、辣、咖喱等复合味道。

四鳃鲈鱼是江苏省苏北有名的特产之一，主要产于灌河中下游，每条多为 3 ～ 5 斤重，大的可达数十斤。此鱼身呈青灰色，两侧和背鳍上有黑色斑点，实际上也只有两个鳃，只是每个鳃盖上又多了一条较深的折皱，外观好像四鳃，故称“四鳃鲈鱼”。这种鱼在国内只有灌河、上海松江两地出产。

上海松江产的也称四鳃鲈鱼。《辞海》注：“松江鲈鱼以上海市松江县（现松江区）所产者著名。”鱼体形不大，一般 100 克左右，史载也有 500 克以上的。它长相奇特，习性怪异。其身呈纺锤形，口阔鳞细，头大而扁，有四鳃（看似四鳃，实乃两腮），是一种在海水中繁殖、孵化，在淡水中生长育肥的降海洄游型鱼类。每临冬至到春节，从海中溯回黄浦江后洄游松江，嗣后集于秀野桥下，秀野桥下水因青松水域大包围后，急流不再，它们又迁入佘山地区的河道。

据本人理解，四鳃鲈鱼可能是两个品种，或许误把像塘鲤鱼的深色鱼当成真的了，经文人误写，便以讹传讹了，毕竟四鳃名气响，识鱼的专家也不多。我倾向于前一种为真，体大，符合世界范围内鲈鱼特征。因为历史上也确实有一鱼多名或一名多鱼的现象，如 1980 年我在苏州松鹤楼所见小鲃鱼，到了南京见形态一样体大几倍的大鲃鱼，又称为河豚鱼。区别在于生长于长江的大鲃鱼，每年入海洄游，有毒；太湖产小的鲃鱼，世代未入海，均生长于淡水中，无毒。两地产鲈鱼，一种鱼体大且鱼肤白为主，另一种鱼体小且鱼肤浅黑，两地均是入海口，均符合生长条件。当然，仍有待同行专家进一步商榷确认。

四鳃鲈因松江而名，被誉为精明的“旅行家”，更是绿色水域的试金石。哪儿条件优越，好吃好住，就往哪儿去，沪上松江秀野桥地区成了它们理想的好去处，因此秀野桥下四鳃鲈名震四方。

松江四鳃鲈有诸多与众不同之处。如冬天，将普通的鱼和松江四鳃鲈分别做成汤后，一夜之后你会惊奇地发现，其他的鱼汤都凝固成一团，而松江四鳃鲈汤不会凝固。

国宴名鱼，以汆汤为多，突出鲜嫩，老苏州人用于炖（蒸）鸡蛋，味超鲜。民间有一制法：去鳞，不用刀割腹，只用竹筷从鱼口插入鱼腹，将内脏取出（即鱼胃，同乌鱼），洗净后仍放回腹中，为保持鲜美，弄鲈鱼，这是最好的方法哦！然后把它放入配有的咸白菜或菠菜汤中，可以久煮不老，保持鲜美，濒于失传的骨灰级制法，超酷。

下面有几则关于四腮鲈鱼的小故事。

其一是四鳃鲈鱼在隋朝时即成为贡品，一时珍美。据《南郡记》载，炀帝下江南时，吴人献松江四鳃鲈鱼，炀帝品尝后赞道：“金荠玉脍，东南佳味也。”

其二是乾隆皇帝吃罢四鳃鲈鱼，被其美味和名气所打动，御赐为“江南第一名鱼”。到了清代，松江四鳃鲈鱼影响更为深远，许多皇帝下江南时必须到松江府，品赏鲈鱼佳味，赞不绝口，从此下令松江官员每年增加四鳃鲈鱼进贡数量，优先满足王公贵族的需求。

其三是曾国藩独受四鳃鲈鱼。《曾国藩》（第三部）中记载：曾国藩到江南主持甲子科江南乡试，李鸿章为了讨好曾国藩，吩咐道："明日门生叫人送几尾松江四鳃鲈鱼到衙门去，恩师可亲眼验看……"

鲈鱼及鲈鱼家族，在历史上可谓风光无限，这也是鲈鱼所不知的殊荣，文人因鲈鱼而成千古佳话，留下了百世文章。通过一条鱼的故事的折射，让我们也深深地悟道：感谢大自然，天生万物皆美，万物皆有灵性。

2012.8.23 20:02 于六合

浅述"透鲜"

春天来了，春味还远吗?

一年之计在于春，这是在告诫人们，要充分利用春光、春雨和春风，抢时间翻地深耕，播下种子，等待播种后的收获。

对餐饮人来讲，春天是遍尝美食的季节，春天有丰富多彩的个性食材，春天也是大酒店里的大厨们大显身手的时候……春味在春天里，还有在我们的厨房里。

春天，是诗一般的日子，是浪漫的时节。有了五彩缤纷的春天，才有秋后的瓜果成熟。

在这初春的季节里，从事餐饮工作的人的味觉最敏感，也最有发现力。

这几天，去乡村走走，去市场看看，和邻居们聊聊，感觉春天最诱人的春味已飘散开来啦。

昨天晚上，在丰富路农家小院，第一次见到今年的炒田螺，这可是早春最诱人的食材呀。

关于田螺，我可有介绍权了，春雨过后，过冬后的田螺妈妈从水里泥下出来了，听到春雨的召唤，从沉睡中苏醒了，在清清的池塘边，多吸了几口水，躲在水草下，晒着太阳，吸收点能量，体内带有蓝色血液的田螺动起来啦。

这个时间，中小号的田螺，宜清炒，宜挖出嫩螺头炒头刀韭菜，宜做粉丝鸡蛋羹，勾了芡，撒上胡椒粉，那是春天水中最鲜的活物，也是最早带有古意的热羹。

田螺生长一周左右，慢慢变大，此时就忙着繁洐后代了。这时的田螺肉就差了，更替它的就是同类大田螺这东西个头大，螺头可斩碎炖狮子头，切片炒绿蔬，也有把生螺头切碎拌肉馅的，那就是乡土名菜田螺塞肉。

田螺肉到口，地下的冬笋，也开始蠢蠢欲动啦。带壳的笋尖钻出地面，一日长几寸。连根挖出，细的称杭笋，粗的壮笋就是春笋了，多产于大山里，推到山外，剥皮留肉，将其切条焯水，与五花肉红烧，那可是民间至美的味道。

春天里的美食很多，尤其是南京的春味，有咸肉炖咸鸭，加几块笋或豆腐，那就是大菜了。

南京有水八仙之说，水下的桃花嫩藕出水了，用它切片炒炒，入口碰到牙齿，那就是最佳的偶遇，两者相见，迸发出清香酥脆的感觉来，那嫩脆的白藕，在诗人面前就是最好的春歌。

春节前就上市的南京水芹，是老南京人尝春味的至爱，水芹炒干子就是新春酒席上的一股清流，色嫩绿，经烹炒后，满锅香气，不必用葱、姜、酒，那淡雅的水芹之香开胃醒口，是让人解酒醒胃的开春之味。

春季的食材很丰富，地田未起的红皮萝卜，刨去皮，切细丝，盐一拌，用手挤去辣水，拌香麻油、青蒜花和少许白糖和醋。虽说是秋冬的产物，但在新的生活环境里，它又是不折不扣的春食——糖醋萝卜丝。虽与春不搭边，但它在春天里，确是春季下酒下饭的好味道。

城中桃李愁风雨，春在溪头荠菜花。那田野里的荠菜，长得不太好看，斑斑点点，拣过、洗过、烫过后，凉拌或拌上煎炒过的豆腐作馅，包成荠菜圆子，早春里的咸味荠菜圆子让人回味无穷和难以忘怀。

春天里的每一类食材，都是早春里的春鲜，看在眼里，笑意就自然而然了，吃到嘴里，那透鲜的清香，就是早春味道的灵魂。

我现在不太研究四季美食了，但心里仍独爱春天里的绿色之味，如咸肉炒菜薹，蚝油菜薹，仍是认人久食不厌的美味。

清炒老芦蒿是南京人的至爱，野地里挖出带有红根的芦蒿，盐抓一下，与熟咸肉丝炒，那就早春最解馋的一味特色，不是南京的内行人，觉察不出它的好。

太阳出来了，大地回暖了，菊花脑的老根子，经过一个长冬，枝枝杈杈都冒出了嫩芽，用两手指头捏紧拨出，洗净，不加油、不加鸡粉，与水烧出的一白瓷碗菊花脑汤，那无异于古寺用火助温生长出苋菜芽的珍贵。

那绿色的汤色中，冒着热气，双手捧碗喝一口，那个感觉，就如父母当年形容的一味上好的汤，透鲜。

春日里的美食，哪一味不是透鲜呢？今天介绍的食材，如果细心地加工，都能透出春天的鲜味来。

2022.2.21 于南京河西

梦里水乡看蚬菜

入夏后的南京更有一份别时没有的躁闷，让人心生倦意。好在有这个福气，来苏北洪泽境内老子山温泉度假村和老子山港口进行饮食考察，一睹乡村山野的风采，同行的还有军区南苑宾馆厨师长陈东等人。所到之处皆受隆重而热烈的欢迎，加上山清水秀，农家淳朴，让我有了一段充满荷香鱼跃的难忘回忆。

首站的老子山，位于洪泽湖东南边岸，相传是老子的炼丹之处。山色赭红，传说皆为丹炉余烬所致。老子还是本家，姓李，名耳，字伯阳，生于陈国苦县（今河南省鹿邑县）。山上关于老子的人文典故俯拾皆是，文物遗迹分布众多，实在是洪泽湖畔的一颗明珠。

在好友的引领下，我们乘快艇一览洪泽湖的美景。天堂水乡，芦苇纵深，水网荡漾，在耀日下水面闪动的绚丽光泽和接天的莲叶随风摇曳，构成了一幅人间美卷。如胭脂的粉色芙蓉花在大片大片波涛似的绿色湖水中微展笑颜，连空气中都隐约可触的清宜芬芳让人沉醉。这就是苏北最宝贵的湿地——洪泽湖。跟随着热心好客的渔民们，我们参观了当地的水产养殖场（包括虾、蟹、鱼等）。各形各色的大船小船来回穿梭，一派人们靠湖水生活的景象。让我好奇的是，几乎所有船上都堆放着大大小小、感觉沉甸甸的包袋，上前一问这才得知这就是美丽的洪泽湖的特产——蚬子。蚬子属贝壳类，可生长在淡水和海水之中。蚬子为心形，个头极小，最大的也不过大拇指甲大小，小的只有瓜子大小。蚬子含丰富的矿物质元素，目前洪泽湖境内所生产的蚬子 80% 以上都直接运至上海，随后出口到日本。据日本营养学家考证，蚬子有美容、壮阳等滋补功效，是目前被我们所忽视的一种原生态有机无污染原料。

顶着宽大的荷叶，手提着清香的莲蓬，我们来到了当地张副镇长所推荐的渔民家品尝正宗的洪泽湖特产。含籽的大虾，四爪有力的野生甲鱼，肚黄身滑的本土黄鳝，每道菜都尽显了洪泽美味，让人吃了真可谓唇齿留香。但最让我难以忘怀的还是要数那道压轴好菜——蚬子豆腐汤，洁白如奶的汤汁，漂浮着若隐若现的如脂豆腐，张口可见的蚬子肉如珍珠般诱人豆腐的滑嫩，加上蚬子的鲜美，堪称无法代替的佳作。船家介绍，这蚬子经过干炒受热后，让蚬壳张开，渗出水分，然后用粗网大漏勺捞出蚬壳，再用细网漏勺捞出蚬肉，将其用清水洗净后待用，取原汤汁放入盆中，沉淀取鲜汁与蚬肉一同烹调。

老子山当地人对蚬子的美味很是不以为然，认为不足为奇。蚬子平时的做法就是和韭菜清炒，和豆腐做羹，或者炒鸡蛋和凉拌等，但大多还是与豆腐制品一起烹饪。我曾经也算尝了不少的各色美食特产，但唯觉这蚬子是人间至味，洪泽才有。

蚬子似乎是再平常不过的原料，但在人民生活水平不断提高的今天，它却仍然是任何一种原料都无法代替的，它的鲜味与口感都无与伦比。猛然发现并不是最有名的原料就最营养美味，也并不是无名原料就毫无价值。中国的饮食文化源远流长，各类食品都有自己特有的个性和优点。有的食品远近驰名，而有的就如这蚬子般默默无闻，从不寻求人们的重视和吹捧，只是在一掬韭菜，一盒豆腐中散发着独特的本味，从不期待着身价百倍，也从不抢夺其他食材的风采。蚬子和韭菜一起，鲜美不说，只看那朴素清新如春天一般的色泽就足以让人心弛神往。蚬子和豆腐共舞，细腻柔滑互解风情，也是别样的经典。

在回宁的途中，忆着洪泽美卷，念着蚬子鲜美，想着饮食传承，这旅途的好又怎是寥寥数语可概括的呢？像那无名的蚬子般，老子山的梦里水乡也正静静地散发出属于自己的华光。

2006.8.11 于南京

南瓜琐谈

我在农村长大，老家对圆形、弯形、一头实心另一头空心有籽的长条形，表皮光滑或表皮粗糙的食材，统称拉瓜，以形状和色彩称为长南瓜或青南瓜。

因哥哥、姐姐住在离家五六里（两三千米）的学校里学习，他们走后我是最大的孩子，所以就承担了早晨割猪草，晚上放学回家抱柴草烧饭的工作。

在农村禁止养猪、养鸡和搞副业，队里干部睁一只眼、闭一只眼。春季各家养一头猪，猪吃一年的洗碗水、田头野草，过年不论大小都会宰杀，几户分一下，送送亲友，余下的全家以“肉”打滚，就算过年了。

前面讲这么多，南瓜出场也该出场。那个年代，堤埂上光秃秃的，牛与猪争食杂草，人都吃不饱，哪有钱去买饲料喂猪呢，于是地瓜藤、南瓜叶就是猪的主要饲料了。

我割南瓜叶十多年，对南瓜的习性也就熟悉了。农村通常是夏季南瓜还生长在藤上，各家就在选定做种子的南瓜了。秋季瓜由青转黄，直至瓜藤、叶枯萎，才摘下，放在室内。进冬后，剖瓜取籽，晒干备用。把南瓜干蒸、煮稀饭、去皮切丁掺入大麦糁子中煮饭；切丝加青蒜苗炒一下；也有人家加点蒜头、大酱焖一锅，既当饭，又当菜，甜中有咸，咸中有甜。

有人必问，咸不咸、甜不甜怎么吃？用母亲一句话讲，饿了，就顾不上挑食了。能吃饱就不错了，这还是以我家的生活背景来写的，有邻居家一年吃一斤油，那饭菜口味可想而知了。

清明节左右，选朝阳的高地，把地翻了，拌上草木灰（保暖，保持水分稳定），埋下南瓜种，有时放上干杂草盖上。后来有了塑料薄膜，盖在上面保温，半个月到二十天，也就是五月初长出三四片叶的幼苗。幼苗两棵一组，移到事先挖好的坑里，细土经太阳晒三天，先垫上猪粪，培上细土，周围浇上水，一次浇透。早八点钟左右用破草帽盖上防晒枯，下午五点后揭去所盖物，一夜露水，让它适应环境。连续三天，见瓜苗成活，在根周围四十厘米内，松土拔去杂草，便于积水，防草争肥，半个月后一塘（一凹坑）浇半粪勺粪水，就等着开花结果吧。

南瓜在芒种之前是不会自行授粉的，必须人工套花，把雄花花柱插入母花花蕊中间。讲究点，就是雄花柱在花蕊上涂几下，授粉率就高，一般是早晨露水干，七八点后套花，上午十点之后套花中奖率低。若你知道当日午后有雷阵雨，在套花后，随手在南瓜根部那里摘一老叶，反扣盖在母花上，防雨水进入，幼瓜夭折。

进暑之后，蜜蜂昆虫多了，虫爪粘上花粉，无意之下代人工套花授粉了。

南瓜的花很好看，黄黄的，很脆弱，一碰就破。一般一根藤上长两个南瓜，间隔距离不远，就摘去嫩头和瓜蒂根部岔头，使其根部养分集中供给主藤南瓜。

南瓜的选种也有讲究，一般选先开花靠近根的深黄厚皮南瓜，留作种瓜。如果在离瓜根藤长一丈远处留种，来年此苗必是在苗长一丈之后，才开始开花结果，这都是通过农民的实践经验获知的。另外，如果南瓜大且不甜，是肥料的原因。如果南瓜枝叶茂盛，结瓜不大，是肥料与种苗的原因。

少时母亲在暑期以南瓜嫩头焯水后，烧豆腐汤或下面条，以解高温季节绿叶菜的缺乏。现在有人用全朵南瓜公花、母花拖稀面糊油炸，撒椒盐，是流行的农家乐风味。在那个年代里，谁敢想用油炸南瓜花呢，简直是天方夜谭。

现在，青南瓜切片与猪油、蒜头同煸烧汤，瓜片亮，皮青肉黄，汤白味香。我觉得，春天菊花涝汤胜于荠菜汤，夏天嫩南瓜汤强于榨菜肉丝汤。

青南瓜刨丝，拌盐挤水，拌猪油、虾皮包饺子，皮下映出的翠色，让人流口水，用生抽、蒜蓉、细辣酱、香油调成的味汁，摆在红花小碟中，让你眼睛看着就直了。把生南瓜饺子用平锅煎出焦黄的锅巴来，从锅盖下就冒出了难以抵挡的香气。

本义是聊南瓜的吃，结果转成种南瓜、贩南瓜了，烹南瓜写得少，以后有机会再写吧。

2015.12.3 22:22 于江宁

南京大萝卜

百度百科曰：属植物界、十字花科、萝卜属一、二年生草本。根肉质，长圆形、球形或圆锥形，根皮红色、绿色、白色、粉红色或紫色。萝卜原产于我国，各地均有栽培，品种极多，常见的有红萝卜、青萝卜、白萝卜、水萝卜和心里美等。根据食用情况来看，萝卜为我国主要蔬菜之一，种子、鲜根、茎叶、嫩芽苗均可入馔入药，功能下气消积。生萝卜含淀粉酶，能助消化。我们大多食用的部分是根部。

萝卜性微温，入肺、胃二经，具有清热、解毒、利湿、散瘀、健胃消食、化痰止咳、顺气、利便、生津止渴、补中、安五脏等功能。乡下有谚语："冬吃萝卜夏吃姜，不劳医生开药方。"

我生于农村，长于农村，对种、收萝卜的场景历历在目。每年立秋前后把长在地里的黄瓜、菜瓜、南瓜、香瓜藤等扯掉，用铁锹翻地后，晒上两三天，下足底肥（猪粪）、浇上水，让土中有湿度，隔天敲碎土，拉刮平地，撒入萝卜种子。在湿度、温度作用下，过了三五天萝卜发芽，一天一个样。大约二十天，家长让我们去间苗，便于均匀生长。拨出稠密处的嫩苗，洗净沥干水，放在干净砧板上，撒上压细的粗盐，用刀将萝卜苗切细切碎拌匀揉搓之后，双手合拢握紧切细的菜，挤去水分成团，放入碟中，滴上香油拌匀，作下饭小菜，既有清香，又有淡淡的萝卜辣味。尤其在秋老虎还未走的高温的日子，尝一点绿映翡翠，爽口醒目怡神，当时不知如何形容，只觉得吃了舒服，更不知在城里人看来还是个稀罕物，糊里糊涂地尝了鲜。

萝卜种类较多。当兵前在老家见过有纯红皮白肉萝卜，有大有小，表皮有粗有细，根据实践经验，看萝卜周身颜色深浅一致，尾巴上端（又称萝卜屁股）色略淡，皮薄表皮细嫩者，其萝卜必鲜嫩、香甜、水分足，上端皮厚粗糙，周身凸凹不平，抓在手上有沉重感，把萝卜顺长对切开，若中有一红线状或红色斑点，这样的萝卜必老、必辣，中间红色成分越多就越辣。还有上紫下白或紫多白少的萝卜，本地人喜欢，老嫩适宜，凉拌、烧汤、烧肉、晒萝卜干均好，春节包包子作馅。霜降前收获的萝卜，削去萝卜缨子晒一天，埋入土坑中，泼两盆水，在萝卜上面覆盖两层芦席，填上土，食时现取，始终不糠（空心），可以吃到春节后。萝卜是冬季农民的主要副食，可荤可素，用它做的烧仔乌、炖淡菜都是乡村筵席上的名菜。

在县上自由集市处，见到过两种水果萝卜，泡在清水盆中出售。一种是全身深紫的长形萝卜，大小如胡萝卜，辣味低，用老家话比喻："咬在嘴里，嘣脆，水分多，还甜。"另一种是上端青皮，下端微白的萝卜，俗称大头青，个头较大，凉拌最好，切丝加香油、青蒜末、辣椒酱拌匀，下饭，熟吃它，缺少点鲜气，烹饪萝卜时加猪油易烂、油润、入味，其厚皮可生吃，在经济不发达的年代，农民是不会去花钱买萝卜当水果吃的。

20 世纪 70 年代末，我参军后，在苏州玄墓山服役期间，市新华书店八一建军节到军营为官兵售书服务，我买了一本《北京菜谱》，上有插图，用萝卜雕的花点缀围边，美化菜肴，见萝卜外皮浅青，内里紫红，菜谱介绍是心里美萝卜。心想，首都北京萝卜都改名字了，称萝卜为心里美，当时正提倡学习“五讲四美”，以为是为了紧跟形势，后来才知道，北京一贯如此称谓，可笑我是孤陋寡闻。心里美萝卜可作凉菜，可作水果，水分多不辣不老，那时苏州没有，如今普及了，拿它作热菜易出紫色，不讨喜。

20 世纪 80 年代初，在聂司令员家服务，有人送来宜兴白皮大萝卜，个大皮薄，长如象牙，细嫩无渣，落地粉碎。司令夫人嘱咐我刨去皮，切大方块炖排骨，一小时后，汤清排骨香，萝卜呈白玉色，泛着光泽，用调羹挖一下（舀一块），酥如豆腐，放入口中，舌尖轻压即散，余下的是满口鲜。那还是我第一次加工大白萝卜。这种萝卜常用于泡萝卜皮，中间部分红烧，不宜作馅或腌晒。

20世纪90年代中期，先后三次去四川考察学习，觉得四川小菜“泡萝卜”，粉红如胭脂，从坛中取出泡后的萝卜，切成丁，装盘后，见店家舀半汤匙粉状味精，舀了一汤匙红辣油浇在上面，也不拌，直接端上桌，这是最受欢迎的小菜，也最具川味特色。回来依法试做几次，并带回泡菜老卤，色与酸均达标，唯独脆性不够，后分析，问题出在萝卜选择上。我自己到峨眉山下农贸集市去看，那里的萝卜均小于江苏产的萝卜，形细长，个头小，表皮粗纹深，筋多质老还死辣，生食不能进嘴。我猜想可能是四川山地多，雨水留不住，在缺水状态下生长的萝卜，加上种子不同，生长的萝卜格外小，也格外老，用于泡菜，物尽其用，最合适不过了。

又想起 1986 年下半年，参加南京市首批一级烹调师培训班学习，胡长龄大师授课，下课前出了一题目“如何去除杨花萝卜皮”。我调到南京不久，不知杨花萝卜为何物，问了同桌，方知过去连缨子一起出售的生吃水萝卜，就是杨花萝卜，因个头小，圆球形，皮艳红，质脆嫩，辣味轻，春季上市，通常削两头洗净拍散或切两半，切梳子刀，用细盐码一下（拌腌之意）去水，调葱油或糖醋味，现拌现吃，是酒楼不可缺少的时令菜。这里用醋不宜过早，白醋会减色，香醋会染色，现做现吃不失水，不影响口感。

小萝卜去皮方法：锅里烧水加碱，比例是 20 ∶ 1，水沸放入洗净并削去头、尾、须的萝卜，约 30 秒钟，用竹刷在锅中搅刷，表面一层薄皮脱落，倒出，清水洗净，拣去杂物，萝卜只只圆滑光亮，泡入清水中备用。用萝卜时可加干贝、尚汤火腿入盅清蒸，也可与瑶柱（或开洋）同烩，若与河蚌同炖，更是一绝，至于加上鸡油、青豆、清蒸，调味勾芡撒上熟火腿粒，色美味佳。

还有家常萝卜干也是家中常备的。萝卜在霜降左右从地里取出，洗净，削两头与破皮、老皮、黑斑，切滚刀块，块块有皮，以 100 ∶ 6 的比例拌入盐，不停翻拌，约 10 分钟后，见萝卜表层出汗（水），倒入缸中，用石头压紧，12 小时后倒入筐中沥水，卤留下另用。用干毛巾吸干萝卜水分，放竹帘上在太阳下晒 2 ～ 3 日，每天翻动 2 次，发现较大的拣出来多晒 2 天。

锅上火，倒入腌萝卜的卤烧沸，加少许八角、干红椒、生姜煮出味，撇浮沫，停火，把晒后的萝卜条放竹篓中，沉入卤中，用竹筷搅动，一边烫，一边清洗浮尘，一两分钟后取出沥干水，凉透。分批烫过的萝卜干，无水气，凉透后，拌上白糖、五香粉、少许辣椒粉，拌10分钟后入味，装入开水烫后无热度的缸中，压紧加盖，第二天可取出改刀食用。味香质脆，可调糖醋味、咖喱味，食时拌蒜末和香油别有风味。

以萝卜烹调的美食举不胜举。前两年南京市场上火爆的“肉汁萝卜”曾经风行一时，红烧肉卤汁炖焯过水的白萝卜，以色红亮、入味、酥烂、不油腻、爽口而著称。广州的厨师在鲁菜京葱扒海参边上加了一条鸡汁蒸萝卜，一白一黑一绿（菜心）色彩悦目，味浓味“淡”，对比互补，一客一份，彰显大气精致，获得可食可赏的美誉。

近期有的人将白萝卜剞切成菊花状，盐水泡后，拍干生粉，油炸金黄，浇上糖醋茄汁，可与传统名菜菊花青鱼媲美。萝卜切厚片斩细挤水，拌入葱炒过的熟五花肉粒，调味勾芡冷透后拌入萝卜，做成生煎萝卜包子，必会有喝彩之声。

厨师队伍，不乏人才。早在盛唐时期，帝王吃腻了厚味八珍，厨师取白萝卜切丝，拍干粉焯水，加尚汤笼蒸，萝卜丝根根透明，堆于碗中央，四周为清澈高汤，取名“水围城”，特点是爽口清新，饱口腹又易消化。它是洛阳水席的一道名菜，深受武则天的喜爱，这道珍馐流传至今。

日本的刺身源自中国，垫在三文鱼、金枪鱼、大虾、生鱼片下面的白萝卜丝，经水泡后，洁白通明，夏天用生萝卜丝拌凉拌面，加点芥末鱼干、烤鱿鱼丝，那又是一种新的吃法了。

古有记载，南京板桥盛产萝卜，是南京一大特产，后受历代文化的影响，称南京大萝卜含有不同的意境。城市的发展随政治、经济的跌宕起伏而发展，南京历经十个政权统治，有六朝古都之誉，难免事态百出，经相关人员小结，认为淳朴、热情、厚道、求实的南京人，属带有褒义的南京大萝卜精神。对安于现状、不思进取、做事不紧不慢、有时略有反应迟钝等现象，属于另一种大萝卜之意，虽然出现在少数人身上，也略有嘲讽贬义，词意也不太过分，够不上丑化。

有人的地方就有左中右嘛。本人拙见，南京又称天京，集江南文化文明之所，是科举考核贡院之地，是秦淮风月烟雨之所，是南朝四百八十寺佛都之境，历经若干年，时事朝代更迭，南京人看淡了荣衰，看淡了胜败，看淡了人生，对社会的一切现象，如观云卷云舒一般，没放在心上。

历史如一个大舞台，演员与观众融合到一个精神层面上来了，看似懂而非懂，看演戏实为生活。

一句俗话，展现六朝不同时期的人物精神状态，老祖宗的智慧，在民间的延续至今，或美或缺，或遗失或残留。那就是真实的南京，那就是宽容、豁达和不较真，也正合乎庄子的精神，顺应自然，自然而然。

本文借用了个大帽子，有人以为写的是民俗题材，实际写的是对萝卜的认识，本意不想卖关子，恰巧想到了这句名言，借个壳。

萝卜是食材，萝卜是普通菜，吃时有人念起它，保健有人提起它，下酒有人喜欢它，厨师烹饪海鲜经常选它吸油、去海腥味，需要它。萝卜千年不改秉性，生长时水少、水分少必辣，对它浇水施肥常常关注它，萝卜必加倍回报给人类又大又甜的硕果。

治大国若烹小鲜，天理在民间百姓心中，如餐桌上的萝卜，任你砍剁，您忽视了它们，它们会用无声的辣味来回馈你。

萝卜是传统饮食文化的载体之一，无论大小、老嫩，无论颜色如何，萝卜的味没变，萝卜的食用功能未变，萝卜仍然是不可或缺的食材。

因此，无论时代如何变化，萝卜是大众菜、是药膳，是可生吃也可熟烹的个性硬货。

萝卜特有一种精神，那就是，它不抢味，无论与谁搭配，随主味显现，各是各的味。

2012.12.15 13:10 于南京

年年豆腐白

美食家梁实秋先生在他的《豆腐》一文中是这样下的结论：豆腐是我们中国食品的瑰宝。今天读来，如清代文人吕留良留下的一句遗言："炒豆子好吃。"有点相似的意思。

朱自清教授在散文中有过一段关于吃火锅豆腐的描写：“说起冬天，忽然想到豆腐。是一‘小洋锅’（铝锅）白煮豆腐，热腾腾的。水滚着，像好些鱼眼睛，一小块一小块豆腐养在里面，嫩而滑，仿佛反穿的白狐大衣。锅在‘洋炉子’（煤油不打气炉）上，和炉子都熏得乌黑乌黑，越显出豆腐的白。……父亲得常常站起来，微微地仰着脸，觑着眼睛，从氤氲的热气里伸进筷子，夹起豆腐，一一地放在我们的酱油碟里。我们有时也自己动手，但炉子实在太高了，总还是坐享其成的多。这并不是吃饭，只是玩儿。父亲说晚上冷，吃了大家暖和些。我们都喜欢这种白水豆腐；一上桌就眼巴巴望着那锅，等着那热气，等着热气里从父亲筷子上掉下来的豆腐。”

读了上面优美的文字，大家感觉亲切吧，是不是对平常的豆腐，有了新的感觉呢?

从客观生活的角度讲，冬天就豆腐炖大白菜、豆腐雪菜肥肠煲、山东大葱煎豆腐，或者用菠菜炒豆腐多加点猪油，这些菜营养有了，价廉物美，有汤有菜，用生抽、蒜叶和自磨的辣椒酱，再加点香油，夹上一块白豆腐（或煎或炸），在味汁中打个滚，歪着头，送入口中，那感觉一定比很多不调味的高档食材更好。

本人见山、见水、见真、见假多了，感觉万事讲一个“真”字。就饮食而言，真好吃，真过瘾，那就对了。千万别去争“真有名气”“真有面子”的虚头巴脑，早晚都要现原形的。所以从烹饪学和营养学上讲，豆腐真是个宝。

记得小时候，从乡下去公社小街爷爷家，走路经过后街一家门店面前。店里空荡荡的，仅立着一条窄的长板凳子，上面立一块通身刷过石灰的砖头。那块砖，在春夏秋三季不显眼，但在冬季格外抢眼，在怒吼的西北风中，见那块砖立在那，让人感觉像是一个孩子做了错事，在接受惩罚。每次脚踩在有残留冰雪的路面上，见了那块被灰尘染了不太白的砖块，就有种冷飕飕的感觉。

后来知道，那是一个幌子，一个招牌，告诉路人，这家屋内有豆腐出售。若板凳上无砖，表示豆腐卖完了，去别家买吧。

平常一块砖，就是一个经营的符号，现在的年轻人可能会不屑一顾。因爷爷常让我去买块豆腐回来，和他们熟悉了，每次去我就多磨叽一会儿，看他们的制作流程。母亲说过，世上三样苦，撑船、打铁、卖豆腐。前两条清楚。撑船，凭一竹竿，利用身体与脚的支撑，一下一下用力推动逆流而上的船，不进则退，左右平衡，两眼还不停地扫视前后左右，尤其是冬季，芦苇梢上的麻雀都冻跑了，撑船工还得在阴冷的水上用力使劲。打铁，便于理解的一个词，千锤百炼方成钢，铁本是坚硬之物，还必须用力捶打下面的铁块，欠一分力都不行，那真是力气活。夏天外面酷暑，铁匠铺内炉火正旺，那个年代可没有电扇和空调之说，打铁人身上流下的汗水，形容如水洗的，一点都不过分。

我脑海里认为，前两项苦是真的苦到极致了，做豆腐的在室内工作，风吹不到，雨淋不着，灶上烧着一锅豆浆，有热气，饿了喝一碗浓豆浆，还有什么苦可言呢？

在平时的观察下，我觉得苦在下面几个方面：首先是洗黄豆不易，农村的黄豆杂物多，有虫咬过，泥团子难洗，每天几十斤豆子要去净杂物，水不浑，出来的豆腐才白和有韧劲，入口有嚼头；其次是磨豆浆，那个年代全是人工拐磨，石磨上有一孔，转一圈，臼二两水豆子，抓多了，豆渣粗，出豆腐率低，那一圈一圈无止境，每次需三人合作，天天起三更，那可是年年日日无止境地拉磨，现在想想，觉得那一家人真有耐力和恒心；最后，古人讲，豆腐是水做的，无水可想而知了。

大家可能认为，水有啥稀罕的，你要知道，20 世纪 70 年代，水是从河里一担一担挑上来，行三五百米进家。遇上刮风下雨和寒冬，破冰取水，天天如此，不是平坦大道，是忽高忽低的泥泞路面，不滑倒几次是不可能的。至于过滤、煮浆、点卤、打包、加压、划刀、运输和销售，有时是肩挑豆腐，四乡八村地转悠，卖不完回来，就亏本了。

豆腐白，白在是用汗水洗白的；豆腐嫩，嫩在用心侍候的；豆腐好吃，好吃在每块豆腐上，留有做豆腐人手上的余温。

说起来，还有一个故事，军区大院不知何时兴起吃老豆腐。我们局有一位领导，他吃豆腐必须要有糊焦味，美名其说，是用铁锅烧的好吃，有味，无焦味，就是蒸汽冲的。

我在豆腐坊见过，厨师炒菜是把锅烧热，再下油、盐、调料和主料。

煮豆浆是把浆倒入冷锅中，慢慢加热，粘在锅内壁上的是浅黄的薄锅巴的为正常，如果急火烧，锅底热量散不开，铁锅内出气焦糊，豆浆在未沸时，从锅底冲出直线热气，那焦味就会熏在豆浆中，做出的豆腐虽白，但有焦糊味。乡下买豆腐人，低头闻一下，脱口而出，火大了，焦了，扭头就走，这时卖豆腐人，立马解释火大的原因，自认是出了次品，价格需让点，才能兜售出去。

豆腐是平常之物，文化人喜欢它，因为白，容不得一点尘埃，视它为文人气质。豆腐嫩，但有骨气，始终煮不烂，这是豆腐的品德，打得烂，摧不垮。

豆腐有包容性，与鸡鱼肉蛋，逢物配，就是用草莓拌豆腐，也没人嫌豆腐不合适。

有一句俗语“小葱拌豆腐，一清（青）二白。”这句话的深层含义，以豆腐作为标杆，正直的化身，以它做比较，就是完美无瑕的模板。

豆腐就是豆腐，是百姓的味道，它摆得正位置，见到咖啡色、绿色、黄色、黑色同类，它不泄气、不计较、不跟风，仍然保持本色，一白到底。

年年豆腐白，岁岁有豆腐，借豆腐拼凑了一篇杂乱无章的拙文，纯粹是自娱，同行看了别见笑，圈外人看了也别嘲笑，咱也学学豆腐精神，走自己的路。

2017.10.14 15:22 于横梁

平常青菜（上）

春雨绵绵、秋色尽染通常是文人雅士笔下的主题，或吟或唱，感觉今年与往年有异。

近期因持续多日的秋干，地表似汝窑瓷的裂纹。玉米、大豆因缺雨，未到籽饱豆圆提前枯了叶。自家收成减少是小事，可惜的是叶翠苗壮的庄稼，在成熟期遇到了老天不帮忙，草草地走了一秋，替其惋惜。前几日，深翻了地，按程序施了底肥，敲碎了土块，撒了拌过细土的菜籽（易撒匀），并在菜畦的两边地沟灌足了井水，使其渗透到菜种下面。遇到秋天的艳阳，因下面有水气，不会影响出苗，好在今年按邻居指导，依法施工。四天后，青菜籽黑壳开裂，泛出一点嫩绿，洒水后，一夜过后，在干旱多雾的滋润下，两只叶瓣对称张开。又四天，土深层、浅层的菜芽，都探出了头，如荷叶般争抢着阳光。再四天，密密的菜芽用细薄的叶片覆盖了土色，远看，隐现着浅绿，近前蹲下，用手触摸湿润的细苗，如轻抚春天小鸡的绒毛一样柔软。据讲，源自河西某家精菜馆，一份汤（实是水）不加味精、尚汤，用青菜芽不足一百克，优惠价八十元。这让我想起，史书记载："某百年寺院，为接待圣上，派人在冰雪天大棚内支火炉添温种苋菜，侍候其长至米粒大小（俗称米苋），摘出烧出一份上素汤，博一鲜。"古与今，也属异曲同工吧。

“老天开眼”，前天夜里下了一场淅淅沥沥的秋雨，昨、今两天全阴，傍晚滴答滴答又下了起来，一会儿田地湿润，我比青菜开心，雨水有劲（力），青菜长得嫩、长得壮，起码一周不用我浇水侍候了。

青菜，是草，土就是它的基地，有它，就有一抹泛着光泽的翠色。

青菜，是宝，上至元首，下至黎民百姓都忘不了它，需要它。越是在高兴的时候，它越是能解山珍海味之腻；越是在困苦的时候，它越是能填饱饿腹的贫困人群。它曾经救了许多平民的生命。

青菜，是菜。近百种植物性蔬菜之中很平常的一种，它不仅四季常青，固守着一份青气，而且价廉物美，始终占领着万户千家的餐桌，“三天不吃青，两眼冒火星”。

青菜，遍布大江南北，品种若干。有耐热、有耐寒，有生长快、上市早；有叶杆碧蓝，有白杆碧叶，有叶面光滑，有叶片厚大粗糙，有小巧玲珑，有一棵数斤；有开花早，有花期晚，因江南、江北，因高原、因盆地，因土壤、因温度、因湿度而异。东西南北，各类青菜，口味、形状、大、小、老、嫩，都是青菜一家，都有一个特点：青香爽口。做菜、做汤、做馅、煮饭、熬粥甚至舶来品快餐面，都少不了它，什么也取代不了它。它或贵，超肉价，它或便宜，无人理，倒一筐，或鸡吃、或猪吃。就是它，缺了念它，多了厌它。平常中也有不平常。这就是青菜。

清郑板桥曾为一幅水墨《青菜》画题诗曰：“稻穗黄，充饥肠；菜叶绿，作羹汤；味平淡，趣悠长。万人性命，二物担当。几点濡濡墨水，一幅大大文章。”更是把青菜的滋味和功能推到了极致。

一碟青菜，满口清香，人间至福，世上美味。生活本应该像青菜一样平常、熨帖、可靠、简单。日复一日，我们的生活有哪一天离得开青菜？青菜，是滚滚红尘留给我们的一份感动，它的美丽、它的卑微，如同我们百姓一样没有一点虚伪和矫饰。一把青菜和一瓢米一同煮，便是一碗热乎乎的汤饭。幸福是什么？幸福就是身边一碗碗热乎乎的汤饭。

青菜，清清白白，碧绿青翠，朴素中流露出美丽；青菜，平平常常，淡然中飘动着芬芳；青菜是无数的美味佳肴中最不张扬的菜肴。人的饮食不可能顿顿是生猛海鲜，人的一生不可能事事都轰轰烈烈，爱情不可能天天都缠缠绵绵。生活如同青菜一般，历经时间的打磨和粘合，越觉生活珍贵。青菜如同生活，在平常中见平淡，在平凡中不平常，它是一种精神——奉献；它有一种品质——朴实。

2012.10.26 21:35 于六合

平常青菜（下）

江南才子袁枚在《随园食单》中记载：“青菜择嫩者，笋炒之，夏日芥末拌，加微醋，可以醒胃。加火腿片，可以作汤，亦须现拔者才软。”

明代戏剧家李渔在《李渔随笔》中写道:“摘之务鲜,洗之务尽。”又在《闲情偶记》中说道:“蔬食之最净者,曰笋,曰蕈,曰豆芽;其最秽者,别莫如家中之菜,灌肥之际,必连根带叶而浇之;随浇随摘,随摘随食,其间清浊,多有不可问者。洗菜之人,不过浸入水中,左右数漉,其事毕矣……故洗菜务得其法,并须务得其人。以懒人、性急之人洗菜,犹之手弗洗也。洗菜之法,入水宜久,久则干者而易去;洗叶用刷,刷则高低曲折处皆可到,始能涤净无遗。”这是他对洗青菜的认识和要求,可见治菜治味何等考究。

我国青菜品种丰富,因产量多,需求面广,大部分青菜作为平常原料,洗洗、切切、炒炒或烧烧,大锅菜和居家食用,一般重在可食性。以方便、可口、色彩鲜亮、供给营养素等为主要食用目的。随着提高生活质量的理念日益普及,集体和个人对青菜的烹饪也更细致,如有的把青菜分部位分开使用,根据菜心、菜叶、菜梗等不同部位的特点分类烹调。

江南的青菜也不相同,各有特点。

上海青菜小棵型,形美、梗短,烹调后叶梗色深碧翠,并且易熟,四季均有供应,时下以酒店使用为主。

苏州青菜,细长脆嫩,叶短梗细长,棵不大,比一般青菜长一点。最佳上市季节是夏季,特鲜绿脆嫩,整棵开水焯过,加姜米、猪油、盐、味精拌匀装盆,是夏天餐桌上的一道风景;冬天霜降后,略炒出锅,油重一点,爽口有甜味。

无锡青菜品种和吃法与苏州、常州相近。

许多人知道名菜“香菇菜心”，它成为名菜不是偶然，这与苏州的优良青菜有着密切的关系。其制作过程是：选小棵青菜（不是菜心）杆叶修切成一样长，焯水，加高青汤调汁入味，淋稀芡摆成蝴蝶、花篮或圆形、扇形。在烹饪青菜时，另选锅上火，加高汤和焯水后的福建中型乌背香菇，调葱油、老抽、白糖、味精烧入味，沥芡、沥香油，与盘中青菜组合成设计的造型。青菜是青菜鲜，清香无渣，香菇是香菇味，浓味鲜香。亮闪闪一盘，一青一黑，别无杂色杂味，清鲜入味，悦目可口。

扬州青菜，近似于上海青菜，个略大，是做正宗清炖狮子头的配料。吸油腻增鲜香，常用于垫底，鲜与香在温度作用下，互为渗透，产生无与伦比的美味，为扬州餐饮增色不少。冬季作为烩菜辅料出鲜气（如烩蹄筋、鱼肚等）。扬州青菜，夏季生长缓慢，产量少，个头小，昆虫多，不易生长，还有点微苦（要少加点糖中和）。

徐州青菜耐寒、大棵，用于烧、烩出味，熟的牛肉、羊肉与青菜、辣椒酱和烩，加点粉条，颇有一方特色，若加猪肉汤或猪油，容易烂且爽滑。

南京青菜个也大。以小青菜做的名菜没有，只有在春季青菜薹和夏季鸡毛菜长成时，适用于席上普蔬。南京四季均产大棵青菜，促成了南京“绿柳居”“素菜包子”的成名，皮薄、花纹细，馅碧绿油润。南京厨师史称天厨，六朝古都留下若干技艺，“金陵鸭馔甲天下”享誉中外。1949 年以前南京黄泥岗万竹园生长的大棵粗腿青菜，非常有名，夏、秋季节品质老，不容易熟、装盘不成型。前辈厨师根据冬天蔬菜稀少的情况，选择芽黄菜心，具有清鲜细嫩的特点，单取菜心（四片半叶），在圆锥形根尖上划十字刀切口，焯水，排在砂锅中，上面摆上精细的刀面，柳叶形熟火腿、笋尖、香菇片，加入兑过味的高汤，加盖上火炖三十分钟左右，上席揭盖，香气出，汤沸腾，形美，菜心酥，汤烫保温，属于南京菜心特色风味。

如今南北交流频繁，餐饮经营业亦是你中有我，我中有你，看似好事，和谐繁荣，但从历史继承角度来分析，原材料同化，调味、口味同化，个性味、个性加工、刀功、火功等地方特色，正在弱化和消失，实是可惜。《舌尖上的中国》唤起许多人对食材、食法、食文化的反思，但是仍不足以引起全社会对五千年饮食文明的重视和珍惜。青菜和其他食材一样，其营养成分的开发利用还有很大的空间，不希望再现“需要用时是宝不用时是草”的现象，从科学文化的角度上看，在餐饮上多元化的创新、开发和利用，充分发扬它的可食性价值。

下面介绍两款与青菜有关的美食。

第一是鸭肉菜饭。鸭子宰杀去骨及内脏，取肉切丁备用，青菜洗净沥水切细，大米淘净，胡萝卜切丁。鸭肉（或鸡肉、咸鸭、咸肉、香肠、腊肉等），放锅中与油、葱、姜煸出香味，倒入碎青菜、胡萝卜（或笋、鲜菇、鲜玉米粒）炒软，加大米和水，调味烧沸，转入煮（蒸）饭器中，煮或蒸二十五分钟左右，味鲜香，米粒饱满，青菜软烂，可菜可饭，是江苏的地方代表主食之一。

第二是翡翠包子。大棵青菜洗净后，倒入加过白口碱的沸水中汆烫，捞出放入凉水中投凉，沥水后，用刀斩细并包在纱布中挤出水分，加姜米、熟鲜菇粒、猪油、笋粒、盐、味精、熟芝麻、白糖少量拌匀成菜馅。取酵面擀成皮（一两面做二至三只），包上馅心，上笼蒸十分钟左右取出，洁白松软，包口油亮皮下映出翠色，惹人垂涎。或将生包子花纹朝下，放平锅中，加少许水、油煎熟（八分钟左右）即成，一面金黄，一面松软，馅心鲜香翠绿。

有的地区称青菜为小白菜。在民间食法多样，宁波有烤菜心、南京有风菜心（凉拌），安徽山里有晒菜干（烫过后晒干，便于保藏），农村有腌咸菜（大棵高根白），冬天切碎拌青蒜、香油做下饭小菜。春天煮后晒成菜干，和五花肉红烧，暑夏吃开胃去火。绍兴有梅干菜，用途更广了，与熟肉炒拌可入馅，尤其洗后蒸熟，与活河虾烧汤，别有风味。春天还有用豆油、青菜薹烧咸肉、河蚌等，属南京传统菜，本地老人，春天不吃上一碗总觉缺少点什么。

青菜是百姓餐桌上常见不缺的菜，除了烧牛羊肉外，炖豆腐、油面筋，炒粉丝也受喜爱。河南把青菜拍面粉后蒸熟，蘸辣咸味汁的吃法，是一道“活化石”类型的吃法。生活中青菜一菜百治，毫不夸张。青菜杆加芥末凉拌清香爽脆，是金陵饭店的保留菜。全棵斩碎煮菜饭鲜香，熬菜粥开胃，老幼皆宜，加点小荤、小海味，用上海话形容“不要太好吃哟”。

青菜是我们科学饮食结构不可缺的一块基石，更是我们追求味感美感不可缺少的重要元素。

青菜也要根据其规律烹饪，嫩者，做汤、清炒；老者，焖饭做包子馅。形状好的用于筵席，大棵的用于烧烩。青菜易褪色，一般烹饪时忌加醋。青菜有本味，烹调调味不宜加有色调味料，如酱油、酱类等。青菜做馅，提倡菜叶与菜心一起使用（有的店取菜心另用），增加鲜气。

青菜是绿色的代表，充满着活力和希望，青菜，未来将会越来越吃香。

青菜，有人以为“菜为至贱之物”，主要是对它了解不够。它默默地为人类奉献，始终站在被选择的位置上，它来无声去无息，为人类的生活带来一抹绿色，为人类奉献了全部。在它最灿烂的时候，一片金黄散发着浓浓的菜花香气，与早春的桃花、麦苗一起，竞相争艳，令人流连忘返。可是，短暂的韶华，在细细的春雨中淋落成泥，悄然地融入大地，化作一掬有机肥，滋润着它的希望与未来。

青菜精神，象征着平民百姓，青菜，将伴随着我们一同前行。让我们感谢大自然对人类的馈赠吧。

2012.10.28　21:30 于六合

色绿如蜡看绿豆

“色绿如蜡”这四个字是我多年前在陕西一著名作家的散文中看到的、形容绿豆颜色的一个新词，至今记忆犹新。今年又到乍暖还寒之时，不由想到去年这个时候，出现一个了具有调侃意思的新词汇“豆（逗）你玩”。起因就是平常食材材料之一的绿豆，从三元多一斤，两三个月的时间内涨到九元多一斤，涨幅成为历史之最，引起群众疯抢这一市场现象。后来政府及时采取有力的措施，使市场绿豆供应基本稳定下来，好事网友将此绿豆风波讥讽为“豆（逗）你玩”。

俗话讲：物以稀为贵。抛开绿豆的实际经济价值不提，就绿豆的食品食用市场需求和食用价值及食用情节，就具有了重要意义。

绿豆，豆科。一年生草本植物。茎直立或曼生，被细长硬毛。三出复叶。蝶形花，绿黄色。荚果，圆而细长，被短毛。种子短圆柱形，绿色或黄绿色。性喜温暖，耐旱，适应性强，生长期短，可作补种作物。原产于我国，栽种较广。种子可食用，并可入药，能清热解毒，“绿豆衣”功用相同……

《本草纲目》云：“绿豆，消肿治痘之功，虽同于赤豆，而压刀解毒过之。且益气、厚肠胃、通经昧、久服无枯人之忌，外称治痈疽，有内托护心散，极言其效。并可解金石、砒霜、草木一切诸毒。”《本草求真》曰：“参、芪、归、术与其（绿豆）之效相比，不过是也。”据现代营养分析，绿豆含有多种化学成分：脂肪、蛋白质、维生素、碳水化合物、钙、铁、叶酸、维生素 A 等，其现代综合功能有抗菌抑菌、降血脂、抗肿瘤、保护肝脏等。

从日常保健角度来看，最简单之绿豆汤，四季适于各类人群，夏解暑，冬解毒，春去火（气），冬解酒（护肝益肾）。可冷可热、可辅枣、百合、蜂蜜、枸杞等食材，具有复合补益气功能。

从绿豆深加工的角度看，绿豆去皮之法：洗净的绿豆加水同煮四五十分钟至皮开花内酥烂（忌碱，影响维生素的维护），离火冷却，用手搓或机械搅拌。使皮与豆分离，加水过筛，去皮壳沉淀，再倒入锅中上火加热，搅炒，挥发水分，约两个小时，见豆泥稠如豆沙状加入白糖等甜味剂，取出冷却备用。最广泛的用法是加工绿豆糕或卷，有淡绿清香细腻香甜之感，入口即化。金陵有习俗，端午节馈赠长辈亲友，是不可或缺的。至于家常食法，煮饭熬粥，连皮食用，方便健体。酒楼按红豆沙之法，可举一反三。时尚酒吧，把用水泡后蒸成的碧绿整粒绿豆快速冷藏结冰，置数粒于杯中，饰加葡萄干、金橘饼粒或煮过的红枣。鲜果搭食，兑碎冰或冰水，夏季享用，一个字“爽”！

绿豆生绿豆芽算是新生。绿豆在明航海史上立过大功，郑和下西洋，长期在海上航行，船上没有设备，不能长期保存蔬菜，船老大吩咐下人生绿豆芽，既可当菜，还提供了维生素，自己生产绿豆芽，解决了蔬菜缺乏的问题。同时，又避免身体维生素的缺失，保证了船队顺利返航。

为表达祝福祥和之意，传统工艺以玉、红木等材料做成工艺品，状如豆芽，称为如意。如意作为贡品放在皇帝案几旁，达官显贵将其放在家中，是身份的象征。早前老人给小孩讲故事，哄其睡觉，讲晚上老妖精来捉小孩，如给地上撒上绿豆，让妖精滑倒而捉不到小孩，使小孩安心睡觉。善意的谎言现今成了骨灰级绿豆文化了。

绿豆是豆类的一种，是一种人们日常生活中不可缺的农产品。绿豆不是看的，重要的是看到其食用意义，当然，只有看透读懂绿豆及绿豆附加的有用价值，我们才会更加珍惜它。

2011.4.26 13：55 分于横梁水一方之侧

尚“膳”若水

水是地球上最常见的物质之一，是人类赖以生存的要素，是烹饪中不可替代的食材之一。

水是静的，水有滋养万物的德行，最大的善性莫如水。让我们一起认识水吧。水（化学式：H_2O）是由氢、氧两种元素组成的无机物，在常温常压下为无色无味的透明液体。

水，有地表水（河流、湖泊、大气水、海水）、地下井水、雪山融水、北极冰水、蒸馏水等。

水，人体必需六大营养素之一。水解渴、帮助消化、散热、输送营养，对健康有着重要的意义。

水，烹调必不可少的物质，水在厨房中有着重要的作用，除了常见洗涤和烹饪两大用途之外，还与烹饪技术和出品质量有着密切关系。在食材清洗、涨发、保管、漂洗、成品制作等方面对水的使用都有具体要求，在烹制高档膳食时，如何用水、选水，很有讲究。

一、水的清洁作用

清洗厨房中的食材，是烹饪加工的第一道工序，俗称初加工。如宰鸡鸭、刮鱼鳞、洗青菜、洗韭菜，包括淘米、洗香菜、苋菜等，哪一样在下锅（烹调）前，不过下水呢？没水，简直寸步难行。所有这些过程，都是利用水的稀释原理，通过洗涤把不需要的不可食用的物质去掉，使食材干净、清爽，便于下一步加工，这也就是常说的清洗。清洗虽无重要的技术含量，但洗涤时的用水时间、用水温度、清洗操作方法也有讲究。例如，清洗青菜类，大青菜、农家自种菜、大棚菜、夏季青菜秧、秋冬青菜心、雨雪地取出的菜，不能一概而洗。大青菜根必扒开，逐片洗；农家菜污质在叶子上；大棚菜忌久泡；夏季菜在水中加点盐略泡，让青虫、小蚜虫上浮；秋冬季菜心，重点是防虫和内部污物；雨雪后菜杆上粘有泥土极难清洗，用力过大会使菜形受损等。洗蔬菜类也有区别，洗香菜，水略泡，上下翻拌，忌搓洗；相反，夏季苋菜要用手反复搓洗，去除菜叶内涩味；洗韭菜，仅在根部用双手搓洗漂去根皮等。洗植物性蔬菜要分类洗，一物一水，不宜混洗，最大的技术含量是用自然的水温洗，人为添加热水洗菜会影响菜的存放保管。

鸡、鱼、肉、虾的清洗与蔬菜有着差异，前者是去除原料中的血污和浮尘，一般也是用自然水温清洗，后者通过水清洗去除泥沙。秋冬天气转凉，动物性脂肪易凝固，用温水清洗效果较好；夏季清洗有轻微异物的原料，用温碱水、清水复洗，易去除异味；至于高档原料雪蛤必用温水洗；雪燕、刺参必用无油花清水洗，然后涨发；干鲍难免有海腥味、哈喇味，用温碱水洗后，再用清水复洗。有些原料不能洗，若太脏，碱水洗后必暴晒干，再放入油锅中涨发，如猪、牛蹄筋、干鱼肚、猪肉皮等。这里提醒一下，用于清洗食材的洗洁用品，忌用洗衣粉和工业洗洁剂，会影响人体的健康安全。

二、水的涨发作用

中国烹饪历史悠久，先辈们积累了丰富的食材保管经验。动植物、菌类及部分原料的部位，因过去缺乏冷藏设施所以有许多的干制方法，既保存了食材，加工后又产生新的风味。如竹笋干制成笋干，或腌制成扁尖，浸泡成酸笋等；黄山地区把花菜、萝卜丝、冬瓜片、茄子片、豆角、马齿苋、平菇、黄花菜等晒制成菜干；绍兴把梅菜与嫩笋通过腌、煮晒干后，加工成别具风味的梅干菜。这些原料通常要先清洗，然后用水浸泡涨发，使材料重新吸收水分，比如，江西的熏笋，必须先用淘米水浸泡一天后，然后洗净杂物放在沸水中久煮至透，冷却后改刀烹饪；香菇、黄花菜剪去根，先用清水洗后，用 90℃左右的水温涨泡，产品香气浓，所泡水量不宜过多，香味会随之流失；嫩豇豆、扁豆晾晒前，焯过水，用清水泡透即可改刀烹饪。

海产品和山野植物涨发，过去是厨师必学的基本功。简单的是涨发鱿鱼、墨鱼，有两种碱性涨发方法，俗称生碱水和熟碱水涨发。生碱水涨发就是把干鱿鱼清水泡过后，放在冷的浓碱水（口碱加水的溶解液）中浸泡二至三天，见鱿、墨鱼肉厚处无黑心，将其取出漂洗后，剞刀切配。熟碱水涨发就是把干鱿、墨鱼清水泡过后，与浓碱水一起在锅中煮沸，然后倒入瓷或瓦盆中，加盖闷泡二至三天，见鱿鱼、墨鱼颜色透明发亮取出用清水清洗、漂洗两小时后，改刀切配。在烹饪教科书中有鱿鱼（或墨鱼等）、碱、水的比例。通过碱性和水作为媒介，渗透到鱿鱼、墨鱼肉中，使其纤维膨胀，重新吸收水分，达到口感滑嫩的目的。

在沿海地区，福建本土把干鱿、墨鱼水泡后，烫一下，撕去黑色浮皮杂物，取硬肉质切方块或条，蒸煮透，可炖盅、可与肉红烧，加配料炒、拌均好，原味鲜香，有滋补作用。也有的将其切块烤熟粉碎，撒在炸菜或羹菜上，增鲜香，可舍弃原涨发方法，费力无功，或许这也是中国烹饪的一大怪习吧。有人钟情于鱿鱼花（即各种花刀，常用麦穗花刀），其实原料中含有大量碱质才有挺立的效果，碱质漂净后，花纹效果并不咋样。如今鲜鱿鲜墨当道，可焯水或蒸或串烤、或涮，或做成鱿鱼或墨鱼面或者鱼丸了。

山里野生动植物的涨发，如干猴头菇、石灰干制熊掌、鹿筋、干制驼峰、干制罕达汗（四不像）鼻子、虎鞭、广西的鸡枞菌、虎掌菌等，都有用水涨发的要求，让其充分吸收水分，通过水的漂洗去掉腥臊异味，使其便于入味和消化吸收。如今交通便捷，厨房设备齐全，食客观念更新了，崇尚新鲜食材了，相信科学，不再追求珍稀奇异了，不久，涨发技能可能会成为书中的“化石”了。

三、水的美化作用

评判食品的四大标准：色、香、味、形。色，排在第一，即悦目在前，香在其后，何为美食美色呢？通常新鲜的原材料具有色泽光亮、色彩鲜艳的特点。植物性原料虽色彩丰富，但其档次品质远不及荤菜，因此，在追求荤菜色泽上，充分利用水有很好的帮助作用。

如上海延安中路延安饭店，“水晶虾仁”是饭店的招牌佳肴，虾仁粒粒分明，只只光亮，大小均匀，微有胭脂色，用筷子夹起掉在桌上有弹性，放入口中，舌尖触碰柔韧，牙齿轻压有脆性，飞快地经过口腔喉咙，留下鲜嫩脆弹的快感，受到客人的推崇。水晶虾仁的亮色、白色、鲜嫩与水有着密切的关系。

水晶虾仁首先是选料，必选海中天然生长的活虾，活虾加工出无破损完整的虾仁，它经过自然解冻后，放入容器中加盐水浸泡一刻钟。

其次是清洗，用竹筷搅转去掉虾仁表层浮皮，不可破损浮皮下一层薄皮（皮下包裹的虾肉不是整体，易粉碎），反复用清水漂去杂质，留下颗粒整齐的虾仁，入筐沥水，用干白毛巾吸水（量大用机器甩干水分）。

然后是上浆、冷藏，这一段加工表面上看似容易，实则操作难，加盐让虾仁收紧表皮耐打磨。漂水时间短，虾仁色暗，成熟后不透明，时间漂得过久，虾仁内液体蛋白质成分流失过多失去黏性，不易上劲（上浆术语），鲜味虾仁流失，时间恰当成熟的虾仁带点本色浅红。再次是上浆，生粉、蛋清、碱（苏打、口碱等）和盐，冷藏是使虾仁内外盐分渗透均匀，在碱质作用下虾仁纤维膨胀加热后饱满如球。

最后是加热程序：热锅、冷油（花生、橄榄油为好），拉油（术语）兑汁烹（术语），撒点葱白，增香，一盘上品菜肴就是这样产生的。杭州西湖的龙井虾仁、南京的凤尾虾仁，选的是细纤维河虾仁，加工程序有异曲同工之处。

加工鱼圆、鱼片、蒸鱼、拆烩鱼头等，有必要都要用清水漂洗、去血水、去血污增白，有清爽去异味的功效。加工活石斑鱼、活鳜鱼在鱼头 2 厘米处剪断中脊骨，达到放血增白的效果，活鱼虾忌甩打挤压，成熟后鱼肉充血处色变黑。

四、水的巧用

水在烹饪中巧用最常见，如干红椒节和红椒丝经过水泡后油烹不易变焦；葱白姜片水泡后，取其汁，掺于肉馅中，有葱姜味而无葱姜色，以水传味；烧活鲫鱼汤选用沸水，汤白肉嫩口味香；煮稀饭过稠，加沸水使米与汤相溶；冷水和面包饺子皮有筋力，包蒸饺用沸水和面，饺熟皮软，冷却后不扎嘴；炸葱油饼分别用冷水、温水或沸水和面，会有三种不一样的质感。

水又有软水和硬水之分，主要是水中含有的可溶性矿物质成分不同。有的是水加热一段时间后，水转白色或成絮状，这种水主要是地下水。目前，城市用水经处理后，属于软性水质，对烹调品质的影响不大。

烹饪用水的重要性也有经典案例。十多年前，南京市政府汉府饭店加工天目湖鱼头，我建议选本湖十余斤大鳙鱼的鱼头，必选用其湖水，他们带着大水桶去打水，当今顶级画家喻继高先生曾一同跟车前往，回来鱼头经过烹饪后，一炮打响，多次被邀请到东效国宾馆制作服务，如今成了江湖上的传说了。

烹饪用水，不亚于烹饪用火、用盐，博大精深。水很普遍，更很普通，熟悉它，合理地使用它，有着事半功倍的效果。

2013.2.21　0:01 于六合小镇

“韶”牛排

牛排，是一道平常、名贵、彰显身份的一道菜。提到它，首先出现在脑海中的是刀叉，洁白的方口布，暖色的灯光，钢琴伴奏，高脚杯，红酒，安静的用餐环境等。

牛排最早该是从广东进入我国，与番茄沙司一起随着欧洲英商与鸦片同时进入口岸，虎门销烟之后，广州烹饪仅存沙司牛排，留存至今。

牛排受到推崇，声名鹊起的该是早期上海的十里洋场，兴起于租界，流行于民国中晚期。因为它是舶来品，其形其味颠覆了中国人几千年食牛的习惯。认为耕地拉犁的老牛的肉，怎么能半生不熟、血淋淋地吃起来呢？

牛排逐步被国人接受，该归功于赴英、法留洋归来的勤工俭学的那一批精英们。

南京最早经营牛排的一家饭店是在新街口中心大酒店南侧的大名鼎鼎的福昌饭店。这家酒店也是第一家室内安装使用进口电梯的酒店，达官显贵络绎不绝。因此，南京原福昌饭店的牛排，基本上是欧洲风味，直至改革开放初期，店堂仍保持原风格，牛排也是原风味。20 世纪 80 年代，从厨界老一辈口中传出，牛排还是福昌地道，选料好，别人家的都走样了。

牛排与牛扒，是指同一种食品，从感觉上理解，似乎牛排高档些，其实是地域的习惯称呼，沪上菜单上多印有牛扒。

加工牛排，选料、部位、品质、产地、煎或烤、调味形式，是一门学问，专业性很强，常识不易普及。本人也就是“三脚猫”手艺，就仅所学、所吃、所听的相关浅见，在这里“韶一韶”，就当作说故事吧。

菲力牛排，选用牛里脊，块小质细嫩，生烤为佳。西冷牛排，选用牛外脊，块形略大或较大，做法和口味上有多种。一般说，同一地域内，前一种品质好，价也相对高。至于牛臀部位和牛肋部位，品质也相当好，有的机器加工成型，一客一块，有的数斤一块，让顾客购回自己切割烹饪。

选牛排，有一个专业术语：牛排眼。即每一块上，肉面中间或边缘处，从截断面见到一处不规则的白色脂肪处或称白筋，加热后，口感别致，见到一块上有二到三个牛排眼，特别兴奋。

在中餐店品尝牛排，许多人在几成熟上较为犹豫。太熟，没有传统蚝油牛肉的味感，觉得老而有渣（筋络）；太生，一刀切下来，血水马上渗在碟子上，有一种茹毛饮血的感觉，心理上有排斥感。经过餐饮市场的不断探索，形成中外有别的加工方法：内宾加工程序是将生坯拍松，调味腌制，添加碱性合成剂，破坏其结缔组织，让其吸收水分，煎后有鲜嫩的效果；外宾加工牛排程序是按照欧式烹饪方法，根据客人要求，牛排切块烤或煎三至七成不等的成熟度，有成熟上桌自己调味或由厨房在出品上浇上沙司（味汁），配上土豆、青豆、西红柿、生菜、玉米笋等部分辅料，让中外宾客皆大欢喜。

牛排是宴请客人一道重要的主菜，通常是现做现吃。当下餐饮市场上比较受欢迎的是黑椒牛排。黑椒又分黑椒粉与黑椒碎等风格，有的调成椒盐、沙司，如中餐蒸鱼，视原料品质加工。新鲜的、品质好的牛排，烹饪后不调任何味道，对于品质一般的牛排原材料，调味相对重一些，压去牛肉的气味。

中餐烹饪牛排的方法，有黄焖、卤后浇汁。虽然入味酥烂或油润，远不及本味煎烤的鲜嫩及鲜中有甜的滋味。近年来，台湾的台塑牛排十分流行，是西餐改良创新的一个突破，我尝过，总怀疑做出的产品走味了，说不出原因。

我在国内品牌酒店管理公司见过牛排，订的货是雪花牛排，精品如白玉，上有红色点或花纹，很美，煎后不着任何味，入口油润不腻，尤其是有四十年前的牛肉香气，让人很感慨，是一种久违的味道。

我分析，日本的牛排不一定如宣传的那样，神乎其神，只是日本人善于分析总结罢了。传统的食用牛，根据牛生长特点和牛的饲养情况不同，根据特征设计规律，然后不随意走样地复制，全部采用传统的饲养方法。根据有关资料介绍，其饲养程序近似于民国时期的填鸭、欧洲的鹅肝，减少运功，多长脂肪，专人按时按摩、空调环境、播放舒缓音乐等。这可能就是其优秀品质的原理。

我有些博客朋友在美国、澳大利亚、加拿大等地，他们常介绍牛排的烹饪体会，归纳起来，即价格高的品质就好。口味不必说了，重要的经验是：牛排加热，开始火要大，即温度要高，让牛排发生美拉德反应（转色），让其结构变性封住内部血液不渗出，翻身后，同样发生褐色，用锡纸包上，让外表高温缓慢进入，内部达到极嫩的最佳口感。调味有撒盐或蘸食各类味汁均不错。还有冻牛排，必须完全解冻后烹饪，这是不能忽视的。

牛排，是选料讲究的菜品，它除了有盛名之外，重要的是含有丰富的营养物质。牛排有提高肌体抗病能力，尽快修复人体细胞的组织和功能的作用。氨基酸的含量与人体相似度最高。

再好的食物久食也厌，牛排亦是如此。辩证看待，吃、尝、做、赏，是对一物的重视，更是咱生活品位提高的象征，没有体会过的，赶紧来尝尝吧。

2014.11　21:22 于六合

圣洁银鱼

银鱼，有一个美丽的名字。

银鱼，是江南太湖水产三白之一（白鱼、白虾、银鱼）。

银鱼，有三个动人的传说。

一是关于烈女孟姜女反抗秦始皇的凄美传说。当年秦始皇为了巩固政权修筑万里长城，以孟之夫范喜良祭祀长城，后见孟貌美，又想霸占。孟提出要求，让秦亲自在太湖设祭，之后，太湖出现大量透明无鳞白色幼鱼，百姓认为是孟姜女当日身穿白绫、白纱、白带变化而成。也有老人说是孟姜女的泪水化成的。

二是关于水晶宫里的爱情传说。龙王身边有一对童男童女，男的叫银果，女的叫银花。一日，龙王派他俩到人间查看生物生长情况。在人间，他俩看到人们过着美满幸福的生活，十分羡慕。以后，他俩的感情日益深厚，于是结为夫妻，过着男耕女织相敬相爱的自由生活，再也不愿回水晶宫了。后来，龙王知道了，认为银果、银花违犯条令，罪不能容，便派水兵水将将他俩捉拿回宫问罪，并传旨将银果、银花打出水晶宫，永世为全身透明的小鱼……

三是木匠鲁班弟子壮美的传说。相传鲁班过世后，其大弟子接到官府命令，率一班人建造工程浩大的岳阳楼，工期紧，要求高，因被欺压克扣工人吃不饱，影响了工期。大弟子见状，用建楼的剩竹，劈成条，用斧削成签投入洞庭湖水中，转眼变成银鱼，工人吃了鱼，干劲倍增，按期完工。相传早年洞庭湖的银鱼个大，量还多。

银鱼，多是淡水鱼，也见于东亚咸水和淡水中，在我国被誉为美味。体透明细长，无鳞或具细鳞，长 7 ～ 10 厘米，很少长于 15 厘米，口大，牙大而尖利。银鱼因体呈圆筒状，细嫩，色泽如银而得名。产于长江口，俗称面丈鱼、面条鱼、冰鱼、玻璃鱼等。以太湖银鱼为代表，早在明代时与松江鲈鱼、黄河鲤鱼、长江鲥鱼，并称中国四大名鱼。

因银鱼生长环境要求极高，须具备水质、水深、水温、水草等天然状态。

近年来，我国的银鱼天然资源因围湖造田、过度捕捞、环境污染和生态环境破坏等多种因素的影响而持续衰退,各种银鱼的天然资源都不同程度地减少，物种分布范围显著缩小。市场销售的银鱼逐年减少。据说 20 世纪 70 年代前，我国较大的湖泊，如太湖、洞庭湖、巢湖、鄱阳湖、长江口、湘江、浙江乌镇等地均有大量出产。

银鱼古称脍残鱼，又名白小。唐代大诗人杜甫曾有《白小》诗说：“白小群分命，天然二寸鱼。细微沾水族，风俗当园蔬。人肆银花乱，倾箱雪片虚。生成犹舍卵，尽其义何如。”这诗句写得很形象。

据医书记载：“银鱼小而剔透，洁白晶莹，纤柔圆嫩，浑体透明，品质上乘的体长 6 厘米左右，农历九月出水，银鱼肉质细嫩，味道鲜美，是极富钙质的鱼类，营养学家将它列为长寿食品。”它的“补肺清金、滋阴补虚”、益脾健胃，加生姜健胃和中。用于脾胃虚弱，饮食减少或呕逆。亦可用于小儿疳积、营养不良等功效，被誉为水中珍品，海水银鱼一般个大，在日本被称为“海中人参”。

银鱼是烹饪中时令性地域性极强的食材，《简明中国烹饪辞典》中说其“北方、南方沿海均有出产，体细长，圆柱形、肉嫩，多用于炒、炸和制汤”。

下面来说说银鱼的吃法。

首先是根据大小选择不同的方法。体较大新鲜的银鱼，春夏季节，可蒸、炸。鱼腌渍后拍粉清炸，或清洗后加葱姜汁盐、料酒、胡椒粉腌渍后，整条拍干生粉，挂脆皮糊，色拉油炸成浅黄色，随花椒盐、番茄沙司上席蘸食。也可剁椒蒸，有外脆、内鲜嫩、形美的特点。中、小型新鲜银鱼，洗净沥水后，可掺入全鸡蛋液制成香葱涨蛋银鱼、香椿鸡蛋炒银鱼，或与土鸡蛋加 60℃的温水蒸银鱼。若用鸡蛋清加盐、味精、少许水淀粉与银鱼同炒，称为芙蓉银鱼，特点是鲜嫩鱼细，本味突出。

其次是根据银鱼质地选择烹调方法。过去在银鱼上市的季节，没有冷藏设备，渔民将捕捞的银鱼晒干出售。厨师把银鱼放温水中泡一刻钟，沥水，在四五成油温中拉油（行话，即快速加热出锅，去腥、成熟不碎），另起锅油煸干红椒、葱姜蒜炒香，下入银鱼干，再放入酱油、少许糖等调料，因季节也可加青红椒、蒜苗等拌匀入味至熟出锅。可冷吃，不加辅料；热食，下酒、下饭。冷冻制品的银鱼洗净拌酒再洗去腥，拌入猪肉蓉中，挤成小圆饼状，油煎两面后与鲜菌砂锅炖，冬季特色，鲜香。

还有一些银鱼的常见食法，如发财（或莼菜）银鱼羹：将水发黑发菜与银鱼、蛋皮丝、熟火腿丝、高汤一起烧沸，勾芡、沥香油、撒香菜末，有鲜烫香的感觉。又如汆汤银鱼：锅煸香葱，加清水烧沸，调味下洗净的新鲜银鱼，见转色，倒入碗中搅散的三个鸡蛋液，撒入胡椒粉或滴几滴猪油即成，方便新鲜。还有将银鱼斩细成蓉调味，做成蛋卷、汆鱼丸或滚三色丝成绣球银鱼，笼蒸后浇咸鲜汁上席食用。

银鱼，美丽漂亮，它物稀。银鱼，味鲜肉嫩，它珍贵。银鱼，一年生，季节性强，它苛求生长环境。据说，银鱼自找石刺、剖腹产籽，这种精神可歌可泣，加上银鱼三个动人的传说，称其圣洁不为过吧。

银鱼以其形、以其色、以其故事、以其献身精神，变成我们把盘中玉食，把它视作圣洁的化身吧。因它美味、因它奇异的故事，让我们记住她：圣洁银鱼，它是大自然赐给我们的水中精灵！

2012.10.22 23:11 于六合

食碱

生活中常见到碱，碱的来源我不清楚，碱在工业中的使用我也不清楚，厨房加工食品中对碱的科学使用和要求，我也不十分清楚。那来谈什么呢?

碱不是食材、不是调料，但在厨房中不可缺少，在菜点中有时不能没有它。碱是烹饪中的一种多用途的边缘性材料，它不属于五味范畴，不是营养品，不是药膳材料，但它在厨房中的使用有着悠久历史。如今在各类菜谱中鲜有介绍，但是它的确是烹饪产品中举足轻重的材料。

碱，又称石碱。碱用于工业（染色等），称工业用碱（碳酸钠）。食品行业使用的碱，又称为食用碱（碳酸钠 Na_2CO_3）。前者杂质多，后者纯净，分子式相同。食用碱呈固体状态，圆形，色洁白，易溶于水。食用碱并不是一种常用调味品，它只是一种食品疏松剂和肉类嫩化剂，能使干货原料迅速涨发，软化纤维，还可去除发面团的酸味。适当地使用碱可为食品带来极佳的色、香、味、形，以增进人们的食欲。食用碱大量应用于食品加工上，如面条、面包、馒头等。

碱，是一种深加工产品，在营养学上它属于矿物质，和盐同属边缘性物质，在烹饪方面它不属于主料、配料、调料，原扬州烹饪学院聂凤乔教授，根据中医君、臣、佐、使模式来划分，把碱和水等列为佐助料一栏。

碱，多年来不为食客和厨师重视，国家相关法律法规也无具体的使用细则和严格的要求，极少有人认为它们与健康长寿有联系。

常在报纸上或媒体上看到关于工业用盐、工业用碱代替食用盐和食用碱的报道，从厨几十年，在专业培训班上未见介绍过它们，至今不认识何为工业用碱、工业用盐。相信有许多人和我同样也有这一疑问。为了写本文，查了资料才恍然大悟。

从学艺起，使用过的碱性物质有两种：一是白色大方块，边沿粗糙，每块重约一斤的碱，称为石碱，常用于清除灶上油渍之用，放在温入水中，去污效果更好，农村人用它洗头发，认为有“劲”（去头发油脂快）；另一种是浅黄色不规则片状，有厚有薄，小时候听大人（家长）讲“土造的，少用点，有毒”，商店不敢卖。因碱价格低廉，不是正规厂生产，但使用效果去污力更好，一般农村有流动货郎担偷偷（悄悄）买卖。人们买回碱常用于洗衣、洗鞋用，肥皂属计划商品，每户一月半块（农民用不起香皂，就是有钱也买不到，年轻人结婚，托人买两块放在香皂盒中，算是一个摆件）。学厨后，才知碱的用途更广泛，碱性物质还不止一种，全国各地名称和种类也不一样，下面细说吧。

一、碱的种类

用于烹饪的碱类物质有多种。常用的有口碱（即食用碱）、苏打粉、枧水（广东使用的称呼）、臭素、氨水等带有碱性作用的粉状或透明液体。北方地区将一种植物烧成灰，加水中和过滤，仅用于兰州拉面，称为蓬灰水。很多地方将块状的碱用于发酵、清洁卫生、清洗动物内脏、炸油条等方面。

二、碱性物质的作用

一是清洗作用。猪肚、猪肠在清洗前加点浓碱水和盐一起抓揉搓，有去污去异味的效果，出品白，若碱过多则会渗透肌体内部使其变黄，影响外观和香气。厨房油烟常年熏染灶具，用浓热碱水清洗，去污力强。陈年火腿温水泡 3 小时后，用 60℃温碱水清洗污物，效果好。烤乳猪腌过充气后，用碱水洗去乳猪皮油渍，再烫抹饴糖、醋精，烤出后美观，是必不可少的工序。

二是酸碱中和。面团经加老酵助发后，因有杂菌混入产生酸味，加进淡碱水面团中，用软布盖上醒一刻钟，搓馒头、包肉包松软白亮。

三是防腐功能。苏州人喜食细细的阳春面，夏季面筋易受潮湿空气中的杂菌腐蚀，易发酵生水，故在和面时加入浓碱水，使面条便于存放，呈黄色，入口，老人认为是淡淡的碱香气。馄饨皮中加碱是同样的原理。

四是增强营养素的吸收。玉米中含有赖氨酸，加碱煮食，让人体吸收更充分，不易生癞皮病。大麦（青稞）去皮壳取仁，粉碎成细粒，加碱煮稀饭，呈浅红色，夏季凉透食用，去热减暑火。浙江农村用竹叶包粽子，在米中加碱，认为有香气，成一风俗。

五是蛋类变性作用。鸭蛋外用泥巴包裹数月，泥中掺有碱和磷化锌等物质，使蛋白变性，成为带有松花的固体皮蛋。

六是膨胀作用。干鱿鱼、干墨鱼是由鲜制品干制而成，为了让其恢复吸水效果，用浓碱水浸泡，使其纤维膨胀吸水，处理后，便于成型成熟。

七是丰富口感。在虾仁、鱼片、牛肉片、鸡片、鸡丁、鱼蓉、肉丝、猪肉蓉等动物性原料中加点碱，有清洗增白功效，还有易上劲吸水功能，成品成熟后白亮鲜嫩，出品率也高，如蚝油牛肉中加碱有易熟嫩滑的功效。虾仁放碱性，烹调后在口中有弹性，鱼蓉中加碱水，油炸后膨大如球，兼去鱼腥味。

八是调节体内酸碱平衡。人体吸收的营养素分为酸性和碱性两大类。酸性物质主要存在于动物性原料中；碱性物质主要存在于植物性原料中，海产品、水果类含偏碱性物质较多。苏打饼干含碱，有益于胃酸过多的人食用，血脂过高的人，多改善饮食结构，常食醋、茶、参、豆类，增加碱性来源，有益于酸碱平衡，减轻“三高”症状。

三、认识酸性与碱性

在营养学上，一般将食品分成酸性食品和碱性食品两大类。食品的酸碱性与其本身的pH无关（味道是酸的食品不一定是酸性食品），主要是食品经过消化、吸收、代谢后，最后在人体内变成酸性或碱性的物质来界定。

食品中偏碱性的原料，如葡萄、茶叶、海带芽、海带、柠檬、青梅菊花、薄荷、地黄、白芍、西洋参、沙参、决明子等。

食品中偏酸性原料，如蛋黄、奶酪、点心、乌鱼子、柴鱼、鱼片、培根（熏肉）、鸡肉、三文鱼、猪肉、鳗鱼、牛肉、面包、小麦、奶油、马肉等。

碱的使用与作用远不止这些，如今有的厨师为了出品效果，在涨发燕窝、海参、干鲍中加入碱，对食品营养就会造成破坏。加工新鲜蔬菜，绝对不能用碱性来出色，否则维生素尽失。碱虽有益于人体酸碱平衡，但因碱有苦味，且毕竟不属于食材，多食误食会伤身，人体却需碱质，需遵医嘱，通过自然食材来摄入碱性成分。

人体皮肤接触碱有灼痛感，尽量少接触强碱。厨师为对消费者负责，应慎用碱，浓碱存在菜品中，对消化系统有伤害。

厨房没设交警式岗位，厨师讲厨风厨德，不要滥用碱，更不用明知有害的碱质，如鱿鱼水发剂、嫩肉粉等。顾客是衣食父母，心诚伺候，刀下匀中，是否有益健康，心知道，天知道。

食碱是一种辅材，熟悉它，使用它，发挥它，是厨者应知的常识。

2012.11.22 12:00于南京

暑天说鸡

火炉南京进入暑期了，关于暑天如何把吃与保健结合起来，营养专家、烹饪专家、中医专家、文化专家以及各家媒体轮番上阵，讲解如何吃、如何保健。

本人有闲，上午准备去买只小公鸡回来，古有“小暑黄鳝赛人参”之说，不能天天吃长鱼吧。早上起床晚了，九点半到市场公鸡毛都没了，无奈买了乌鱼和小母鸡回来。

拎着鸡回来，自宰自烫自开膛，麻利得很，八分钟一气呵成，去肠、洗肫剥去鸡内金，抽出鸡气管、食管，抽拉出鸡嗉、拔去鸡上下尖嘴壳，抹去鸡舌皮、割去鸡尾、剪去爪尖……

爱人问我，小鸡怎么吃？心想，清炸、油淋倒不错，我不想喝酒，清蒸吧。鸡红烧吧，一只鸡斤把重，肉收缩，出锅全是骨头；酱爆鸡，味道应该不错，突出了鲜香，在盛夏季节，又开胃下饭，只是川味豆瓣酱用完了。只好说，就拿它炖新鲜的苦瓜吧，立刻遭到执刀人断喝，苦瓜炖鸡，汤好喝吗？我不想纠结下去了，不想再细说把苦瓜切条焯水后，待鸡熟，放入苦瓜炖二分钟调味即可的方法，便说随你吧，我在楼上电脑前，听到飘来一句“那就还是拿鸡来烧粉丝吧”。

中午按时开饭，见一大碗粉丝烧仔鸡，汤白粉丝透明，鸡的鲜香飘到面前，还有一丝胡椒粉夹着煸蒜头的香辣味，鸡肉与皮、骨头若即若离，火候恰到好处，心想不错，对得起鸡了，没烧失败，没有糟蹋鸡的品质。

品尝了鸡肴之后，很合口味，熟鸡肉放在生抽蒜泥中蘸一下，又丰富了口味。觉得地道的土鸡，传统的方法，家乡的吃法，还是那个味道。

这又提醒我一个事，上午江苏名厨王浩来电，说是在安徽大别山吃过一道菜，以嫩毛豆来与溪水虾仁一起用搅拌机打细，掺少许面粉，在平锅中摊出薄饼改刀，与鲜菌类高汤同烩，味道很好，可食性强，让我帮助起个名字。我提出建议，豆泥鲜、嫩、绿，是时令东西，虾起鲜出味，辅以菌，味当然好，如何在形态上调整一下，让专家感到有艺术特点。我同时推荐三个菜名供他参考：乡情、绿野仙综、山乡巨变。中午他回复我，喜欢乡情这个名字。

古有“少小离家老大回，乡音未改鬓毛衰”的诗句。人生，无论事业多么辉煌，但饮食的特点基本不变，朱元璋当了皇帝还不忘年少讨饭时吃过的“翡翠白玉汤”。因此，乡味是乡情的符号，乡情体现在乡味之中。

人到了一定的年龄，阅历丰富了，回头望去，人生也就那么几个阶段，也就那么几句顺耳的话，那么几件顺心的事，轰轰烈烈的落幕和悄无声息的离去，大家都是一个样，正如《红楼梦》中所言：跌落成泥化成灰。

何不如在热似蒸笼的酷暑里，吃碗拌凉粉、挖一勺大西瓜送到口中，苦瓜拌花生米、黄瓜丝拌凉面，来一碗小鸡烧粉条，高兴时来听啤酒，吃了喝了，生活何等惬意，咱们还有何求？

2015.6.1 20:46 于六合

“蒜”不清

早晨，在行驶的地铁上写了一篇随意性短文《不能“蒜”了》，引起朋友们的关注，心里喜滋滋的，觉得意犹未尽。这会儿在宿舍里把蒜类烹饪方面的体会，简单地盘“蒜”（算）一下吧。

上午盐城老乡诗人周阳生先生给我留言“还是蒜了吧”。据我理解，他的意思是，肯定了大蒜在生活中的意义。于是乘兴继续想想，我对大蒜（老家称谓）的印象。

我舅舅家在县郊，以种蔬菜为职业，大队名字就叫蔬菜大队。

小时候放暑假，就去舅舅家住几天。母亲不喜欢他，怨他把外公留给他的房产一间一间拆了卖了，最后仅住一间丁头舍子，他喜淮剧，今称是票友，卖家底子的钱，被他吃了玩了。

举一例，我亲身的体会。他在不高的房梁上，用三根细线，吊着半个红皮大萝卜，一斤多，头朝上，切去了尾半段，在萝卜切口处，挖出中间“肉”，呈凹形，里面排上剥去皮的大蒜瓣，倒上水，阳光从低矮的窗户射进来，它们也得到了照顾，在冬季里萝卜里储存了水，头朝下，但发芽，长出鹅黄的嫩叶，三五个叶子有四五厘米长，挺抢眼的，上端里的蒜遇阳光也发了芽，长成苗，笔直向上，叶子大了，会垂下来，上绿下黄中间红，三色一体，这样一个土盆景，我觉得真好看，心里想，长大了我也做个试试。

舅舅会吃，他吃细挂面，程序是：先是草锅点火烧水，一会儿看着灶口，时不时添把火；取稍大的用于盛面条用的碗，筷子挑块猪油放入，冬天冷猪油板结挖不动，把筷头放锅中用热水烫一下，再挑猪油就方便了，猪油块就如大蚕豆大小一般，倒上滨海产的三伏酱油，再挑点粉状味精；眼见锅中烧水的响声越来越大，舅舅不慌不忙的，踮着脚，伸手从那半截萝卜里摘几根青蒜叶，放在无水的木板上切细末，很均匀，备用；这时，锅中水开（沸）了，下入挂面，用筷子将面拨散，加半碗冷水，加盖添火；见水又开了，细面条浮起，先用铜勺舀一勺面汤于面碗中，然后，用筷子下锅轻轻挑起面条，下面用勺子接着，在面碗上空停下，面稍先入碗中，右手腕向外，筷头一转，面条呈平铺状，整齐地排在碗中，浮在表面上；不急，还没好呢，见舅舅转身用菜刀平铲木板上的青蒜“花”，均匀地撒在滚烫的冒着热气的面条之上，边上漂着融化了的圆形猪油花，这时，身边没有沧桑的淮剧拉调，空中弥漫着诱人的青蒜香和复合的鲜香。

几十年过去了，那一碗面，从美食美学角度来讲，舅舅的那碗面和今天酒席上城里人讲的阳春面差不多，说明他对吃是有领悟性的，房子卖了，换来一碗面的程序和对平凡生活的追求，也是值得的。

有时候，回老家常念起空气中弥漫的浓浓蒜香和青青翠翠的绿色，那温馨的画面，随着岁月的炊烟，也渐渐地模糊起来了。

这就是我年少时对青蒜的记忆。

在厨房里，对蒜头的使用，专业研究的论文不多见，本人也多年不上灶了，说点“碎碎念”吧。

端午近了，母亲常讲一句话：“端午不在地，中秋不在家。”意思是，端午节前，地里长的蒜成熟了，蒜头必须挖出来，过了端午再起（挖），蒜头就散了，味也弱了；中秋不在家，就是中秋节前，大蒜该下种入土了，晚（迟）了，过了季节，温度低了，不利于蒜苗的生长。

在农村，也有医疗偏方，就是在端午前后，取整蒜头，埋放在燃烧后的柴禾灰中，几分钟后将其取出剥去焦皮，取出蒜瓣食用，入口香而不辣，且有炭火的香味，吃后可治头痛，我吃过。

大蒜，是统称，细分有蒜头、蒜薹（又称蒜苗）和青蒜（整棵蒜叶）。

早期，蒜头多用于烧鱼，去去腥气。夏天，剥几瓣蒜头，刀一拍，斩细蓉，拌拌小瓜菜（菜瓜），或者加酱油拌凉粉，至于城里人用酱瓜丝豆芽拌面，农村人不具备那条件呢。

地里长的青蒜苗，在春节期间最贵，猪肉七毛二一斤，经霜打后仅剩杆的蒜柱状蒜五毛一斤，接近肉价。

没办法，苏北里下河地区，春节各家办春酒必须选它用于主配料。20世纪70年代，春节是无青菜的，菠菜都冻枯了，想吃青椒无异于“卧冰求鲤”了。

贵得吓人的青蒜，切细撒在烩皮肚、烩团子等菜肴上，或撒在烩仔乌和烧鱼做羹的上面，可添色添味。

还用它炒猪肝、鱼片、猪肚条等，烩羊肉用青蒜不多的，加点香菜吧。

冬天全靠它，用它是习惯，也无其他可选了。

大蒜头，近几年得势了，用它泡醋说是降血脂的，用它烧盱眙龙虾，不懂什么理，龙虾出锅抓几把生青椒、生蒜头，仅在热汤中烫了一下，是否出味出香，真不知道。

现在有人发明蒜蓉龙虾，斩细，有说油炒一下，有说用它烧一下出味，时下流行好吃个头大、干净、壳薄的龙虾，加了很多蒜。我习惯吃开源阁和财大的龙虾，他们烧虾时加的蒜个性鲜明，无论是主味还是辅味，均恰到好处，符合烹饪原理。

我学生于丙辰等朋友，请我吃过山东大蒜头，用山东石臼加盐捣的蒜蓉掺了香油，盛在碗中泛着亮光，入口也不太辣，用它蘸着熟肉吃真过瘾，没学会，仍念着呢。

我喜欢热猪油浸后的蒜头与洋葱香菜梗、红乳头葱等铺于砂锅中，把剁成大块、拌上调料的鱼头铺在上面，用火慢焗十五分钟。出锅那香气才诱人呢，那鱼块上粘连着味汁，附着芡粉，鱼头入口有浓浓的蒜香，并且鱼肉滑嫩，妙不可言。在上海瑞景人家吃过，还有南通的一个厨师做过。

蒜的加工用途广泛，主味辅味均香气逼人，许多大厨非常熟练地使用蒜。

安徽新东方汪幸生老师，他对蒜研究得透，把川、粤、闽三地使用蒜的技术融合起来，我听他对我介绍过。

烹饪用蒜，见仁见智，不分彼此，各有个性。在清静的夜晚，在学校的明亮的灯光下，让我在这里说蒜、忆蒜、记蒜，越来越觉得我的视野窄了，认识浅了，感觉在这日渐红火的白色蒜头，犹如披了一层银色的外套，大放光彩，咱也算了吧，面对未来的蒜山，不断涌出的新派蒜味，大呼一声，我真的“蒜”不清了。

2018.6.5 22:32 于仙林

童话般的脆嘣嘣

乍看题目，还有点趣味吧，是的。不仅如此，还有很多的生活故事呢。

本人铁了心，晚年要住在有块地的地方。地不必大，几十平方米足矣，有块“立足之地”，可以激发我的生活乐趣，栽几棵果树，长排葱，秧点蒜，这样烧肉煮鱼就不必抓瞎，饭菜也有味了。

有地，就如手中握一存款折子，随心所欲啦。

这不，今春三月，在门前巴掌大的地方，撒了一撮萝卜籽。经过翻地、洒水、播种、施肥之后，每日观察种子的变化，不足三月倒也长成一棵棵像样的“小妞”，碧绿的嫩叶看似百褶裙，翘翘地立着。我歪过头看，叶下的地表皮露出一抹红色，那就是小精灵，南京人的最爱，也是初尝春味打牙祭不可或缺的角儿，名叫洋花萝卜。

连根带叶拔出来，用井水冲洗一下，细看也煞是很美，很适合乡下人的审美观，叶子绿得可爱，小圆球状的东西，红红的，还留着一个小辫子，晃如一个机灵的丫头，摇头晃脑，穿着一身细皮红衣，真的喜庆。

嫩萝卜叶子（又称缨子）被“拿下”，洗过切细，老法是加盐抓一下，摆一会儿，再用双手捧起挤一下，加点香油拌一下，再找一个纯白色的薄胎碟子装上，那绿盈盈的颜色，初入口的清香及牙齿轻咬的嫩感，就不用形容了。

如果拌上香干或炸花生，下酒就不用提了，用竹筷夹一块，轻轻放入口中的惬意早已胜过那名酒下肚的舒坦，有一句话可形容，此情此境感觉真好。

再寻常不过的小小萝卜，在老南京人心目中，早春不用它做两样，那是没体会到春的感觉。

有吃法简单的，如北方拍黄瓜般，这小玩意圆鼓鼓的不太听话，在砧板上乱窜，经厨刀一拍“粉身碎骨”，再迅速抓把糖，倒上生抽，淋上香油，再倒上香醋，然后放较大的盆中，三颠二拌，里外全有味，水润润、油亮亮地装入盘中，那真是一盘透着春气，抢眼惹味夺魂的精灵。

有人看到精灵一词，可能不以为然，不就是个萝卜嘛，至于那么吹，忽悠谁呢?

一块“破”石头，在工匠手中可成为价值连城的艺术品，一盘入口脆脆的糖醋洋花萝卜，如果放在美国白宫的宴会之上，可能是镁光灯下的焦点，还有谁会小看它呢。

当然，不是靠环境来包装，就这一小碟，首先是南京地区独有，其次是加工，符合“极简”的程式，现做现吃不绕手，最后就是入口脆嘣嘣的新鲜啊，这与水、气候、品种有关。

洋花萝卜，在餐桌上是非常讨喜的味道，用它进行冷热烹饪均受欢迎，能在南京餐桌上站住脚、立下根，必有其特有的个性。

一小把带叶的洋花萝卜，用稻草在腰部系一下，放在透气的菜篮中，从几分钱一把到现在十多元一斤，这物，小孩看见立马来精神，抓在手中在胸前衣上擦一下水气，迅速入口，一脸的笑意，为什么？脆嫩无渣还不辣。

一味食材，市场上偶尔遇到，多是过去的样子，不是大小不一就是质老死辣，不敢下手，现在自己种自己尝，无人来抢，别人只剩羡慕了。

小小萝卜，是一方饮食文化的载体，每一个南京人心中都有对这“小东西”的深深记忆。

春天里，三两好友相聚一起，尝一口脆嘣嘣的洋花萝卜，不也是满足了一回口腹之欲吗？不也是回忆了一次曾经的童话生活吗？

2019.5.1 10:31 于去泗阳路上

喜茄

夏季蔬果市场品种当然很丰富，蔬果颜色赤橙黄绿青蓝紫，地下、水中、架上等产地蔬果琳琅满目。农贸市场的繁华，体现了地区整体生活品质的提高。

人对吃的追求是无止境的，但是难免也有点遗憾。夏至节气，和春秋两季相比较，绿叶菜类如苋菜、木耳菜、生菜、韭菜等，颠来倒去，也就那么几个品种罢了。

人是灵长类动物，善于总结和挖掘。饮食也不例外，叶菜类少了，应时的瓜果豆类还是有的。西红柿、丝瓜、冬瓜、黄瓜、苦瓜、藕、萝卜、豇豆等，可烧、炒、腌、拌、炸、烩等，每种加上配的禽类和畜类及干货辅料搭配，也就丰富起来了。

饭桌上依然是色香物美，筷头是闲不下来的。

这两天，我关注了菜市场，发现正在上市的头茬茄子受喜爱的不多，价格不如冬瓜，沦落到少有人问津的地步。

对茄子，我个人是不喜欢它的，那紫黑色不讨眼睛喜欢，茄子生吃一嘴涩味，传统茄子的还是不规则的弯形，不好改刀。

将它刨去皮切条，浪费多，将其切丝炒肉丝青椒，火候难控制，过火三四秒，在锅中多翻两下那丝就烂糊了，不足的地方多着呢。它还易吸水，在清洗的过程中，如海绵，死命吸水，将其倒入锅中瞬间开始吐水，在手抓淀粉的时候，它熟了，勾下锅，迅速成团饼状。

更气人的是，茄子皮厚，入口吐出难看，不吐喉咙咽不下去，去皮切滚刀块，焯水后形没了，全都萎靡不振。

改革开放之后，茄子受到年轻人的喜欢，这还是广东和香港传入南京的，先是粤菜咸鱼茄子煲，后来发展成脆皮茄夹、椒盐沙司两种口味。

但那茄子选材不是咱本地的细长弯弯的紫皮茄子，而是广东来的圆球形青皮大茄子。一个茄子有半斤多，那东西如土豆便于改刀，见氧气发黑也慢，不用浸泡。咸鱼粒（海鳗鱼也有咸肉粒），加蒜粒炝锅，倒入拉过油的茄头，煸炒翻拌之后，加勺汤和蚝油，白糖不可或缺，加盖略焖，调味勾芡，倒入浅底煲中，再加热至沸，上面有小葱花冒着香气，油汪汪的，风风光光上席，真受人欢迎。

亮点在哪？烫，刺激舌尖；复合味，茄子包容性强，吸收味道，不像冬瓜和豆腐不吸味还排外。

还有茄子烂乎乎的感觉，拌饭、醒口都好吃。那茄子调色调味之后，从“群众演员”跃升为四线“名星”了，有人纳闷，咱江苏咋就烧不出名茄子味呢？

说白了，那东西价贱，味道再好没人夸，若有谁不识时务地夸着茄馔，倒会让人瞧你没吃过好东西似的。

文化人不会去夸它，连画家也不会正眼看它，见过以紫藤入画，很少见紫茄子入画的，谁家中堂挂一幅茄子，那不是自损打脸吗？

说文化人不喜欢它，我认为这是文化观念原因。

20世纪80年代初，江苏资深烹饪大师、镇江京口饭店经理俞嘉仁对我讲"犟茄子"，形容人脾气固执不随和。他又说，民间讲这话是有道理的，烹调茄子必加点酱，无酱不出味，不香不鲜。还说，用甜面酱爆茄子，味道就是香，茄子本身无个性、也无味，经过油脂与葱姜蒜和酱一起加热，香和味就出来了。想起一句话，三个臭皮匠顶上一个诸葛亮，这里体现出团队的好处。

现代人不是喜欢茄子，可以讲是格外喜欢。广东人在茄子加工上又前进了一步，选笔直略粗的茄子，剞牡丹花刀，用盐腌，撒上生粉，夹上猪肉蓉，放漏勺中，入五成油温中炸熟，装盘，浇上鱼香味汁，其中就有剁细的郫县豆瓣酱，还是少不了酱。

2003年，我受高炳义大师推荐到吉林延吉办美食节，那边冬天近零下20℃，蔬菜没有南方丰富，大锅菜食堂，在夏季收进很多茄子，回来开水烫一下，冷水冲过，一包一包，十斤一袋，下入冷库，留着冬天用。

冬天外面下着大雪，室内围炉中煮的是猪肉块、宽粉条、土豆块和茄子炖一锅，再来勺辣酱，热乎乎的，下饭御寒，这就是东北乱炖的源头，茄子在那还真是个宝，解决了冬天里缺少蔬菜的难题。

佛家人眼中，样样是宝，从不厚此薄彼，从这方面认识生活或许会拓宽人的格局。

在东北，人们把大茄子蒸了，手撕成条，加上酱和蒜与辣油一拌，就着白酒，这可是下酒菜呢。

在老家，茄的发音为“xié”，对于不听话的小男生，称为斜头，音与茄头、邪头相近。故，凡与茄沾上边的，都不是好印象。

动笔前，计划原名为《茄头》，待文章写成之后，见茄子的印象也不算太差，就另选了一个名字《喜茄》。

现代人的观念在变，不会因传统的习俗而附从。很多人是喜欢茄子的，因色紫，夏天紫色菜稀少，有茄子来补充绿叶菜的不足，它还有保健功效，相信大家会越来越喜欢茄子的。

2019.6.23 7:40 于横梁

闲话海螺

海螺，生长于大海，属贝壳类，家族庞大，种类很多。国内外，深海、浅海都有不同形态和色彩的海螺身影。

具有观赏性的野生海螺非常稀少。从海边工艺品摊上，可以见到很多干净美观的海螺壳，不见肉，也就不知晓它们的味道了。

用于烹饪的海螺品种有限，本人把仅知的海螺常识，简略说说。

海螺进入南京市场较晚，大约在 20 世纪 90 年代初，出现在下关水产批发市场。海螺在少数海产品摊位上有售，大小不均匀，因运输关系，基本上属于冻货。那个时代，南京市的供应商不会调制人造海水，若遇淡水不久它就死翘翘了。我们那时不敢买回海螺加工，一是肉取不出（后来才知道用剪刀尖挑出）；二是听老同志讲，可炒，但是炒不好，咬不动；三是不出数，几十元买回，加工后，装盘塌在盘底，让客人不敢下筷子。因此，对海螺技术了解不多。

2009 年到宁波北仑工作，认识了不少海货，那里的小海螺一斤有十五至二十只。将小海螺洗净用沸水烫一下，浇点雪菜卤，加米酒和盐烫煮一下，就可上桌。

对于三四两一只的中等海螺，挖出螺头，用盐、醋抓几下，洗去黏液，顺着圆平批成片，加盐、生粉上浆，也有加苏打粉，烹调时焯水、氽汤或者滑油，再与洋葱或芦笋、菜薹、西芹等因标准选择白炒，特点是脆嫩鲜。那时不敢做，怕失手，现在看来很简单。

小海螺直接焯水后，取肉蘸生抽食，大的取肉批片氽汤，味很鲜，讲究的用老母鸡汤氽，连着原汁汤分小碗，撒白胡椒粉，咸鲜味，有滋补功效，螺片极薄脆嫩，略有甜味。

海螺当中有一种黄螺，被加工成罐头，冒充鲍鱼，由每听 25 元摇身卖到六七十元，20 世纪 80 年代中期，有的饭店采购员不认识，见罐头上有鲍鱼的字样，就把黄螺肉当成鲍鱼买回。

活黄螺在夏季上市，一个二三斤，我曾经收藏了一个完整的壳子，用作烟灰缸，也有点纪念的意义，时间不长，兴趣转移，就丢弃了。黄螺肉挖出，开水烫后，刮去花纹（如蛇皮状），切薄片炒拌、熟炝均可，略老，有嚼头，在汕头见把黄螺肉斩大块，用高压锅压三十分钟，取出做盅汤，味鲜，汤乳白。

福建闽南菜有炝海螺，不是响螺，个头长大，肉质白嫩，初加工汤焯后调味，是闽菜一绝。由两位姓强的师傅制作，《中国烹饪》杂志介绍过。

福建、浙江、山东等省的沿海城市，擅长烹调海螺，今晚我爱人胆大，把海螺烫后取肉，洗去杂物，切片加葱蒜煸炒下入清水，烧沸，加胡椒粉，味也不错，螺片蘸芥末生抽，肉质、汤味鲜，煮久会觉得太老。

由此，建议朋友们，不要被稀有原料吓住，不要被所谓的完整形状、传说束缚住，当然，也不要盲目瞎做，只要按合适烹调方法加工，扬原食材特点之长，以调味品掩盖食材的不足，这样做，也就八九不离十了。

本人才疏技薄，聊到此，一点浅见，全当讲故事，别笑话为感。

2015.4.16 23:09 于龙口东海地域

闲话猪腰

昨晚在兴隆大街的向东私房菜馆和朋友小聚，点了一道猪腰菜。

炒青韭垫底，约两只全腰直切薄片，加盐，料酒一起焯水后，放在韭菜上面，浇味汁，溅熟油，上桌冒热气，散发葱蒜香气，伸筷尝试，味不错。有辣有酸有麻，只是猪腰色深些，质稍老，腰核（俗称腰骚）无太浓异味，考虑到临时点菜，猜想厨房的冻猪腰急用来不及浸泡，血水未出净吧。但仍是上桌能吃的菜品。

有猪就有猪腰。猪肉与人体蛋白质结构相似率在95%以上。猪与人类有着不解之缘。汉字宝盖头下面有豕，豕古称猪，合起来就是文字“家”。家里养有猪，象征着财富，过年杀猪，象征着富有和幸福。

一头猪有两只猪腰。中医认为，以状补状。中医文献记载，猪腰有补肾气，通膀胱之功效。

猪腰入馔，由来已久。尤其是农村办宴，猪腰是一种常用食材，氽汤，炒腰花加青蒜、洋葱、青椒或荸荠，后来是笋片、木耳等，因季节，它们是炒腰花常见的配料。

猪腰的烹调方法有炒，拌，炝，卤，烤，涮，炖等多种。烹调味型有咸鲜，咸辣，椒麻，鱼香，蚝油，轻糖醋等。讲究口味，一般是选择咸鲜复合味；讲究清爽，选择细加工；讲究美观，配饰原色材料美化。

猪腰的初步处理有两个目标：一个是去色，另一个是去异味。去色的方法是：腰子对剖成两大片，平刀法批去腰核白筋部分，用滴水浸泡一小时，见涨发增厚，将其取出改刀，也有改刀后用滴水浸泡，沥水，去掉血色，突出灰白褐色。去异味，通常有两种方法：其一是猪腰改刀后，用葱姜花椒水浸泡去异味；其二是改刀后的猪腰，清水泡后沥干，烹调前用料酒拌一下，入油或入水，去除异味。

猪腰的品质鉴定：未入过冰箱结过冰的猪腰，即杀猪后 4 ～ 6 小时之内的猪腰，统称新鲜猪腰。这样的腰子，始终干燥，摆放数小时，无血水渗出。当然，也有的品质有所不同，一猪一品质，大小颜色有差异，深黄色是有病猪腰，忌食。深红紫色腰子，出品色暗，异味重；粉色的，表皮细嫩腥气轻的，腰核洁白无血污者，无论腰子大小皆为上品。

经冰冻后的猪腰，营养价值没有大变化，只是猪腰摆下来易出血水，腰肉质感不够坚挺，无弹性，不便剞花刀，出品有明显异味。

猪腰的刀工处理有鱼鳃刀花、麦穗刀花、核桃刀花 、夹刀刀花等。因此，猪腰常常是考核厨师基本功的食材之一。

烹饪猪腰，有人追求质感，讲究鲜嫩。有时菜肴上桌，腰片渗出血水，若遇到带有病毒的猪腰，加热时间短，细菌杀灭不净，细菌容易传播。因此，主张科学烹调。

猪腰烹调也有讲究，除选料和刀工之外，腰花表面细嫩，不易入味，又需快速出锅，以兑汁芡烹调方法较多，效果好，味道稳定。

猪腰含胆固醇较高，老年人及血脂高者慎食。

食品材料的营养研究，虽然有突破，但仍不够全面深入。试想，只要食者喜欢，身体能够适应，尝尝还是有必要的，况且一物一性，博食将是保障人体健康的趋势。

2014.2.13 于河西

小菜的故事

小菜小碟，小菜有味，小菜下饭，小菜精致，小菜醒味，小菜不可缺，小菜是陪衬，小菜嗒嗒……这就是小菜的特点。

20 世纪 50 年代出生，六七十年代学艺，对厨行分工不算太细，农村家传的厨师，还没有考级的乡厨，一般是厨房里外一把抓，案子（初加工切配）、上锅（烫炸、炒、烧烩）一人全兼了，称为全能。

乡里或县城的饭店，有的会有分为冷菜、炉子、白案（煮饭、下面）工种。

改革开放后，旅游城市餐饮首先发展起来，恢复了厨房技术性工种的分工，细分为炉、案、碟、点四类。

那时，对小菜没什么讲究，小菜与宴席还没大关系，如今小菜被列入冷菜类。对小菜的印象是不咸就辣，再就是品种单调。家庭如萝卜干、腌咸菜、泡菜等品种，商店里常有的是豆腐乳、什锦菜、酱瓜等。

20 世纪 70 年代末，部队官兵的下饭小菜很简单，外购的萝卜干，回来洗一下切丁，用油炒一下。另外是自腌的雪菜或高根白，切细加葱炒，那是战士吃的。掺入白干、煮黄豆，那是营以上伙食单位吃的。至于咸菜煎豆腐、韭菜炒千张、白菜炒粉丝等热炒下饭小菜，那是多年以后的伙食。

小菜最早是不上酒宴的，因为色黑且暗、苦、咸，就是上桌，也没人动筷子。假如有哪家用自腌小菜上桌，就会被认为是凑数、经济条件差。那个年代，招待客人，以荤料大肉大鱼，家禽、水产为主，不敢全素端上桌，实在是拿不出，也在全素中加几根肉丝同炒，也算撑了面子。

我在部队很多不同级别的单位都工作过，对部队的伙食规格是熟悉的。

部队一年有两次会餐，即八一建军节和春节。这两个节日高出平时的伙食质量，费用来自平时省一点和上级补一点、连队种菜、养猪贴一点，这样节过了，伙食改善了。战士过节后，吃得好，不想家，吃什么写信报给家人，士兵心情好，军心也稳，这就是一个好的炊事班长，顶半个指导员的由来。

20 世纪 80 年代中期，我先进入军区机关食堂，后又转入山西路军人俱乐部，又回军区机关伙食单位，各级伙食都差不多，因为伙房食标准是全军统一核发，区别在口味好、做的精细上。伙食好的来源，是连队农副产品丰富，因为有大片菜地补给，还有就是机关与地方军民共建，赠送一点，至于大城市内战士伙食费略高，但无菜地，品质基本拉平。

小菜用于宴席，在部队系统里最早的是在华东饭店。有一次，有一个参会人员规格很高的会议在华东饭店召开，第一餐欢迎宴，非常重要，从领导的重视程度看，压力很大。当时不懂，认为吃餐饭有什么要紧，菜单由厨房根据餐标拟出，逐级上交审阅后，再交到军区党委办公室，由主任专送至司令、政委的秘书，送交给首长分别看后，如没有其他要求，厨房则开始备料下单。

外人不知饭店的门道，以为同样的标准，同样的菜，其他无异。

区别是有的，分不同规格。台布选用有新旧之分，有用口布和餐巾纸之分。有八冷堞（四荤四素、六荤二素）之分，有八冷碟八调味碟之分，又有加一花式图案冷碟、加一组食品雕刻之分，冷拼碟子的图案和食品雕刻的精细度也有区分，至于茶水和茶叶的区别，龙井与碧螺春，相差太大，因季节使用毛巾，冷、热都有讲究。

那一晚，台面是八冷碟，外加八调味，理由是调味中八种，免补八荤碟中缺素的营养不平衡，免补口味单一、台面色彩不丰富、免补下酒食材料不足的情况。

记得那几种小菜分别是油炸花生、挂霜桃仁、扬州酱菜、生姜干丝、腌菜花、醋泡蒜头、腌红椒、雪冬笋等。

从那时起，小菜开始进入宴席，可醒口、可佐味，可甜可辣，满足了台面上的细微需求。

现在生活水平，饮食品味都提高了，吃无禁忌，野菜、土菜都登上大雅之堂了，主要是现代饮食科学化、人性化、个性化了。

我觉得，流行好吃就是热情，好看就是面子，新奇就是时尚，至于小菜入席，也没人嫌弃大头菜、萝卜干、榨菜、土豆丝了，合口味就是美食，有共鸣就是重视。

从小菜看，现在烹饪繁荣，让人惊喜，让人困惑，喜的是开发创新，日新月异，惑的是本味少了，功夫菜不多见了，传统变了，这就是现实。与时俱进便是智慧，固守精华同样也是一种态度。

餐饮业服务于人，尽心细心就是认真，出品长期稳定就是诚信，互相理解，释然也是境界。

小菜是饮食中的陪衬，小菜可醒味蕾，小菜是饮食的源头之一，随着文化发展，研究源头，当不忘小菜，感念小菜与人类生活共存。

2015.11.11 23:16 于横梁

猪头经（上）

猪头是烹饪原材料之一，是民间百姓喜爱的食材。

猪头是春节家家腌制肉类的必备食材，它挂在梁上就有年味了，它是生活富足的象征，平时不能随便吃，只有“二月二”可以例外。农历二月初二这一天是春节中的最后一个节日，叫“龙抬头”，是大地万物都开始复苏的标志性节日。北方农民要把最好的祭品供上给龙王吃，“二月二”吃猪头肉也就成了吉祥的习俗。

猪头有一菜多味之香，因肉多、肥腴、气派、价廉，猪头菜可冷可热，四季制作它有一定的规律，是年年创新的佳肴。

猪头治菜，选料、初加工、分类、刮洗、烹饪（扒、红烧、卤、炸等）、装盆、点缀和加辅料蝴蝶夹、葱、酱等系统流水线，都有讲究。

猪头在古代是祭奠祖先、供奉上天的供品。在《中国百年散文》一书中，白薇写于1937年的散文《我的家乡》中记载："祭坛上香烛之外，摆设巨大的猪头，羊、鹅、鸡、鲤鱼，及无数盘的珍肴，美果，这些上面都盖上大红纸剪的灵巧图案模样，如猪头上盖的花样就像猪……"

一、挑选猪头看猪俊脸

无论是腌、卤、烧、扒猪头菜，必选细皮白肉嫩俊俏的猪头脸。常见的猪有白猪、黑猪、进口猪种、野猪、家养猪、养殖场饲养猪等，公母也有不同，还有浙江东阳、云南宣威加工火腿的个性极品猪和湖南加工腊肉的乡野土猪。制作金华火腿的主料，选择东阳产的特型黑猪，其猪后腿坯料瘦多肥少，加工后皮薄瘦肉鲜红，成熟后有浓烈的香气。作为传统的卤猪头，常选猪脸长、面平整、个头在7～9斤的黑猪脸为佳，面皮、耳无淤血、无破损，切口处血污少，猪脖子上端淋巴少的健康猪头。少数黑猪脸，皮厚毛粗、凹陷褶皱多的猪头特难加工，毛难拔净，挖肉破相，削肉有猪毛根留存。还有的猪腮帮过肥，厚达十几厘米，不入味，难上色，食客不喜欢，这就看加工者如何灵活施技了。

二、一毛不拔留瑕疵

猪头有两种去毛方法。

第一种是传统手工拔毛法。先将猪头放入80℃的水温池中，用钝菜刀刮洗去血污和猪毛，切除枣状淋巴瘤，然后把猪嘴朝上竖在案子上，用镊子拔出一根根余毛，先拔猪下巴脖子上的毛，然后是猪脸、猪耳、猪眼睛上的毛和刀切口处边缘的毛，用菜刀按顺序刮净，不留一毛。在猪耳眼跟处各切一刀，深 2 厘米，剜挖去两个猪耳洞，再把猪头面朝下，嘴朝内平放，用刀在下巴猪腮处顺长对切两半，用刀尖贴着左右下巴骨向下划切，用手指头勾出猪舌（口条），再把猪嘴尖转向自己，用砍刀先将下巴丫骨中间对称砍断裂。猪头换位，仍下巴朝上，嘴朝外，在猪脑壳处下刀，劈开两半延伸到猪鼻处，面皮相连，取出猪脑和猪牙板上齿形脆骨。两手抓猪耳，用明火燎去猪细绒毛，放水中浸泡 1 ～ 2 小时去血水（冬天自腌猪头不用清泡，直接放在浓盐水中，用石块压泡）。

第二种去毛方法是将旧脸盆或专用铁锅上放入 3/5 沥青油和 2/5 松香块，明火烧至融化，手抓猪头在锅中滚一下立即拿出投入冷水中，剥出沥青松香混合物，放回锅中，重复利用。猪毛也一并剥离净，再把猪头用温水刮洗劈开，方法同前（此法拔毛猪头，有化学污染，不宜自腌）。

三、焯水刮舌煮猪脸

泡水后的各半片猪头，放沸水中焯水烫两三分钟捞取，放入冷水池中，洗净猪头上的浮沫，将唇鼻上下内外洗净，用刀跟刮去舌上白苔洗净，细找有无余毛拔净。

锅中放入猪头，加水、葱、姜、料酒漫过猪头，烧沸，去浮沫，加木盖，转小火煮十分钟，头翻身复盖上，再煮二十分钟左右，用竹筷戳猪头厚处，能戳至骨不冒血污，约八成熟，即捞出冷却。取一双筷子，插至猪鼻下上唇处，见肉离骨，再用筷子插至眼处，左手扳骨右手别筷子，使猪脸完整骨肉分离备用。

四、老卤煮透香味出

猪头成菜的首席代表菜为卤猪头，又称为熏猪头。卤猪头调料复杂，有的如符离集烧鸡调味方法，有的加陈皮、大枣、干红椒、香茅等味乱、味杂了，土菜土法，真味传统味道是烹饪目标。我的建议是：取煮猪头原汤，加盐、老抽王、炒过的八角（大料）、桂皮、青葱、姜拍松、料酒，少许白糖、味精，用碟子扣压于卤下，煮沸十分钟，离火浸十分钟入味，取出冷却，用毛笔刷香油，光亮保湿。调料比例，无法精确细述，因品牌火候皆有差异。掌握调料用途，美化助味去腥臭是宗旨。酱油上色，遮肥肉白腻之嫌，过多色黑不美，深红如枣咖啡色，久看不厌；盐，去腥定味解腻，适中适口；糖辅助厚味，葱姜增香，八角桂皮之中，鸭用花椒、猪用八角，有以一当十之效果（将各种香料包一袋，用后出味取出）。

何谓老卤？即卤猪头的卤汤留存，隔天重复用原卤补加调味品，连续四次使用，第四次出品定比一二三次佳，之后味越陈越香，注意，必用肉汤不可加清水。

煮得透火候到位，形整不腻。煮时短不入味，味不出香，日日添汤添味，待功夫到，味自出来。卤猪头以江苏六合和盐城二地最有名气，相传成名于晚清。20 世纪 90 年代我以此菜在中山陵八号制作，军区和地方领导共同欢庆八一建军节，现已成八号特色菜。

2013.5.5　21:50 于六合东

猪头经（下）

上一篇所讲的主要内容是猪头的初加工和卤猪头的体会，这一篇部主要讲猪头热菜、名菜的知识。无论猪头制作冷菜、热菜或其他风味菜，共同特点是有色、有味、糯烂（腌除外）。在农村毕竟有猪头上不了桌（台）面之说，认为它是猪的边料，不肥不瘦，有肥有瘦，有皮有骨，粗看字意相近，细化数字化比较后就有缺陷，肥而欠腴，瘦而久香，唇、耳、舌、眼等各部位口味、质感不一，上桌不便布菜（分食）等。中国传统文化有突出主次之分，还有平均、中庸之说，因此猪头的不足就暴露出来，哪块最佳？见仁见智。农村大多切大块烹调，各取一块，碰运气罢了。

猪头在历史上是重要的祭祀贡品，认为它的威严是祭祖大件重器，小辈婚嫁大事也不敢擅自使用，因此，猪头菜肴过去一直是边缘菜。官府酒楼不大忌讳，猪头大菜多用于接待上级官员，所以成为名菜，或许是一种身份的象征。

一、经典扒烧整猪头

扒烧整猪头，原是宿迁地方风味菜，经不断完善成为淮扬名菜，它也是镇扬三头宴之一的菜品。据镇江烹饪大师潘镇平介绍，20 世纪 80 年代在镇江金山宾馆制作金山三头宴，猪头完整地扒在大盘中，光亮红润，酥烂软滑，耳、舌由服务员现场切分，其他部分用调羹（汤匙）轻划分离，入口即化，香气醇浓。扒烧整猪头影响久远。

具体做法大同小异，一厨一法，有加面酱，有添冰糖，有施饴糖，更有带骨卤熟，出骨浇卤芡。扬州大厨将生出骨的猪头焯水后，将它扒放在竹篦上，上火添卤焖热，即以猪头为主料红烧、红扒、红焖而制成的全头菜。

二、六合猪头肉

六合猪头肉早在晚清时即享有盛名，主料选用地方土猪，经手工去毛、沥尽血水、老卤腌制、旺火煮沸、文火焖烂等工序制成。具有香、透、洁的特色，食客“闻到开胃，进口即化，一抿下肚”，视感清畅利爽，口感肥而不腻。民国以后，大约有 20 家店铺经营猪头肉，其在选材、加工、用料、火候上都很有讲究。

历史上猪头肉诙称“扒猪脸”，诗云“长鬣大耳肥含膘，嫩荷叶破青青包”，指的就是荷叶包的猪头肉。

南京的“六合猪头肉”驰名于清乾隆十二年，距今已二百六十余载。据传，乾隆南巡，每次经过六合，必定点名品尝猪头肉。百姓闻皇上如此褒奖，为感念“皇恩”，特将为乾隆烹制猪头肉时的卤汁保留，并兑入新汤里，日复一日，六合的猪头肉遂有“乾隆老汤”猪头肉之美称。到了咸丰年间，“六合猪头肉”已誉满大江南北。

烹制六合猪头肉的味美，源自选材烹制上的考究。

首先，猪必定选用六合北部山区的土种“散步猪”。这种猪漫山遍野觅食，肉味纯正。

其次，加工精细，烹制工艺极其严格，有30多道工序，皆由大师傅担当。猪头全部用人工拔毛，漂净沥干后，去腥增香，用百年老卤浸透，才放入锅中，加入百年汤料，用松木火紧煮慢炖，旺火煮沸、文火焖烂，四五个小时后，方可出锅。具体做法如下。

①将猪头治净后劈开，割除耳圈、眼角、淋巴结块、鼻肉软骨及杂物。猪脑另作它用。将剔去骨的猪头肉切成5块，放入清水中，反复刮洗，去尽杂物血污后，放清水锅中焯水20分钟，再捞出洗净。

②将焯水洗净的猪头肉放清水锅中连同头骨一起煮开，撇去浮沫，煮至五成熟。捞出稍凉，改棋子块，汤倒入盆内澄清待用。

③另取净锅上火，加白糖炒成糖色，盛入碗内待用。接着将澄清的原汤放入锅中，放入猪头肉，加糖色、酱油、白糖、精盐、绍酒调好色。用纱布袋装入八角、花椒、小茴香、丁香、桂皮、葱、姜，扎好放入锅中，小火将猪头肉焖至酥烂，除去浮油，然后大火稠浓汤汁即成。

美食特色为色泽红润，香糯浓醇，咸甜适度，肥而不腻。

“闻到开胃口，进口即化，一抿下肚”，肥肉酥烂，精肉鲜香，味纯而嫩，糯香润滑。尤其是腮帮上那块“核桃肉”，属于猪头肉中的精华，酥烂润滑，异香馥郁，而且经过长时间焖煮，猪头肉中脂肪含量已降至极低，食之绝无发胖之虞。吃时若是蘸点香醋，定会不由自主生出“人间美味”的感叹。

猪头是美味之一，但中医有记载，称为“犯物”，有大病初愈的人，不主张吃猪头肉。猪头价格始终低于猪肉，属于民间菜，经济实惠。在加工方面，有的带骨上桌，有的半片带骨卤熟油炸后，撒上干红椒末熟芝麻，或有将咸猪头与春笋同蒸入馔，猪头大小老嫩不一，均因猪头而异，分类烹调。

四川有人把猪头放火中烧焦黄出硬皮，再用清水泡、刮洗，有去异去腻之功，然后烹调。苏北人食猪头肉，喜蘸点醋和蒜花吃，别有风味。猪脑是保健品，可涮火锅入煲，与人参、枸杞入盅蒸炖，细嫩味鲜滋补。关于烹饪猪头的经验之谈，挂一漏万，请同行朋友指正为感，愿猪头美味，乐享人间，愿猪头史话源远流长，愿卤猪头之法，地久天长。

2013.5.5　21:50 于六合东

猪油志（上）

猪油，生猪宰杀后存在于猪胸腔两侧的大块油脂，经熬、炸、煮（又称炼）后渗溢出的透明液体，俗称为猪油、猪大油、荤油等。猪油常温下为固体状态（暑天除外），零度以下储藏猪油，板实更坚固。

猪油是烹调中常用的油脂，有导热作用；猪油用于煎、炒、炸，有添香作用；猪油口感油润，作用于菜肴有光泽。猪油在常温下，不溶于水，在高于100℃的水中，有蛋白质参与部分乳化，转化成乳白色汤汁（如鲫鱼汤），有鲜香、稠浓、奶白的特点。猪油在10℃以下，菜肴冷却后上浮油脂冷却凝固，不讨喜，影响卖相和食欲。

猪油，是调料、烹调辅料、油亮增白剂，是传统烹饪本色（原色）的最佳油料。因色拉油的出现，猪油才被定位于特殊菜点的辅助料。

猪油是营养素之一，属于饱和脂肪酸，参与人体新陈代谢，每克猪油在人体内产生9000卡热量。

猪油在《本草纲目》有记载：补虚润燥、解毒、治燥咳、皮肤皲裂等作用。近代西方营养学上研究认为，猪油的脂肪酸性质较植物性油脂中的不饱和脂肪酸相比，若摄入量过多而运动量过低，易沉积于心血管中。故有专家建议，减少摄入量，但毕竟动、植物油脂各有特点，不宜因噎废食，这对任何食材的食用选择是明智的，不食、嗜食都欠科学依据。

猪油与面粉揉和，加糖制成一定的规格形状后，经烤制成熟就制成了早桃酥。它与水和面掺合重叠多层，因烹调方法和馅心不同，产生不同的名点，如包豆沙油浸成熟即称为酥点；包萝卜丝、火腿馅，撒上芝麻入烤炉至熟，称为黄桥烧饼；在加糖的发酵面中，添加猪油重叠浇层，点缀红绿丝粒蒸熟，切菱形方块，称为千层油糕。它更是传统苏式、广式月饼不可或缺的材料。

猪油，不同经济情况的家庭对之有不同态度，缺时是宝，多时是草。我们应发现猪油的特点，掌握其规律，合理科学的运用，对于烹饪、对于健康有着不可替代的意义。这里说点猪油在传统烹饪中的使用现象，供热爱烹饪事业的朋友参考。

2013.5.9 23:25 于横梁

猪油志（下）

猪油，当属老味道之列。它是人类食用、将它作为导热介质和调味等，应该算是最早的原材料之一。

周八珍之一——淳熬，就如现在的盖浇饭，没有它的参与，味从何来?

或许有人讲羊、牛也有脂肪吧，从人类早期食用的动物类中，经研究，油脂来源最早还是来自猪类。就是现代生活习惯，大家过年还是以腌猪肉制品较为广泛，腌制牛羊肉的毕竟为数不多。

现在厨房的猪油来自两个方面：一是自加工炼制猪油，特点是香气浓，有少许杂质，这种油多用于热菜烹饪；二是从市场上购买的成品猪油，特点是洁白细腻，多用于制作点心，若热衷于在热菜类中使用，那说明厨师的水平有限。

为什么?第二种洁白无杂质的猪油看上去很美，细究起来，其中含有水分，夏季不易保管，这类油具体是通过什么方式提炼出来的，厨师也不问，挖一勺就用。我猜测是通过蒸汽压力锅加工而成，这种形式不会超过 102℃。所以它的出品，无火气、洁白，也有一个弱点，烹调后入口无猪油特有的香气。

以它掺入面粉中，用在比赛制作的酥点上比较好，成品出锅是白色，皮包酥、天鹅酥、茶壶酥等，层次很清楚。

言归正传，前一部分对猪油已大致进行了介绍，后面这部分主要讲常见的技能性知识，如选料、炼油、烹调、食用、增味。

一、选料炼油

中餐热菜中使用猪油导热的有广东风味，猪油用于大良炒鲜奶、沈阳的芙蓉鸡片、镇江的油浸鱼球、苏州的清炒虾仁等菜品中，在色拉油还未进入厨房时（20 世纪七八十年代），菜肴出品白、嫩、鲜，全靠洁白透明的猪油来导热，猪油的品质关系到出品的效果。

接着就讲选材炼油的几点常识，这类油脂主要取黑猪脊背，又称硬肋肥膘和腹腔猪板油（俗称大油）。

在炼油前，先温水洗沥水（去余毛和血污），切均匀小块，下锅中火熬，不停翻炒，见猪油块出来约有 60% 油量，先滗出清油，纱布过滤，作为顶级本色菜肴用油。

继续炼锅中油块，加些葱、姜一起翻炒（也有加少许盐，去腥气），见葱转浅黑、油渣转黄，油产生香气时，用漏勺捞出油渣另用。油过滤后放盆中，用于增香的热菜、羹类、烩菜使用，加红椒熬泡出色，用于火锅、甲鱼羹、水煮鳝片、酸菜鱼片溅油等用途。

二、烹调食用

生活中常见的鲫鱼汤，用猪油煎鲫鱼后，冲沸水，这汤白得快，味也浓，用色拉油的效果就不够好，汤白靠鲜奶、汤鲜靠鸡精。当然，现在生猪饲养期只有过去的1/4，还是瘦肉型猪，肥膘出不了油，有的饲养场公猪不“阉”割，猪油出来一股臊气，只有加酒来压。

江苏传统名菜清蒸鲥鱼（养殖）、刀鱼、鳜鱼离不开猪油，蒸后本色还油润。扬州大煮干丝、金陵炖生敲、四川麻婆豆腐、苏州松鹤楼的黄焖鳗、白汁鼋菜全靠猪油来焖，使之达到香气不外溢，菜品入味，主材酥烂连骨不失其形的程度。

猪油的食用，在20世纪六七十年代因食品来源匮乏，在农村有人家用猪油拌大麦糁饭，就是小灶生活了。我记得原紫金楼老总夏正涛介绍，宁波头炉厨师洗锅（那个年代无煤气），锅底（靠火那面）都用抹布抹后，才烹调菜肴，非常讲究。他曾说：“人家烧鱼羹，芡打好，一份羹中，用手勺慢慢沥沸猪油，使其融入，能掺两勺滚烫的猪油进去，上桌羹面平静不冒一丝热气，服务员必提醒慢用小心烫到，本地人都知道这是一道考厨师工夫的菜，外地人不知被烫到在地上打滚的也有。”

三、增味

会用猪油的厨师现在年龄一般在五十岁上下，这代人对猪油的特性掌握了，合理地使用猪油有丰富味道的益处。

现在有的时尚派厨师认为动物性油脂含饱和脂肪酸，不易被人体吸收，易在人体内积累为由，把猪油赶出厨房。

老食客不知道，仍以传统的标准来吃传统菜，没有了猪油的香气、油润必打折扣了。比如烩皮肚，勾芡后，沥色拉油和沥葱香猪油就是不一样的效果，响油鳝糊中用热猪油浇在蒜蓉上鳝鱼就油润了。

干烧鳜鱼加点猪油，味道就出来了。四川厨师擅调味，没有猪油厨师们好像就不会做菜了，尤其是小煎、小炒、小烧、小烩的菜，猪油遇到小香葱，那香气、那浓汤感就出来了。就连下个龙抄手、拌个担担面，都缺不了猪油。

有人认为，酒店中出品，加点猪油，担心影响顾客的健康。其实，猪油也是营养素之一，在食用时，恰如其分为最好，兼顾吃些素食，吃点香醋，注意点健身，也是有帮助分解消化的作用。

猪油在中国烹饪史上、在对人类健康的贡献上有着功不可没的地位，有了猪油丰富了味道。猪油还丰富了面食制品的种类，如桃酥、宴酥点、月饼等，生活中离不开猪油。

在我老家，有一种食品名字叫鸡油圆子，就把猪板油切丁拌上白糖、糖桂花腌二十余天制作成馅料，然后将水磨糯米干粉用沸水冲后，揉团搓条摘剂拍扁，包上猪油甜馅，下入沸水煮七分钟，取出咬一口，油溢出，香甜无比。

猪油有久食不厌的感觉，没有它生活的味道就不是那个原味了，如一盘简单的炒雪菜加点猪油，立马就香气四溢了。

不多讲了，猪油会在厨房与厨师为友，厨师也应以猪油烹制的美食为荣。

2016.12.5 21:55 于横梁

第三篇

厨房技艺

菜心百搭

菜心，即青菜心也。从事餐饮工作的大厨们，对菜心情有独钟，在菜心的调配上运用“百搭”一词，最恰当不过了。

菜心也是值得研究的课题之一。从研究菜心来讲，青菜种类多样，因地域、季节等因素，有着不一样的口味和特点。今天就和朋友们聊聊百搭的菜心。

南方最著名的有上海青、苏州青、扬州青等边缘性青菜，即适合选用的有南京、镇江、广东等的青菜。因同是青菜，但用它们配著名大菜使其添色助味，较真起来是不够资格的，有人定会认为我在胡说。

有依据参照，广东青菜和江苏青菜，同是一个种，两地种下不超三年，就变种变味。不相信比较一下，广东芥蓝、油麦菜、菜薹等，哪一种可选出美观、娇小、鲜嫩的菜心来呢？因为土壤、阳光照射时间、温差等因素，外地的种子不是不适应生长环境，就是被本地花粉杂交异化了。

南京和江宁、六合及郊县外围长出青菜该不难，可在南京地方名菜中，只有以炖菜为主，其他青菜与知名大菜所选用青菜心时，多选用外埠菜心。

胡长龄大师在《金陵美肴经》的书上介绍，南京黄泥岗万竹园的青菜，有大棵、水分足、梗厚、形美等特点，冬季上市，叶子薄，加热后，易褪色。厨师根据其特点，选择白梗嫩菜心，削去叶，烫后排于砂锅中，上摆火腿、香菇、干贝等，加高汤炖半小时，端出上席，揭盖一阵清香飘出，锅边翻滚，汤清澈，菜心用调羹（即汤匙）舀出，入口即化，附有配料复合味道，怎一个“鲜”字了得，冬季上席，还有温暖添兴的感觉。

南京其他季节也有青菜上市，鸡毛菜比较受欢迎，叶杆翠色，初夏喝一碗汤，不亚于菊花涝的感觉。

青菜是个大家族，分支很多。小区一家就有几个不同色彩、不同叶形的青菜。它们在不同的季节、不同的场合发挥不同的作用，借用古人讲的，天生我材必有用吧。

香菇菜心，是中国名菜，但不是各地的特色菜。有好菜心，才能做出名菜来，有名厨才能做出令人难忘的佳肴来。

翻看烹饪典籍，福建有香菇菜心吗？没有。苏州、上海才是香菇菜心的老家，他们制作不掺杂，认真做，必选梗短细嫩浑身碧青的菜心入馔，春夏杆细长，秋冬菜心切削后呈橄榄形。

制作香菇菜心不是一锅烩，必须是分烧合装盘。香菇是靠加酱油、糖、高汤入味的，还勾芡，在灯光下乌黑油亮，特点滑软，外国人用筷子是夹不起来的，配上翠色菜心，就是简单的二色双味。如同一幅美丽的画卷，有时也会摆成蝴蝶、金鱼、花篮造型，赢得了很多人的赞叹。

南京青菜还有两种吃法：一种是绿柳居的蔬菜包子，另一种是民间的风菜心。前者包子加碱水焯，显色和破坏纤维，加上猪油拌，出笼包子嘴上映出的绿色，是任何美玉无可比拟的。后者在进九的季节里，摘取菜心穿线晾干，春节来客，沸水焯后切细，拌油炸去皮花生，调咸辣甜味，吃时就算被打耳刮子，也不舍得丢筷子。

青菜是筵席中永不退场的配角，高档食材须有它调色，花式菜知了菜心和北京人民大会堂的金鱼菜心，都离不开它。

近几年，经过不断创新，金陵饭店的烫菜心，拌芥末口味，特别受欢迎。苏州、无锡、常常创意冷盘，用菜松点缀，增强了美感。至于民间下面条、烩牛肉、烧杂烩等，把菜心用到极致，它丰富了菜品色彩，又辅助了营养吸收，还让人胃口大开，增添了食欲。

菜心是厨师手中的多变道具，更是生活中不可缺少的一抹风景，我们当然是喜爱它的质朴和平常。

关于菜心之说，纯属蜻蜓点水之作，至于如何扬长避短、如何巧妙科学地选择加工，全凭大厨执刀半分主的技术理念而为之了。

2014.12.27　13:10 于六合

高手在民间

本月初去淮阴某县，在一高速加油站出口见到笼中有几只张鸡。它们浑身全黑色的羽毛、鲜艳的红冠、高高细细的长腿，见个头不大，比鸽子轻，二百克左右。看到它们有点喜欢，想到家里有一个不锈钢鸟笼，可以饲养。问售者，这种鸟吃什么，回道：“稻子。”正巧，家里有。于是便留言，请他们留心，有机会帮我选两只养着玩。

今天下午三点老板将它们送来，活蹦乱跳，告诉我：“这水鸟嘴长会咬人，有野性，会飞，跑得快，抓它要戴手套，估计养不活，这东西脾气坏，什么也不吃，关在笼中会自己气死，有点像麻雀的脾气。”

听他这一介绍，我的热情顿时凉了，一是有危险，二是野生鸡的异味重。突然想起，这是国家保护动物吗？得到回答不是，这才放心，不能因为好奇而犯法，不值得。

我家姑父前几天应邀来南京，八十多岁眼不花、耳不聋，退休前是学校校长，在农村生活几十年，对社会文化、民俗文化了如指掌。

没想到姑父对乡野动物的习性也非常熟悉。老人家见到黑色的水鸟，一眼看出，说名字叫张鸡，姓张的张。姑母问：“为什么姓张不姓别的姓呢？”姑父讲：“水鸟的习性是胆小，站在那里，会不停地张望，因此得名。在农村因见它喜欢选枯芦苇叶，多张叠加在一起浮在水上做窝下蛋，又称它为烂草毯子，还有其他俗名。这个鸟，头顶红冠大为雄性，红冠细长、个头略小为雌性，下的蛋比鸽子蛋大。"

姑父不愧是满腹学问。他接着说："张鸡喜欢在水的下游行走觅食，羽不粘水。不能直接烫，宰杀最好先放血，干拔毛。先趁热拔腹部绒毛，最后拔翅膀大羽毛，这样不会破损皮肤，表皮破了，难拔净。干拔完羽毛，再用热水烫一下，以擦澡的方式，用手指推净余毛。头、颈、腿、爪皮与壳全去净，用剪刀剪去尾尖，剖腹去内脏，心、肝、肫留下可食用。"经姑父这样一讲，让我入神了。我讲，长这么大，还是第一次听说有这么多讲究。

姑父还讲："张鸡春天羽毛好拔，冬天是长毛季节最难拔，毛管子在皮肤内。秋天它吃莲蓬最内行，因嘴尖细长，吃成熟的莲子快得很，一口一个。"姑父观察得真细，他不讲，谁知道？又有谁来研究总结呢？

姑父听我讲不会加工野味，他介绍说："这小型野鸟，大骨都是空心，小骨都是软的，为的是减轻体重飞得快。在斩时，最好一刀斩断，若肉相连斩两次，碎骨多，容易卡嗓子。"这可是真经。

他继续介绍吃的方法："这东西，主要是吃味，肉不多。飞禽与家禽还是有区别的，野味就是吃那鲜味。张鸡瘦肉多，生炒肉收缩，满盘骨头，吃不出东西，最好整个的炖。熟烂后拆去骨，手撕熟肉，用原汁汤烩，这样肉吸收汤的味汁，吃在口中不会有柴的感觉。"经他这一提醒，想起淮阴名菜甲鱼羹，不就是这样加工的嘛。

姑父讲："张鸡生长在水中，因它不吃鱼，肉无腥膻之气。如果是专吃鱼类的水禽，再怎么加工，还是很腥。"难怪《吕氏春秋》中有水居者腥之说……

几只黑水鸡，引出这么多学问，真是活到老，学到老，还有许多没学好。姑父不懂烹饪，凭他几十年的生活经历就介绍了这么多知识和技术，真可谓"顶级烹饪技术来自民间"。

长辈的阅历和生活经验，让我敬佩，让我幸运，让我学到了书本上没有记载的或早晚失传的生活经验。

这几只张鸡如何处理？见到它们美丽的身姿不忍下手，明天找个有水的地方让它们去自由吧。

2016.4.28 21:36 于横梁

滑炒鱼丝浅见

炒鱼丝是厨师们再熟悉不过的菜，虽然厨房人大多熟悉此菜，但在酒店的菜单上很少见到其身影，为何？因为这个菜磨手费事，因为这个菜选料必是新鲜活鱼，因为这个菜难掌握、易失手，在筵席上多是以鱼片的形式出场。

炒鱼丝，有两种：其一是将活鱼取肉斩细蓉，调味上劲成缔子，装入特制的三角形布袋中，用力挤成粗细均匀的鱼丝如细毛线状，下入三至四成热的油中，浸熟浮起捞出，另起锅，葱姜炝锅，加汤调味勾明芡，或者加少许配料菜叶、蛋皮丝拌入鱼丝，亮油出锅，又称炒鱼线；其二是取鳜鱼、乌鱼、草鱼、青鱼等鱼肉，片去靠在鱼皮处的鱼红，取净鱼白肉，切长四厘米左右的丝，细如粗毛线状，200 克左右，清水洗泡五分钟，沥水，毛巾吸干水，加盐、料酒、湿生粉、葱姜汁，鸡蛋清上浆上劲，上覆膜静醒十分钟左右，再加 100 克色拉油封面。

配料青椒、嫩芹、嫩芦蒿、红椒、胡萝卜或竹笋、木耳，根据季节不同，主料占 60% ～ 80%，配料少，占 20% ～ 40% 的比例，根据色彩需要，与葱姜均切长短粗细相仿的丝状，约 100 克。

锅上火烧热，镇锅，加油润滑，下入熟猪油、色拉油各半，约 750 克，待油温上升至四成热，锅不离火，下入丝划油，筷子轻拨搅，见松散无连接浮起，速离火倒出沥油。

另起锅，下油少许，煸葱姜出味，下入焯过水的三色配料，加盐煸后加汤调味，倒入鱼丝，勾薄芡，沥葱油拌匀出锅装盘。

特点：鱼丝形状整齐饱满，洁白油亮，鱼丝外包芡汁，丝丝清晰，味鲜质嫩，色彩美观，咸鲜细嫩可口。炒鱼丝既是考核厨师选料、刀工、上浆、划油、滑炒、装盘等方面的基本功，也是高档宴请能争分的细菜。

这道菜的制作重点有三点。

第一，活鱼宰杀待 2 小时后取肉质嫩白鲜，活杀现宰取肉，熟后色较浅红。黑鱼、鳜鱼因是肉食鱼，质老，上浆可添加清水和苏打粉增脆嫩感，夏季鱼在生长期，鱼肉松散易碎。

第二，划油油温不宜低于三成，出锅不低于四成，这样粉浆受热凝固，保护鱼丝不断，煸炒配料尽量少出色，影响白亮，口味太淡则腥，突出料酒、葱姜、白胡椒粉香味。

第三，芡多则流，芡少不亮则干，恰当轻翻，故取名滑炒。人工饲养的鱼生长期短，上浆慎加水。

以上所见，希望同行补充完善。

2014.3.20 20:00于河西

说鲫鱼

我喜欢吃鲫鱼。鲫鱼与鲢鱼、鲤鱼、草鱼、黄鱼、鳊鱼、马鲛鱼摆在一起，仍喜欢鲫鱼。有人较真，有鳜鱼、鲥鱼、多宝鱼、鲈鱼在一起，选择什么鱼？我坚定地回答，仍是喜欢鲫鱼。

鲫鱼是普通的一种淡水鱼，大者可达400克左右，这是指20世纪70年代时期鲫鱼的大小，现在市场上杂交鲫鱼750克，也不稀奇。

我这人天生好吃，在熟悉的人面前，有时吃的没品，我自己也承认，自认可口的，忍不住多夹几筷子，有满足感，为什么呢？一个字：馋。

鲫鱼刺多，许多人不敢碰它，一吃喉咙就卡住了，我是有经验的人。今天不妨介绍一下。

若吃红烧鲫鱼，咸鲜、咸辣或者其中加几个河虾、黄豆、花生米、萝卜、香菜等单一复合烧的，只要是活鱼，野生鱼更好，我全能接受。

我吃鱼的步骤是这样的。

第一步，一条整鲫鱼，约 150 克，在碟中，头朝左，背向自己，用筷子夹抹拉出背、胸鳍，放入口中吸尽卤汁，顺便吸出刺皮，内含有钙质。

第二步，用筷尖沿脊背肉与腹部肉的分界线拨开，取背肉，蘸上卤汁，顺长慢慢剔去“人”字形的细刺吃完。

第三步，用筷尖从鱼腹上端，由左向右慢慢拨退出鱼皮肉，胸骨仍与脊相连，顺序排列一根刺也不掉，挑出鱼肉，这是鲫鱼最佳部位，无刺，小孩、老人放心吃。

第四步，以欣赏的姿态，从鱼身头尾用筷子一夹，如多米诺骨牌一样，一齐刮倒下，夹去胸大刺，露出腹腔内容。

在冬、春季，鱼未产籽肥大，在鱼腹内取出上下两块半瓣的鱼籽硬块，蘸上味汁吃完，这时喝口红酒感觉更好。鱼籽中含有很高的胆固醇，有提供能量的作用，接着夹出鱼膘食用，必蘸味汁，否则腥气无味，尽管有时烧鱼背未打花刀，或烧的时间短，不入味，但含有胶原蛋白，碰上肥鲫鱼，附有油脂，对身体更好，是优质的脂肪酸。

第五步，半片鱼吃完，用筷子将鱼整体翻身，依前法剔出鱼刺鱼肉吃完。

最后是吃鱼头，夹起鱼头，第一口咬鱼唇部，用舌吸卷出唇肉，接着是食左右鱼眼，吐出眼珠，中医讲，以状补状就是补视力。

鱼头中两个重要部位是鱼脑和鱼舌，这两处是美食家们不舍的至味，很多人不懂，扔了。

最后提醒，鱼腹部及胸鳍部位的鱼鳞特腥无肉无味，又称草鞋底，一般在宰杀时，已被削去。鱼尾刺小细密，略有腥气，最易卡喉咙，建议吃到此处，不分神、不讲话，用舌尖慢慢排查出无细刺，才能咽下。

这就是吃鲫鱼的过程，我也是在席上通过观察学习总结出来的（无大才，吃精）。

若是烧鲫鱼汤，必选大河大湖的白银鳞鲫鱼，因湖大水质好，饵料多。小河小沟鱼腹腔黑衣黑厚，突腥有重金属残留。

首先，鉴别野生鲫鱼，看劲力、好蹦，性子大，鱼鳞有光泽，身上无血痕（没病、未受压、未吃药）。野生鲫鱼不像御花园养的鲫鱼那样，吃喝无忧。因野生鲫鱼找一口食物吃一口，故偏瘦，脊背端有菜刀口，故有鲫鱼为刀子鱼（不是长江刀鱼，那不是一个品种）。

接下来是炖鲫鱼汤，有了好的活鱼，还需要本地产的葱、姜、水及本地的豆油、花生油、猪大油，色拉油绝不能下锅，否则必糟蹋了好食材。

做鱼汤的鱼，最好买回养两三日再烹饪，这是经验，没有原理可讲。还有只煎不炸，用沸水冲，汤乳白易出味出色，大火烧开，中火沸半小时，用木杉锅盖盖严，再用湿毛巾补益边缘，高温下，鱼肉骨中的营养充分溶于汤中，食时调味，备白胡椒粉。

关于鱼肉及骨架，一般弃用，偶有捞出，鱼肉蘸生抽、麻油、蒜蓉一起食，不至于浪费。

最后说说鲫鱼的味道。

关于鲫鱼菜类，南京六合有龙池鲫鱼汤，汤上浮几只透亮白色鱼肉丸子和小菜心。

上海葱烧鲫鱼，煎在火功，烧在浓油赤酱，葱香浓郁，深红油亮少汁。甜重于咸，鱼肉紧实靠调味来支撑。

四川风味的是干烧鲫鱼。干烧是一种烹调味型，不是简单的汤少，它的要求是鱼肉鲜嫩，入味油润，味汁复合调料十余种，非常和谐，咸不压甜，甜不掩酸，香不掩蒜，辣不抢味，那是一种调味境界。

鳜鱼、石斑鱼、乌鱼怎么能和鲫鱼比呢？因为它们适应面不够广，鲫鱼可做鱼冻、酥鲫鱼、烤鲫鱼、烹鲫鱼、炒鲫鱼、剁椒鲫鱼、鲫鱼羹等。因此，我是探索“味”的人，喜欢鲫鱼。因是我对它的熟悉，因我认为它不排斥单一味、复合味，还有它的特点是入得田头，进得了厅堂，更有是它具有丰富的营养物质，是对老、幼、病、产妇保健无副作用的大众食材，喜欢它们，给了我的口腹之乐。

鲫鱼，感谢你，因你，让我“馋名”远传，因你，丰富了烹饪的内容……

2015.11.20 13:33 于金域蓝湾

金秋话蟹（一）

螃蟹在餐桌上受到热捧，好像是20世纪80年代初。从新闻联播中见过介绍，阳澄湖大闸蟹销售到香港著名的大酒店，受到香港食客的欢迎。那个年代，阳澄湖的特级蟹全都高价销往香港、广州去了。身边寻常的螃蟹，已经开始分出三六九等了。

我那时在苏州松鹤楼和姑苏饭店学厨。这两个店的顾客，不是内宾官员就是外宾。那时酒店选择螃蟹是有讲究的。我记得那个年代，养蟹人是守本分的，养殖时间不到不打捞，品质不够不出售，季节不到不出水，更不卖“洗澡”蟹（指外地螃蟹放在阳澄湖中养几天，冒充本地出品）。

现在教科书上讲，九至十二月份是吃蟹的季节。记得当时我帮忙用草绳扎蟹，手指冻得红红的，天气是很冷的，那时蟹肉与蟹黄才紧实，现在是风和日丽的季节，蟹的黄是呈浆糊状，好看不中吃，是形不成硬块的，若有这品质出来，当年客人是要投诉的。

昨天我老乡留言，回老家买的蟹不理想，我对她说，要有识蟹眼光。不是我充内行，食材的选择要熟悉食材的标准、上市季节、原料产地和饲料及销售老板的信誉等方面，都是要综合考量的。

很少人研究螃蟹，全国著名的几个螃蟹产地有：阳澄湖、洪泽湖、高邮湖、太湖、固城湖等地，都产螃蟹，各有什么特点？属于什么蟹类？适合蒸、烧、还是挖肉取黄？真要大体了解一下。

阳澄湖产的蟹，腿上绒毛浅黄，蒸熟后称为金毛。阳澄湖产的蟹与长江产的螃蟹、安徽产的蟹相比较是有差异的。

去年深秋，我外甥江梨开车带我去常熟美人腿（地名）岛上去品尝正宗的大闸蟹，每人两只，一公一母，还有本地无污染水域捕捞的鱼虾，吃了一顿难忘而丰盛、也是我引以为荣的一顿美餐。那个店老板自己养殖，自等老客上门来选购。老板自家开饭店，苏州的老客，朋友的朋友相互介绍，三十年积累了不少客户。金秋时节，正是旺季，专程来吃他家的蟹和水产的人络绎不绝。

我外甥向老板介绍了我的职业。我向老板请教，他养的螃蟹为什么好吃？他讲："我养了几十年，说不上多少经验。在我家养蟹的水域，我用手捧到塘里的水可以喝给你看，你就知道这水质如何了。每亩养多少数量是有控制的。刮风下雨，气温高低，我要在船上伺候螃蟹，大意不得，不用心，只抽抽烟、喝喝酒的话是做不出品牌，数不来票子的。"

我到他家后院看水池中待售的蟹，听到咔嘣咔嘣的响声，见有半个干玉米粒飞出池外，我纳闷是怎么回事，老板介绍；"这是螃蟹在吃玉米粒呢。"这真让我开了眼界，螃蟹吃黄玉米，它们成精了。

后来在电视上看到常熟养殖螃蟹的画面，每天喂小鱼小虾，还有剪成段的大带鱼作为饲料喂养，养蟹的水深在一米至一米五，水下不可有太厚的污泥，因为污泥中的微生物直接影响蟹的品质……

从上面亲眼所见就知道，看似青背白腹吐白沫的螃蟹，有的出身卑微，有的出身富贵之家，那内在和“气质”当然是有区别的，那口味能一样吗？

常见有人挑蟹，拣有劲的（乱爬动）、大的、母的，这没错，殊不知，古人吃蟹是有讲究的，有一句俗语：九月团脐十月尖。最早提及的当是北魏贾思勰《齐民要术》，其“藏蟹法”说“九月内取母蟹”；十月以尖脐为肥美。最早注释这句话的原意的当是唐代唐彦谦，其《蟹》诗说“湖田十月清霜堕……尖脐犹胜团脐好”。

什么时令吃什么蟹。团脐，是母蟹的俗称。蟹腹有一大半圆的盖子，这盖子边缘与腹部有间隙，说明这蟹壳内硬蟹黄饱满，蟹黄主要集中在盖壳内。

“十月尖”，指农历十月是吃公蟹的季节。公蟹的腹盖是长形的，这个时候，选个头大的蟹，蒸熟之后，蟹盖下没有什么“好东西”，最诱人的是细润肥腴的那块有黏性、透着亮的油脂，这才是好东西，也是最珍贵的，壳下夹在蟹身中间凹处的那一块。

选蟹鉴蟹还是有讲究的。一句话，选蟹要考虑到这蟹回去如何烹饪调味，有无辅料，是自吃还是请客，讲究品质，就别计较价位。活的、捆绑好的蟹用精包装盒子包装，看似大小一致，知你是馈赠的，里面掺有一两只死的，或者是待售一周瘦的蟹，待你蒸熟蟹后取盖，那蟹鳃不是白的是萎缩转黑的，嗅一下有异味，赶紧扔了，你遇到不良商贩了。

2018.10.6　13:58 于横梁

金秋话蟹（二）

现代人吃大闸蟹，以清蒸为主，近几年无锡、常州、江阴等地流行吃醉蟹。

说起醉蟹，早在 20 世纪 70 年代，源于江苏盐城一带。将三两左右一只的活蟹洗净，用盐腌渍杀菌之后，然后放入小瓷罐中，然后倒上（几种调味料与烈性白酒调成带有酒香和咸中微有点甜的）味汁浸泡，加盖密封三月之后，即可食用。

浙江宁波和舟山等地用海产带膏黄的梭子蟹，用调料腌制后，食用时改刀装碟。那一小碟，块块见黄，每人有一块，江苏的厨师刚去不识货，不喜欢吃也不会装盘。现在江苏流行糟、卤、炝、醉等多种口味，其中以卤的最为流行。

传统的做法是将蟹干蒸之后蘸醋食麻烦，现改为老卤煮，省工序，味也好控制。我尝后觉得好吃、方便、有创意。每年有很多熟蟹销售到东北地区，特受人们欢迎。我感觉常州有的店味道有个性，品相也好，在食蟹以及调味上开创了一条新路。

传统的吃蟹，江苏地区是蒸后趁热佐镇江姜汁香醋，后来有许多人喜欢K型镇江香醋，姜汁香醋倒不流行了。食蟹佐香醋，再加上生姜米，感觉是绝配。这么多年，我在席上见到过略带甜味的小瓶包装醋，一人一个，总觉味淡色也淡些。但在正规场合，从未见人用山西老陈醋佐蘸吃蟹的，个中原因没调查过。

苏州人吃蟹，是在筵席的尾声，食蟹后每人一份茶叶水洗手，去腥。

今天查资料看到上海西郊五号孙兆国大厨介绍的煮蟹方法如下。

①先将水煮开（水以淹没所有的蟹为准），选用的锅要深一些，以便蟹完全浸没在水中。

②开水下锅，水煮沸，放入蟹，倒入100克啤酒，再盖上盖煮开，中火煮3克的蟹7分钟、4克的蟹8分钟、5克的蟹9分钟。

③煮好后关火，盖着盖子闷2分钟即可取出装盘。

此蟹特点如下。

①吃起来更干净。水煮蟹，能将蟹身再洗一遍澡，更干净一些，蒸汽虽然温度高，但不能冲洗蟹身。

②吃起来肉更嫩。蒸汽比水煮的温度要高，而且还是悬空，更容易造成大闸蟹脱水，蟹肉就容易变老了

③吃起来比蒸蟹更有味。

从烹饪方面来讲，食蟹还有剔骨取肉和黄的。如蟹黄汤包，除了肉蓉外，取一斤五六只的蟹，剔壳后，净肉和蟹黄可用葱、姜、猪油炒后拌入。

这种方法，又称炒蟹粉，既保鲜又出味，用于烩皮肚蹄筋等名贵菜。苏州的雪花蟹斗就是炒后勾流芡的净肉，适合高端客群和老人，桌前干净，味道又好，很受人喜爱。

今天中午女儿过来，我早上去选蟹，老板重视帮我挑选。中午将蟹蒸熟后，揭盖只只蟹黄饱满，挺高兴。

见到品质好的蟹，又勾引起我昔日设计蟹味蟹类菜肴的记忆，适合主配料，是蒸、烩、做馅、狮子头、面拖还是其他吃法，立时在脑海中浮现……

哈哈，职业病又犯了。

2018.10.7　21:43 于横梁

看锅

记得年幼时期，父母忙于生计，一边烧饭一边忙于其他事情，常对我们说一句话："去看锅。"

农村土灶，灶前站人，又叫上锅。灶后烧火，有灶壁遮挡住视线，人见不到锅中情况，经常误事。比如锅中煮着易沸的豆浆山芋或者玉米糁子粥时，稍不注意，泡沫状液体就会把木锅盖顶起，液体流出灶台，不仅造成浪费，还要耽误时间用水去抹干净。这时大人叫我们站在锅前，目的就是不要让锅中液体流失出来。于是，我们必须两只眼睛盯着锅盖，先听到锅中有小小的声响，即水在温度作用下的振荡声音，渐渐响起，然后声音逐渐减弱。这就叫响水不开，开水不响。

另一种观察锅开的方法是，锅中煮着东西（食材），烧了一会，锅盖四周先冒出少量蒸汽，不一会儿功夫，见蒸汽由飘散状逐渐转成垂直状，说明锅快开了。这时灶膛里仍有旺火，干软草抽不出来，锅中液体的沸腾不会自动停止，见锅中煮着易沸的食物马上就奔腾起来了，马上左手揭开锅盖，右手上握着一瓢凉水迅速倒入锅内，缓和止沸，口中大喊“锅开了”。灶后烧火人赶快压火抽柴。

还有一种方法，用于大锅，水量或液体较少时，见锅内马上沸滚，先揭锅盖，然后手拿饭勺，扬汤降温，这就是成语“扬汤止沸”的由来。

以上是我的看锅体会，此处看，应读 kān 音，是看护之意。

下面所写看锅内容，看，读 kàn，意思是观察、观看的意思。即我对锅与火，锅与烹饪技术的物理原理的理解及实践操作的体会。

一、锅的诞生

锅是现代生活中必不可少的日用品，是做饭、做菜的炊具。

锅，造型有许多种。细算起来锅的出现，考古发现青铜鼎是锅的始祖，“鼎中之沸”，说的就是鼎中煮着祭祀的食品。人类对铜类制品的开发使用，首先始于饮食。从金属锅出现来讲，距今也约有 3300 年的历史，当始于殷商。从江苏六合春秋古墓中出现的铁条铁球分析，铁锅即铁类制品的出现和使用，距今也有2000多年的历史。

二、保养锅

因锅价廉，品种繁多，很少人有保养锅的意识。炒锅就如士兵手中的武器一样，熟悉它的特点，掌握它的性能，工作起来就会得心应手、事半功倍。

锅，以全铁或以铁和钢类不同比例混合制成，除了大小厚薄之外，最大区别在于生锈和不生锈。生锈少的锅，它们的最大优点是耐用不易损坏，导热快，最大的缺点是不耐高温、不耐久烧和敲打，易变形。有人定会讥笑说，锅不上火，饭菜怎么熟，怕烧还叫锅吗？锅是不怕烹饪火烧，怕的是蠢烧、干烧。

现在厨师上灶台，见锅乌黑放于大火上干烧，至锅周身通红，然后抛入水中，取出后铁锅光亮如新，觉得省事。其实，把锅上火烧热抓把盐，舀半勺次油（即炒菜后的乌油），边烧边用竹刷旋转擦刷，遇热锅吸收油，污物在温度作用和盐摩擦后，用碱水洗一下，光亮光滑，锅反面用钢丝球带热碱水清洗至污渍全无，这样的锅，未经多次烧红，其内部结构没有松散，久用不会脱硝。平常专人专用专锅，烧汤、油炸、滑炒不要混用，下班锅洗净擦干内外水分，高挂通风，隔天使用，无锈渍锈味异味。

三、用锅常识

其一是热锅冷油不粘连。常见厨师锅上火即下油，见油温上升，马上下入主料，这样无论是肉丝、虾仁、芙蓉、煎鱼主料均粘锅，出菜不清爽，必损菜形。科学的方法是：锅上火烧热，抹布擦干水，见抹布无污，即舀一勺净清油，用手勺浇锅内壁一周倒出油，重新根据烹饪的要求舀入油，待温度上升至恰当时候，下入主料，依次依技艺要求烹饪调味，这样菜品始终不会粘锅。

其二是热锅出菜香。有人认为，菜中加了葱姜蒜，味道自然好吃，其实不是的。增香类调味料，需在温度和油脂的参与，才能释放出芳香物质。如绍酒倒入水中，根本没有香气溢出来。还有的调料，用不同的温度产生不同层次的香味，如葱在锅中煸炒出的香气远不及熬猪油至葱枯黄的香气。锅不热菜下锅，虽然慢炒煮熟，味道不会香，色彩不会艳。

其三是好菜不揭锅。蒸馒头，中途下笼，见未熟，复上火重加热，其口味定逊色。日常红烧鱼、糖醋卤排骨、东坡肉、清蒸鲜鱼等一次性定味后，在烹饪过程中切忌常揭锅盖,原因是具体食材与各种调味料在温度的作用下，它们的分子结构和各自含有的物质成分通过化学反应，辣去膻，姜去腥，酒去腻，自我入味，都在互相作用，突然揭开锅盖遇冷，各项活动停止。比如在煮稀饭中途添加凉水，就会影响品质和预期的效果。

烹饪是学无止境的艺术,用心认真研究和学习实践才是唯一的途径。因此,依规律和现象分析对策才会有出品上佳的可能。

锅，熟悉它，保护它，对我们的生活或事业定会有益。

2014.4.12 23:12 于横梁

聊厨艺

下午，无锡名厨王浩从深圳飞到南京，与我聊起当下的厨艺现象，一起讨论之后，摘录如下。

一、关于意境菜

现在关于意境菜的各类比赛展示应接不暇，参赛出品参差不齐，无章无序。市场都在讲，用工成本高，钻研基本功的人员有限，原材料市场新品种也缺乏。于是就有了对策，以“新概念”为突破口，一大盘子上面摆几片，用果酱拖一下，装点些花草就上桌了。菜的口味没人关注，菜量是否够桌上客人，一人一片，是否方便食用，是否符合卫生，也少有人追究了，哪一行不浮躁？

年轻厨师在本酒店的视野有限，于是市场就出现了招徒、培训、比赛、展示的新策略。主办方有明星大厨撑场子，年轻厨师借此认识了同行，思路上受到启发，暂时性得到双赢。

二、关于河豚

河豚有毒，自古有拼死吃河豚之说。生于淡水之中的幼河豚，在生长过程中顺流入海，来年春天结伴返回长江，洄游到长江淡水中产卵，然后返回大海，这样年年复始，因经过淡水、海水的两种环境，形成河豚独特的风味。但在鱼体内血液中，也积蓄了极多的毒素，在处理不当时就有生命危险，这是西宫杨兵研究而得。

在江阴地区人工饲养河豚，河豚不接触海水，体内无毒，大河豚每条重400～500克，因背部花纹不同，品质也有差异。

因此，市场上加工河豚需专业培训。南京某一品牌厨艺学校，一个老师教学一次烧二条河豚，收费一万五，一个愿打一个愿挨。

河豚可以红烧、白汁、生涮、碚面、刺身、取肉斩蓉、包馄饨、汆丸子、水煮片等，就一个重点：去毒，扬其鲜嫩。

三、关于梁溪脆鳝和牛蛙

无锡穆桂英酒店制作的传统名菜梁溪脆膳，48小时内不回软，这就是技术，一招鲜，吃遍天。苏南一家“霸王牛蛙”，其口味突出有个性，客人天天排队，南京有团队去参观学习也吃了，在南京就没一家学会，说明认真的人少了，原创那家，原味快走形了，因为合伙人对选材以次充好了。

四、关于老卤

老卤煮猪头是六合名菜，李连贵熏肉大饼，卤肉是老卤，扬州盐水鹅、南京盐水鸭、安徽符离集烧鸡等，都因老卤出名，有的世代沿用，越久越香。

五、关于粤菜

广东厨技是高端的出品，是高品质的象征，耐吃耐看。

一只鸡，加工后，让你吃了一辈子忘不掉。选择清远仔鸡，鸡粉里外搓揉腌，老汤加老鸡油焖浸熟，才是品质基础。

曾经的新街口荃友俱乐部烹饪的豉油鸡，征服了南京业界，现在影子都没了。因为酒店，每天有开业，也有关门的，支撑名店需要技术，更需要与时俱进的管理。

粤菜热炒讲锅气，靠的是热锅与调味料在极限高温中产生的焦香味，生炒出的鲜嫩质感，有多年的功夫才可为。一份蚝油牛柳，没有名师手把手教，自学五年出也不了头。

因为分析原理的秘诀，就是多问为什么。

六、关于勾芡

勾芡极平常，夏正涛讲，杭州大厨以浓白汤加细嫩料作羹勾芡，出锅掺一大勺沸猪油在其中，上点羹面平静，不小心，一大汤匙吞下肚，能烫死人。

王大厨讲，广式厨师勾芡选品牌粉，根据汤的沸点勾芡，有的透明，有的稠亮，即一样东西百样做，全在厨者是否处处留心总结。

作为一厨师，由生到熟易，长期出稳定的出品不易，做一辈名厨难，难于上青天。厨房不是一个人的事，除了手艺因素，因季节、因食材、因辅料、因团队，有一个环节出差错，就会形似而神不似。

厨师自己修炼出来了，也就出味了。自己尽心努力了，做的多了，功夫就自然出来了。

当大厨，真不容易啊。

2015.9.15　13:45 于江宁

念念不忘的清白

近几天和朋友们聚会多，聊的也多，可能是都到了怀旧的年龄了，在一起，很快就将话题中心转到本行上来了。昨天大家就聊到南京素什锦，这方面，我略知一点，但围绕素什锦还有很多故事呢。

20 世纪 80 年代初，各类菜谱中，没人提起素什锦，认为是南京居民自家过年必备的传统项目，没有刀功和卖相，是亲友往来下酒用的，各家都做，如日常买块豆腐一样，不稀奇。

20 世纪 80 年代中后期，也是旅游业发展的高峰，各饭店宾馆开始挖掘乡土风格，将发现的受人喜爱的菜用于宴席，如溧阳的扎肝就是一个亮点。南京丁山宾馆有个美食研发中心，生炒甲鱼、黑椒牛排、丁香排骨等就在那个时候移植、演变、完善而来的。

我岳父家每年做炒素什锦，用风菜心拌花生米，炒鸡杂等，好吃合口味，那时阅历浅，不晓得好坏，也不晓得哪是正宗的源头。因此，年年吃，从来不问历史，不问过程，心想，乱糟糟的，青色都变黑了，用它上桌招待领导必然挨批，所以从不记录的关注。

听说南京绿柳居也做，谁有钱去买那贵的，自己炒炒就得了，还跑那么远，也没那时间。后来，偶尔在大小饭店见过，有可口的，有正宗味道的，但都不长久，脱供了，如北京东路的食为先，是坚持的，但因费时费工，大家知道了那成本，再好吃，价也上不来，最后哪有傻子做赔本买卖呢。

时间过去多年，市场上食材丰富了，也没人再想起这个上不了大台面，又不算稀奇的老味道。现在大概也只有年过半百的这一批人，到春节在心里念叨一下而已。我有时想写，又没有实践的特长，只有在口头上了解点大概，写不出干货内容来。

也算天意，昨天周树平大师在感叹渐渐远去的老味道，偶然举例说，现在人炒什锦菜都不会。我一听有门道，不打岔，竖起耳朵听他酒后吐真言："荠菜圆子的芥菜是大棚产的，好看且嫩，但不香。南京人过年炒什锦菜，不能少了它，还有霜后就在地上（趴地上）的菠菜，土下是红根子，炒过吃进嘴里甜丝丝的。现在饭店仿做，哪是炒，全是拌，什么味呢？一个味，盐和味精。他们连胡萝卜都不知道怎么加工的，传统上是切或刨成丝，放外面晒一下，外面无水分，还要配上酱瓜条，几种菜合在一起，在嘴里咀嚼，通过比较，味就出来了，因为酱瓜口重，合在一起吃，有醒味对比作用，春节荤的吃多了，吃点素的，解油腻就它最好。现在食材丰富，芹菜、冬笋、黄豆芽、金针菜、干香菇、木耳、胡萝卜和藕丝等，晾干分别用豆油一锅炒一样，然后摊开晾透合拌，色褪的迟。现在很少见腌菜了（高根白），不要叶子，光杆子，挨刀切，用油炒，慢慢煸，油亮亮的，然后再拌进去……"

我问："胡萝卜为什么要晒？"周大师讲："胡萝卜内有水分，加热会出水，水分晒干后，用葱姜豆油煸炒后，水分没有了，没有水渗出，菜就容易保管，不会坏。老规矩是连菠菜也应晾一下，等水分干了再炒，生水没了，汤全是各类菜本身的汁，才出味，也不易走味……”

啊，原来如此，真是做到老，学到老，还有三样没学好。

素什锦，起于何时，源于谁，无证可考。但其味其名已深入人心，坚信它的特点简单与质朴，将与人类一起相伴永远。

有人问，念念不忘易懂，就是传统的味道记在心底里了。那青白呢，青与白，本是指二色，素什锦中食材，不就是以青与白为主嘛，咱常以“咬得菜根则百事可做”为哲理来理解。青白又通清白，古代文人贤士隐于山野，追求自己的理想，远离世俗习气，不沾荤腥，表现他们不与官场为伍的决心，以示清白。

还有抱璞怀玉之说，古时吃素的人受人敬仰，他们的品德与境界和素食一样青白分明，这才是清白之意，也是本人取名的初衷，更是对素什锦的敬畏。

2017.11.27 23:03 于仙林

平凡之中的精致

前几天，在家吃了一份蒸鸡蛋，见在蛋液中仅加了水与盐，无油、葱花、虾皮、味精等辅料，无香气，无卖相，似乎加了点酱油，我带着惊异目光看着女儿雇请的阿姨，她可是有培训基础的，平时做菜也有色有味。我试探性地问道，鸡蛋就这样可以吃了吗？孙阿姨讲：“噢，再加点香油就行了。”

我猜想，再问她会讲，蒸鸡蛋不用加味精、加葱会变黑，南京传统蒸鸡蛋就是这样的。为了不矫情，便低头吃饭不吭声了。饭后想起，平常之物要做出精致来，还是要研究内涵的。

蒸鸡蛋，又称炖鸡蛋、蒸水蛋。从烹调方法上，蒸和炖是以蒸汽和水两种烹饪导热的方式使蛋液凝固成熟，有的里面不加辅料，有的里面可加荤或加素，关于这个还有许多故事呢。

一、记忆中母亲的手艺

母亲不识字但会烹调，她在老家创制了很多菜，主要是因地制宜、就地取材，丰富了口味，变换了花样。比如，我母亲擅长在饭锅里蒸鸡蛋，一举两得，饭熟菜也成了。这样不仅节约了时间和柴禾，而且不用另起锅，还使饭与蛋香气相互补充，饭和蛋都好吃。

有人不解，单独蒸岂不更好？蒸炖鸡蛋，蛋上面会有一层蒸馏水味就差了，与锅盖有关。

经常吃母亲蒸的鸡蛋，鸡蛋液中必加的有豆油（或其他油脂）、葱花、盐、味精，这是基础，变化的有夏天麦地里拣到的白色蘑菇、雨天田埂上长出来的浅绿色地皮菜、早春上市的青嫩毛豆米、蚕豆仁、碎馓子切成节状、油条头改刀、虾皮、海米、熟咸肉粒等辅料。每一碗蒸鸡蛋是由三四只鸡蛋打碎搅匀后加上一两汤匙的辅料（上述其中的辅料），再加水调味和匀，放在快要干汤的饭锅内，盖上木锅盖，再用一块抹布盖在蒸汽出口处，抽掉炉膛柴禾，用火叉拨拨，让余热使饭与蛋在高温环境里分子互相碰撞，二十分钟后揭开锅盖，满堂蛋香。

有人怀疑，鸡蛋不会起蜂窝变老？在那个年代，有得吃，还能纠结其他吗？

二、南京蒸鸡蛋与社会餐饮的差异

传统蒸鸡蛋很简单，如前所述，有时在蒸熟后，浇上生抽。

饭店蒸鸡蛋，有的是蛋清、蛋黄分蒸。新街口小金鹰的菜单有一道来客必点的菜，称虾仁芙蓉蒸蛋，即蛋清蒸蛋成熟后，加 1/3 勺划过油的洁白熟虾仁，撒上碧青香葱叶花，溅点沸油，迅速上席，虾仁油亮，葱香扑鼻，老少皆喊好吃。

有的酒店引用广东、福建的方式，把膏蟹、海蚯蚓、河虾、鲫鱼、鲜蛏、文蛤、烤鸭皮等作为辅料，个客蒸，上桌大气成本低，很受食客欢迎。

我在美食园期间，谭师傅是海安人，他喜欢蒸鸡蛋前加半勺香醋，我见不得那色，闻不得那味，一脸不喜欢，认为糟蹋了鸡蛋的鲜嫩亮。见大家都讲好，吃了几回也习惯了，觉得别致。十多年未吃了，还常想起它来。

三、蒸鸡蛋的花样

天府之国四川厨师，擅做有滋有味的菜，他们会吃，懂得分析、研究、总结。他们以樟树叶作烟熏，做成了樟茶鸭子；做豆腐的下脚料豆渣，用油渣葱末炒一下，打嘴巴舍不得放下筷子；他们蒸鸡蛋加豆浆，蒸出来变化的口味，让你服气。

20 世纪 80 年代参加比赛，以蒸鸡蛋成名的河南厨师，他在清汤中掺入鸡蛋清，碟子中撒上搓细的干贝蓉，倒上蛋液蒸熟，如一张洁白的宣纸。厨师把水发刺参批成薄片，用京葱烧㸆成浓油赤酱，洁白的蛋面上，刺参片摆成两棵椰子树干与叶的形状，像在海风中摇曳，一幅晨曦中的海南风景跃然而出，半只红樱桃镶嵌在“海”的尽头，如初升的太阳……

那道蒸鸡蛋，成了划时代的创新，现在仍是江湖上的传说。

平常的食材，平常的菜品，用心研究必有收获。一道蒸鸡蛋有技术、有美感、有可食性，除了好看好吃之外，还能打动顾客的心，这就是做到了精致。

2016.1.17 午夜于横梁

肉味

说说咱春节期间做的糗事。

今年春节，从大气候看外面冷清，却也是预料之中，但今年我家内部特别热闹。因我住在乡下空间大，生活方便，邀约兄弟姐妹六家二十余人，合在一起共度春节。备年货当然是我的职责，我亲自去市场选。选鲫鱼，问鱼塘大小；选鸡，问鸡吃的粮食还是饲料；选豆腐，问老板是小作坊锅烧还是蒸汽烧；青鱼看鱼鳞是否本色；甲鱼看是否有精神等，近似于矫情。不懂也就罢了，反正与摊贩熟了，人家也实诚不忽悠我，俗话讲，一分钱一分货。

这次尽管选料认真，但在制作加工方面还是栽了跟头。

节前我特别选了一家专营黑毛猪肉的摊点，猪肉符合皮薄、肥白、瘦红、泛光泽的特点，还指定选两头猪臀尖部位，肥瘦均匀，有七八斤，取一大半在现场绞一遍（见肉细嫩，绞两次，就太细了，但入口无肉感），一小半留下用于烧笋干。

按家传方法，回家把绞肉放在小瓦盆中，加葱、姜、蒜等调味料和鸡蛋、芡粉、去汁萝卜碎等依次合和拌上劲，加水、饧放等步骤，一点没含糊。炸出的肉圆，个头中等，色深黄，因盐重香气重，当晚炸了几大盘，自觉满意。第二天，邻居闻到从厨房里泄出去的香气，夸奖香味都飘过去了，我赶紧送点肉圆过去让大家一起分享，过年就是图个开心。

众亲友来了，对肉圆子期望值很高，见他们夸奖好吃，但总觉得不够热烈。我也觉察到了，色、香、形、质感全有了，入口也细嫩，咸淡也适中，也未加香料，老法本味，不该打不响吧，到底缺少点什么，百思不得其解。

春节期间，在饭桌上听我姐夫讲一故事，儿子朋友花六千元托请一人养一头猪，期限两年，养猪人格外用心，猪食不喂饲料全喂自然粮食，传统饲养，待今年过年猪被宰了，猪肉准备分给友人。结果猪被杀了，肥膘占3/5，儿子朋友看后傻了眼，见一堆肥肉，没人要了都嫌肥。席上家人都认为，肥不代表差，肉肯定好吃。因为饲养时间久，猪肉的味道特别香，有肉味。

“有肉味”，一语惊醒梦中人。这句话让我想起，为什么我做的肉圆、烧笋菜肴为什么不被点赞？原因查到了，就是缺少肉味。

原来是选料部位出了问题，我选的部位的特点是纤维细、肥膘嫩，最适合做蒜泥白肉、回锅肉。用小煎小炒快速成熟的方法，才能突出它的选嫩。

真是做到老，不及悟到老。通过在家庭里对肉的加工，让我吸取了一次教训，还是古人聪慧，早说在前：辨证施治，因料施技，才是烹饪出味的真谛。

2016.2.16 14:18 于六合

盛世鸭谭

唐朝文学家王勃在《滕王阁序》中有“落霞与孤鹜齐飞”一句，其中，鹜：音 wù，古又称凫，即野鸭，驯养后，就是指现在鸭。鸭属鸟纲，是脊椎动物。家鸭，由野鸭驯养而成。据有关资料考证，家鸭的祖先为绿头鸭和斑嘴鸭。斑嘴鸭分布在亚洲地区，绿头鸭分布在亚洲、欧洲和美洲，在我国主要分布在北部。近年，从广州、上海销售到南京的瘦肉型樱桃鸭就是绿头鸭。

我国驯养家鸭至少有 3000 年历史，公元前 500 多年的春秋时代，吴国就已出现家鸭群养，《吴地记》中云：“鸭城者，吴王筑城，城以养鸭。周数百里。”

北魏贾思勰在《齐民要术》一书中，记述了养鸭的方法。明朝李时珍在《本草纲目》中对鸭的种类，食用和药用等方面都作了详细阐述。

鸭，是重要的副食品原料。尤其在古城南京，宴请有“无鸭不成席”之说，其制鸭特色有“金陵鸭馔甲天下”之誉。南京养鸭、食鸭历史悠久，20 世纪 80 年代南京销售鸭子占全省总量的 60%。关于鸭馔故事也很多，与鸭子有关的文化现象也很精彩，本文分段描述加工鸭子，愿各位能在黑白文字中，感受到鸭香，感受到身边的鸭子很不平常。

一、南京无鸭

清代光绪年间的《金陵琐志》记载：鸭非金陵所有也，率于邵伯、高邮间取之，么鸟犀鹜，千百成群，渡江而南，阑池塘以畜（意蓄）之，约以 10 旬（100 天，现为 70 天左右），肥美可食，杀而去其毛，生鬻诸市，谓之水晶鸭；而皆不及盐水鸭之为上品（意为大小肥瘦达不到做盐水鸭的要求的，算不上正品），淡而皆肥而不浓，至冬则盐渍（腌）日久，呼为板鸭，远方人喜购之以为馈献；市肆诸鸭，除水晶鸭外，皆截其翼足，探其肫肝，零售之名为“四件”。前部分讲，称吴都为鸭城，后边讲，南京没有鸭子，其不是自相矛盾吗？其实都对。南京故事里的鸭子由高邮一带而来，小鸭出壳不久，一群群过江南下到了江对岸南郊，沿路食稻谷催肥，到达下关，并在河岸蓄养起来，以小田螺为食。小鸭饲养一段时间，待稻黄时，再由水路经湖熟，食谷催肥长成，成了生在江北长在江南的肥鸭子，这就是南京无鸭由来。

二、南京鸭馔

南京虹桥饭店一个名厨许骅，为南京人争光，写下了一本全国独一无二的《中国鸭菜》，其中鸭馔有300余种，风味各异，花样繁多，本文只介绍两个鸭馔。

一是南京的盐水鸭。南京的盐水鸭享誉中外，说到盐水鸭的历史，知道的人就有限了。据史料《陈书》记载：早在南北朝时期，梁武帝死后，小儿子敬帝在江宁做皇帝，手下有两个大将，一位是王增辩，另一位是陈霸先，他们随敬帝来南京进宫入住。武帝的一个侄孙子，逃到北魏，北魏想把他送回到建康（当时的南京），也继承王位，北魏与王增辩私下准备联手扶持，陈霸先和儿子陈蒨不同意，双方备战。北魏兵营在幕府山，陈霸先兵营设在狮子冲，为了鼓舞士气，陈蒨给前线战士送了3万斛（1斛为10斗，即30千克）大米和一万只鸭子，送给梁军并把米做成饭，鸭子煮熟，用玄武湖的荷叶包上，送到士兵手中，（史书记载在玄武湖边）吃饱了饭，第二天骑兵与对方交战，打了胜仗，守住了南京。据此算来，盐水鸭的雏形形成，是在公元556年，距今有1400多年历史。为什么说那次鸭子就是现在的盐水鸭呢？首先是季节上，用荷叶包鸭，说明气温不低，易腐，用盐要重一点；另外是要打仗，来不及细加工，加点盐煮熟就行，符合盐水鸭的制作特点。

二是南京的烤鸭。中国有三大烤鸭：南京的叉烧鸭、北京的挂炉烤鸭、四川的堂片大鸭，其制作选料、调实、辅料均不相同，风味各有千秋。《中国烹饪百科全书》中写道：“北京烤鸭有数百年的历史，到了明代成为宫廷美味之一，不过那时的烤鸭是用黑色羽毛，体形瘦小的南京湖鸭烤成。”此证说明：南京的湖鸭和烤鸭是由南京传到北京，由谁传去的呢？不是别人，正是明代的朱棣于1421年迁都北京，由南京的御厨随迁一起带到北京的。算起来南京的烤鸭技术传到北京已有500多年。为什么烤鸭是南京人发明的呢，中国烹饪古籍《齐民要术·炙法》中记载："肥鸭二斤，琢葱白二斤，姜一合……以竹串起……以板覆上，重物压之，得一宿。明旦，微火炙，以蜜一升和合，时时刷之，黄赤色便熟。"这种操作方法与今天的叉烧鸭制法有着惊人的相同之处，一是多用葱填腹，二是腌，现改为晾，三是边烤边刷蜜，现改为一次性抹上饴糖，边烤边刷清油，其用料和程序极为相似。南北朝时，梁武帝就喜欢用烤鸭的方法烤乳猪，因此说烤鸭的记述，起源于南京宫廷，传入北京后局限于宫廷，选用填鸭之后，烤鸭技术发展于北京，走向了世界。

三、鸭都赞鸭

古城金陵素有"鸭都"之称，如今真空包装桂花、芦花、莲花、菊花等品牌鸭，做鸭由整只到小包装，细到鸭的各部位都分别加工、调味包装。集下酒佐饭零售于一体，方便了顾客，并形成了南京当地的有影响力的禽业深加工的典型代表，并将传统技术与现代科学接轨，延长了保存时间，真空包装的口味与现做的口味相接近，从鸭子的品牌生产前景来看，鸭的深加工鸭馔的发展仍将会有很大的市场潜力，或许成为带动农副业生产再加工的一个示范模式，南京的确在鸭子身上找到了宝藏。

写文章有一种说法，要出新意必读点古书。鸭加工也是如此，近来，为写鸭，翻了有关资料一看，着实一惊，声音不亮、毛色不艳、脚步不快、富人不宠爱的鸭子还有很多学问。其一，古典名著《红楼梦》是浓缩中国国粹的一本奇书，每一个人都能从书中找到自己喜欢的东西，我就找到了关于鸭子的制作方法，第 62 回“酒酿清蒸鸭子”，据红学家周绍良在《红楼梦中的肴馔》一文中批注：“清蒸鸭子，本是常见之品，今偏从酒酿蒸之，说明贾府的烹调极为考究，因为鸭有异臭，虽极轻，以酒酿除之，颇有效果。”这讲的是烹调鸭子的技巧。其二，说到鸭与大诗人李白，还有一个真实的故事呢。唐玄宗天宝元年（公元 742 年）诗人李白受到唐玄宗的宠爱，入翰林供奉，一时间，名噪一时，荣耀非常，但因高力士、杨国忠等人的谗言，唐王渐渐疏远了他，李白把自己的希望寄托在皇帝身上，便想接近玄宗，有一次他突然想起年轻时在四川吃过的一道美味，就用百年花雕、枸杞子、三七等烹调一只肥鸭，献给玄宗，玄宗食后大加称赞，诏询李白，答曰：“臣虑陛下，龙体劳顿，特加补剂耳”。玄宗大悦曰：“此菜可称太白鸭。”这只鸭子是幸运的，同时也是不幸的，因为都成了牺牲品。

四、纸上“烧鸭”

作家梁实秋在雅舍谈吃《烧鸭》一文中这样写道：“在北平不叫烤鸭，叫烧鸭或烧鸭子。”老南京人也是这样说的。

“民以食为天”这是一句真理绝句。研究鸭子的中心离不开吃，在我国目前形势一片大好的情况下，仍提倡吃饱、吃好。吃饱已不是问题了，这次研究讨论的议题之一是如何吃好，吃出品味来，吃出文化来。因此对烧鸭子（意烹调）笔者谈不上是高手，但为了发展禽业和南京鸭业的飞跃，只能在纸上谈几点烧鸭子的建议，表示一个“鸭迷”的诚心。

中国人中，凡是下过厨房的没有不会烧鸭子的，历史前辈在烹饪鸭子方面积累了丰富的实践和理论经验。如南京、北京有两种不同风格的全鸭宴，就地区而言，各地都有代表性的风味鸭馔。如扬州三套鸭、苏州卤鸭、母油鸭、镇江琵琶鸭，远一点就不说了，我要是在这里再炒“冷鸭子”肯定没有市场，如何烧出更好的鸭子呢？我认为下面三种“调料”或许能给“烧鸭”专家们一点点启示。

一是扬长避短。这是厨师烧鸭的必备常识，开发鸭市场，推出个性品牌，研究的是如何扬鸭之长（研究鸭肉的特点）、扬己之长（本单位的设备和技术及市场占有率），拿出“养、产、销”一条龙的计划来，或许在这“鸭群”队伍中能找到自己的立足点。

二是“一招鲜、吃遍天”。这一招抓住哪里很重要，如果抓住时令和适口，或许能抓到“痒”处，会有意想不到的效果。俗话说：“食无定法，适口者珍。”如何适口，南北有差异，同一个人不同季节口味也有差异。鸭性凉，有滋阴养胃，利水消肿的功效，南京人夏天喝啤酒喜食清淡的盐水鸭，喝汤喜欢用烧鸭的骨架炖冬瓜汤；冬天南京人则喜欢吃隆重的片皮烤鸭，完整实惠，增加热量。而北方人口味重好刺激，烧菜重三样：盐、酱油和辣椒（或香料），若按南方的口味标准烧出的鸭子上桌，可能就“鸭”雀无声了。所以说，一招鲜即“时令”与“对味”这一细节直接影响鸭业发展的秩序。

三是好吃、好看、好听。这也是内容与形式的结合，好酒也要吆喝。鸭仔在人们心目中的影响已经很深，在保证产品质量的基础上鸭子的软硬包装也很重要，每个产品的研制必有其亮点，现在流行绿色食品，再说就失去意义了，每个品种的推出在营养科学、方便可口、外形色彩、引经用典再结合本地风味，等各方面融合在一起，烧出的“糊涂鸭子”或许能歪打正着。当然，做任何一件事来不得半点虚假，只要认真的分析研究，总结出其中的规律来，必能达到理想的效果。

在这盛世金秋、喜庆丰收、鸭香风飘的时刻，感谢大家与我一起听鸭子的故事，回忆鸭子的香味，研究“烧鸭”的方法，虽然没吃到、看到鸭子，但真正的《中华腾鸭》已飞到各位记忆中去了，这就是我烧的“鸭子”。非常荣幸地能为大家“烧鸭子”，希望大家喜欢。谢谢！

2004.11.3 于机关美食园

试解原始的“熏烧”密码

五月二日，应农家小院黄总之邀，去他老家宿迁於沟，看看乡村连片的青青麦穗，看看乡村路边一排排高大的杨树，还有去近郊的农贸市场看看纯野生环境下生长的泥鳅、黄鳝、鲶鱼胡子、河虾和漆黑的乌鱼等。

职业的习惯，见到优秀的食材，两条腿就挪不动，就是不买走也得回头望一眼。不是告别，不是因馋而留恋不舍，是大脑自动开启运算，脑细胞在源源不断地分析数据：此食材特性、公母、健壮、疾病、优缺点、适合烹调方法、调什么味、是否加相得益彰的辅料、适合什么人群消费、有什么保健功效……这就是多年的职业习惯，没办法，夜里睡觉说梦话还在订菜单，有这样痴症的人在业界该不只有我一人吧。

饱览了乡景丰收在望的风景，吹了无一丝异味的乡风，嗅到了芦苇塘中飘出的清香，满足又满意。

中午在黄总家吃了一大桌丰盛的乡宴，冷热炒烩汤，咸甜香辣酸一应俱全，入口的全是透着乡野的味道，本味是主旋律，荤菜是重头戏，老味道贯穿全场。此行收获了满满的热情，体会到诚挚的浓浓感情，真是想起李白的名言：“桃花潭水深千尺，不及汪伦送我情。”哈哈，有点得意了吧。

那日在席上，黄总夹一块手撕熟猪蹄给我，在阳光下，见猪脚皮红红亮亮，有着诱人的黄玉色，见碟中那筋络抖动了一下，大脑立即输出：未进过冰箱，火候恰好，这红不属老抽，宜下酒，不寻常……“来，尝尝这熏烧猪蹄子，味道不错，村里就他家做得最好。”听着黄总介绍，双手抓一块问道：“熏烧？”

不愧是开了二十余年酒店的老总，估计他理解我不会把卤菜与熏烧混淆的。

他接着介绍：“这个小店开了许多年了，就熏烧最好，把猪头、猪耳、口条、猪尾等卤入味，也就八九成熟的样子，在铁锅中放上白糖、茶叶、锅巴等香料，放上铁丝网，把弄过的荤料放上，加盖，点火干烧，看锅中冒烟，也就十来分钟熄火，等锅中烟散了，冷透拿出来卖……”

不愧是美食家，介绍得很专业，我赶紧几口把熟猪蹄啃掉，真是有着烟熏过的香甜气，抓过熟猪蹄的手还留有着油亮和烟香，我脱口说一句：“老传统啊。”

之后，又尝了桌上系列熏烧猪耳、口条、猪拱嘴等，全是香喷喷的。

“熏烧”，外行人不知其含义，现在有很多人不清楚熏烧是中餐饮食技法中最原始的烹饪方法之一，或许会认为这是含有3，4—苯并芘，是三大致癌物之一（另两个是亚硝酸盐和黄曲霉菌），必然会退避三舍，躲闪不及。

我小时候在父母口中常听到熏烧这个词，我父母的父母，均是在县城开过饭店，到我侄子辈，属于五代人从事过餐饮业。

因此，听到熏烧这个词不陌生，但也不完全明白，从父母口中常听到去买熏烧或者在某某人家有几个下酒的熏烧……

据我当时的理解，就是以动物性原料加工成的荤料卤味，如卤猪头、熟香肠、烧鸡、卤肥肠、卤猪耳、红卤野兔子、捆蹄等。至于卤豆腐、卤素鸡、卤茶叶蛋等，虽说是卤味，则不属于熏烧类。

经过在军区、省城的餐饮业学习和思考，有时对熏烧存有疑问：同样是冷荤，怎么有卤菜和熏烧的名称差异呢？必有其渊源，只是不明白熏烧这两个字放在一起，就泛指冷荤类。卤菜，就是泛指荤素类，而江苏名菜“烟熏白鱼”就不属于熏烧类呢。

这几天，一直在思索着熏烧，今天龙口的阳光特别温暖（气温比南京低好几度呢），在窗前一边晒太阳，一边在梳理，这有着神秘味道的熏烧一词，它的前世今生是怎样的呢?

百度曰：熏烧就是卤菜。熏烧不是正菜，不上酒席的。每天傍晚，大街小巷就会冒出卖熏烧的板车，板车上用玻璃制成半米多高的罩子，各式熏烧就放在罩子里，既可以避蚊虫又可以挡住灰尘。高邮人把这种卖熏烧的板车叫作“熏烧摊子”，很直观的叫法。汪曾祺有个名篇叫《异秉》，里面的主人公王二就是个卖熏烧的。这么一介绍，对熏烧的理解就更深刻了。

从字义上理解，熏，是加工生、熟制品后烟熏的一种着色补味的一种烹饪工序之一。

烧，是一种常见的烹调方法，将食材加水和调料放在容器中加热成熟的技法，又分红烧、白烧、焖烧等种类。烧，在古代又有烤的意思，通烤、炙。如老南京人习惯称烤鸭烧鸭，从未有人来“纠错”，当属于历史文字含义的延伸理解吧。

从宿迁回来，我对熏烧的理解，归纳有两点。

其一，熏味有着原始的渊源。从人类进入熟食时代，初尝的最原始的味道，就是熏味。

人类发现动物的尸体经过大火燃烧后，不仅有香气而且食后不易生病（易消化），因此，在思维中就形成了熟食是安全好吃的意识，一代代延续下来。

通过长期的食用习惯，也就习惯了自然界中的烟熏之气，人类在复杂味道的辨别中，烟熏味是第一个被动的被接受，认为凡是有烟熏气，均是好吃安全的，也就习惯了这个微有烟辣味的食法。现在满大街的烧烤店与摊子，多是年轻的人偏好，趋之若鹜。烧烤，或许就是原始的潜在意识，饮食嗜好是否被唤醒了呢？

其二，熏烧是单一又有着双重意义的实用词。

熏，从现代健康方面看，不算科学的生活方式，但在远古时代，熏是一种食物防腐的方式。比如四川、湖南、云贵等边远山区，他们把猪肉略腌后，放在灶前经过长期的烟灶熏烤之后，上面附着一层烟油，有很好的抗氧化作用，悬挂在通风阴凉处，可放三五年不腐，并且不招蚊蝇不变质，这是古人发现的食物久存方法，沿用至今，即为现在的腊肉、腊鸭等。

我曾见过领导亲自用樟树叶和花生壳生熏罗非鱼干，吃时炸一下，又加工过其夫人从成都带来的熏腊肉、熏腊香肠等，表层有时附着花椒和郫县豆瓣酱的混合物，表层污黑油腻，需用温热口碱水刷洗几遍，才能再分类加工。此处的熏就有保存防腐的作用。

熏烧又可结合起来理解，把荤料卤后，再用烟熏之法，使其有着远古的气息，还丰富了卤味的香气，也更利于保存。

总结一句话：熏，是原始味道的源头，有着悠久的历史，也有烧烤的一丝元素。

熏烧，就是现代遗存的历史信息，也是古老的冷菜加工技法，它就是冷荤的加工技法和传统冷荤的出品统称。

卤味与熏烧的区别意义，您明白了吗？是否同意我的“解密”呢？

2019.5.7 11:10 于东海金域蓝湾

水煮鳝片探秘

昨天上午，大雨滂沱，接到友人电话说，下楼跟着上车。我不记路，耳边听到：“绕城公路和双龙大道堵得厉害了。”车子七拐八弯，不晓得走了多久，还算顺利。从江宁太阳城一路顺畅到了大桥南路高架桥下，见到一红灯，耳边又飘来一句：“前面是新天厨，中午去尝尝水煮鳝片。”

一听水煮鳝片，就来精神了，也不迷糊了。冒着大雨，下了车，紧走几步，进入有新天厨饭店招牌的店内，人不算多，灯不算亮。茶上桌，总厨来打了招呼。听朋友对总厨讲：“来份水煮鳝片，其他随便。”

在等菜的时候，朋友开始介绍：这老板姓吉，原来在丁山宾馆采购部上班，与丁山大师傅们是好朋友，因工作关系，经常与厨房联系，也清楚丁山每个菜的制作流程。

那时，是丁山鼎盛辉煌的时期，有从人民大会堂退休请来的淮扬菜大师徐晓波等名厨成立的菜品研发小组，真的研发出划时代的出品。得天时地利人和，当年丁山成了一块响当当的招牌，在丁山宾馆用过一次餐是很有面子的事。南京各界流行“食在丁山，住在金陵”之说。

他们将研发的成果推向市场，立即受到业界和食客们的认可。代表品种有丁山排骨、生炒甲鱼，黑椒牛柳、鱼汤小刀面等多种。最具有影响力的是冷拼荷塘蛙鸣，大菜有金（拍）仙裙（裙边扣鹅掌）、龙腾云雾（青鱼尾）等不少名菜，现在都成了江苏名菜的经典了。

水煮鳝片是丁山一道平常的川味菜，经传作为零点或穿插于酒宴中。作为调剂宴席的口味，转换味觉的拐点菜，也满足了一少部分客人喜辣的需求。

就这道习以为常、少有人关注的菜，不知什么原因，引起吉老板的注意。自个儿在必经丁山和华岩岗的进口处开了一个小店，开始不声不响，一来二去的不知怎么的，名气一下子火了起来了，南京市业界把这个菜传的很神乎，聪明有头脑的常来偷艺，回去仿制。

后来外面传说，是吉老板虚心，从徐鹤峰大师那讨来秘方的。有的说那时丁山的福利好，厨师下班后，到吉老板（也是同事）店内点几个菜，喝的啤酒，因为是大伙熟悉，每次点水煮鳝片，都把自己的要求提出来，这样不断完善，逐渐成了南京的知名品牌，三十年了，至今无人（店）超越。

无论怎么传说，水煮鳝片的技术源头当然来自四川的水煮技法。成名的重要因素是丁山的技术，丰富了原来的水煮方法，味更浓了。成为经典的重要因素还有吉老板的坚守，守住了选材品质、调味标准和其他环节，当然也和多年来老板与厨师队伍技术上的稳定是分不开的。

上面朋友讲的看似是一般性的介绍，我在认真地默记，知道他讲的有根据，因为他在丁山厨房干过。

水煮鳝片端上来，很平常，浅黑的汤中下垫烫过的生菜，略冒尖于汤面的熟鳝片，油亮。

中餐热菜要热吃，才能吃出刚出锅的烫、鲜和嫩。也顾不上客气，连拖三大片。因为好吃，那菜诱着你快速入口，快速入喉，快速下肚，舌尖不敢多打滚，牙齿不能多碰，因为烫，还有因为味道使着您。有一句老话“打嘴巴不愿松口”。三片滑下喉咙，辣得有点呛了，那辣味也真辣，不喝口王老吉，口腔真接受不了。

朋友讲，这几天过节人不拥挤，平常附近公司散客多，排队吃，就奔着这个菜来的，久吃不厌，有人吃了十多年了。他还笑着说，原来的老丁山厨师和现在的大厨还经常来尝一尝，聚一聚。他报了几个旅游系统的大厨的名字，我全熟悉，这里就不报名字了。

这也是一个笑话，水煮鳝片的烹调要求和制作流程来自丁山厨房和丁山大厨之手。现在反过来，新老丁山人回过头来到新天厨来寻找老味道。这是一个耐人寻味的也十分有趣的故事。

关于技术秘诀，就如一张窗户纸，他们用的是中国食材和中国传统方法。

我简单的对此菜分析一下，以便和大家一起探讨。

其一，黄鳝生长于稻田及小河小沟岸堤之畔，肉食性。每年六月至九月为最佳口感期。

黄鳝，选材在腹部之黄（黑青绝不可用）。黄鳝背部附着一层黏液，那是蛋白质成分，有鲜的成分，成熟后有网附的作用，吸附着嫩的鳝片，吸附着味汁，这一细节不该忽视。

南京农历九月之后，鳝鱼进洞休眠了，那细想一下，全国哪儿还有九月仍在活跃的鳝鱼呢？至于大小适中，生长时间长，全活的，更不用提了，是最基本的要求。

其二，但凡名菜，离不开老卤，让鳝鱼入味的鲜气从哪儿来呢？徐鹤峰大师是苏州人，他老家有一奥灶面，那卤汤用于提鲜的几种食材，内行人是知道的，就那辅鲜之物，也有季节之分吧（恕我不能讲白），鳝鱼鲜味浓，味厚还需什么食材呢？

其三，调味。水煮鳝片的源头水煮味是四川代表性味道，可想而知，辣是什么椒？香是哪几种复合香？你怎么知道，新天厨有没有使用川味调料秘方呢？

其四，保嫩在火候，保鲜在老汤，保香在秘方，保烫在恒温。鱼片吐水还入味，是技巧。热油封，什么油？这一环节，内行人是懂的。还有淮安炒软兜的调味，代表主味是什么？夏季当令调味品，也是不可缺的，由此，前后连贯起来思考吧。

因烹饪技术比较敏感，我也体谅到大厨之难，再好的感情，核心秘密是不可以提的，这对老板负责，也是一个厨者厨德的体现。

但是，细致地想，也没有所谓的核心秘密，全部流程，均符合烹调原理。有味者使之出，无味者使之入，对待任何一种食材，你研究它，了解它，掌握它，运用调味、美化、丰富、除异的原理，使食材锦上添花。还有食材在不同的温度状态下，有不同的质感，这些都在思考范围吧。

2017.10.3 20:07 于江宁

酸菜鱼漫话

昨天盐城建中来南京，我托单位主厨制作一份酸菜鱼。

关于酸菜鱼，记得在 20 世纪 90 年代晚期，我一侄子先在汉府学习，后闯入社会。记得有一次听他讲，他们店酸菜鱼不错，邀我去尝尝。我当时对酸菜的理解是福建来的小包装浅黄色酸菜，这酸菜有杆（像白菜帮子，小几号），是发酵后的酸。最早在金陵和状元楼、南京饭店等知名酒店内见到，多是用水泡一下，切丁开水烫一下，干布吸干水分，加点辅料，用于凉拌。

后来切细丝，拌笋、胡萝卜、海蜇等，再后来，洪武路香港城上的荃有俱乐部，将其批薄片，水漂后与原汁猪肚片同烧，用于锅仔，上桌放二三粒白胡椒籽，有时加点吸油的腐衣片，吃到最后，猪肚的香气出来，喝几口汤，有些酸酸的，爽口清口。

然，此酸菜（川）非彼酸菜（闽）。我想，要出去就是吃一桌菜，为了一份菜，吃几片鱼，能吃饱吗？自以为是，就推辞了没有去。

过了一段时间，记不清哪位友人安排的，邀我去河西吃酸菜鱼，那个时候，吃酸菜鱼正流行。我想就去吧，又补了一句，能吃饱吗？回答是：能，还有冷、热菜可点。于是，打电话约高楼门熊士建也去。

那晚，冒着小雨，进店一看，属社会餐饮，厅大，灯不太亮，草草吃了，感觉印象不算深。因为，那个时候我常去成都和峨眉山，觉得与川菜中的名菜比较，也就是一道民间的咸菜烧鱼，是菜又是汤，宜佐下饭吧，没有当回事罢了。熊士建也是不以为然，但是，他夸鱼片片得薄，入口嫩，油多但不腻人，味还可以。这符合他的老好人性格，从不批评人。我对他讲，打出租车七十多元的费用，可点二盆鱼了。

再后来，我弟弟妹妹们在马群附近，有时一大家子聚会，或者苏北、苏州方面来亲友，他们经常选定在中山门外京港小镇，传说酸菜鱼是他家正宗。三五回吃过，再加上其他几个热菜，还算可口，渐渐习惯那味那酸菜鱼，尤其我二妹和四弟媳，她们有慧根，回去反复模仿，自己去超市购买四川的辅味料，做出来的味道还真是八九不离十了。现在每每聚会，还是必备菜肴之一呢。

真正感觉好的印象还是2003年左右，服务中心在军区大院西门内开了个龙蟠饮食部，由徐成兵负责，他制作的酸菜鱼，汤鲜鱼鲜还有香气，老远就闻到，很受人们欢迎。后来那店，关注的人多了，遇到个外行的领导，不明不白地关了。其实，后来的品牌店，有人盯着想去管，结果还是关了。

无论什么性质的餐饮，不研究客情，不研究出品，想着去投机，是必败的。

黑鱼的加工重点归纳如下。

第一，选用乌鱼、鲢鱼、青鱼等白嫩的鱼类，去骨批薄片上浆，放置六小时后烹调，鱼片充分吸收水。

第二，熬红油需用豆油、猪油、色拉油，三种油分批次与各类草药香料辣椒熬油，辣椒选出香出色死辣的川椒。熬的红油特有技巧，想学正宗，真要有所付出呢。

第三，酸菜的牌子很重要，图便宜选杂牌子货，必砸味。

第四，鱼头及骨必用葱、姜、油、煎去腥气，加水熬成乳汤，泼油浇在灯笼椒前，必撒五克左右的秘制粉剂。

2018.4.16 于昆山到南京的高铁上

汤上浮玉话鱼圆

鱼圆，是鱼类产品深加工的代表性传统产品，是老少皆宜的佳肴，是宴席舞台中常见的名角，也是餐饮专业人员厨师必备的基本功，更是南京缔子类菜品中的一个重要分支。鱼缔子，如今发展成多款象形品种，如有灯笼、花生、银鱼、金针菇、豆芽、蘑菇等造型，成了时下烹饪大赛创新名义的新宠。

加工鱼圆，十个厨师，有十个手法，均大同小异。若细细较真起来，也真有讲究，因鱼种类，因季节，因加水，加油类（色拉油增白，猪油油润且香），加鸡蛋清，加淀粉，因油汆，因水下，因传统用刀排斩，因高速粉碎机加工等因素，会出现多种风格多样特点的产品。

20 世纪 80 年代前，受经济制约，一条草鱼在宴席上要做几个品种。鱼头劈开油煎后加豆腐炖砂锅鱼头；鱼尾做红烧划水，又称甩水；鱼身半片做滑炒青椒鱼片，算是细菜，另半片做清汤鱼圆，属宴请高档客人才会提供；鱼腹部分和鱼脊骨，腌炸后，做熏鱼，作为冷菜。因原料稀少，一般厨房不敢拿鱼做试验，生怕把原料糟蹋了。于是，加工鱼圆一般由厨房老师傅亲自加工，新手在一边，掂掂拿拿，偷学而已。在青年厨师眼睛里，当时会做鱼圆，无异于今天会做南非干鲍鱼那自信。

我对于鱼圆的认识，属于家传。它常用于农村烩菜，近似于现代的炸烩鱼腐，外皮浅黄，内部鲜嫩，有时掺的假（专业术语，今天称为配料），如斩细的马蹄和出过水的萝卜泥，有增量丰富口味效果。

关于鱼圆，给我印象深的有两次。

一次是 1995 年，经时任金陵饭店总厨的花惠生师傅介绍，在二楼厨房学习，他们做鱼圆选料和加工程序与社会餐饮基本无异。把选择的鱼，净白肉部分放绞肉机多绞几次，加盐、葱姜水重一点，把鱼蓉顺时搅拌成糊状静置 4 ～ 8 小时，因气候温度关系，时间有变化。然后用手将成鱼圆生坯下入冷水锅中，全部下完，放冷藏室 6 ～ 8 小时取出，上小火慢慢加热至沸至熟，个个如乒乓球，白嫩鲜，是饭店代表菜。

另一次是 2000 年初，参加省烹饪技师考试，地点在丁山宾馆附近旅游专科学校，其中有一篇论文受到关注，就是高楼门饭店总厨熊士建写的文章《关于加工鱼圆的改良方法》，即传统鱼圆掺水改为掺色拉油，比例相近，出品细，口感嫩，味道鲜，当年在《扬子晚报》上专门做了介绍。

最近，有幸看到南京鱼圆大王陆荣春加工的鱼圆，观看之后，受到启示。他边讲边做，做出的鱼圆，个个浮于汤面，洁白细润，有入口即化的感觉。如何做成如此绝品，因考虑到产权，不细述过程了，就把他口述的内容，透露一部分，或许能给您一点启发。

一、选料

品质好坏依次是刀鱼，白鱼，黄箭鱼，青鱼，草鱼，鲢鱼，乌鱼，鳗鱼，淡水鲈鱼，墨鱼等。

鱼的新鲜度也是关键，一般是活鱼宰杀后，清洗放置 2 ～ 3 小时后，去骨取肉。这样的鱼肉出品白并且易吸水，成熟后细腻。

二、取肉

加工，选鱼肉纯白部分，最好是无细刺，有两种方法。一种方法是传统是鱼肉连着鱼皮，皮朝下，片去胸刺，轻轻用刀背捶刮下鱼泥，直至刮下全部白肉，包入布中浸泡去血水，挤干。另一种方法是取鱼肉，片去鱼红，切丁水泡后，放木砧板上，刀背捶至松，或绞肉机先绞一遍，水泡去血水后，纱布挤干。

三、搅碎

纱布中的鱼肉，倒入电动磨碎机杯中，加透明葱姜水，水位高于鱼肉约五厘米，加盖，打磨1分钟左右，至鱼蓉细腻如脂，千万别让鱼蓉温度超过36℃，也可加冰一同搅拌。再倒入过油用的铁丝细网勺中，用手搅拌过滤，滤下的鱼泥无筋无刺，放入细盐、粉状味精、几滴白酒，五指张开一个方向轻搅，切忌快速旋转，不能起泡（否则出品有空洞）。见上劲发亮微透明状，静置30分钟左右，热天放在冰块上，使鱼蓉内自溶吸水，便于成形。

需注意去鱼红鱼刺切片水泡后挤干的净鱼肉，每500克加葱姜水700～900克，一起入机搅拌，比例较适中，可水氽，水浸，蒸制各类造型。

四、水浸

调味、静醒后的鱼泥，用手挤成直径2厘米左右的鱼圆，下入洁净无油的清水锅中，如果做灌汤鱼圆，直径在3厘米左右，全部下完，锅上火，小火加热至40℃，用手在锅中轻翻鱼圆，继续加热，70～85℃时，用余热浸熟鱼圆，至中心与表层颜色一致即可。

五、出品

取原汁鱼圆汤加豆苗、菜心、茼蒿、紫菜其中之一作为点缀辅料，调味，加鱼圆，烧沸装入25厘米左右的汤盆中，放20个鱼圆即可，如讲究点就加熟火腿片、冬笋、菜心，烫后放入其中，换上高级清汤，丰富色彩和口味，也可撒点白胡椒粉。特点是汤鲜鱼圆嫩烫，鱼圆只只浮于汤面，洁白圆亮如浮白玉，汤盆中飘着热气，在辅料的映托下，非常养眼。平凡中见精细，可口中见功夫，本色中见真味。

鱼圆，因你，餐桌上多了一道风景，因你，食客多了一个故事。

2014.4.13 22:42 于新东方

偷艺

中午 12 点从龙口东海农贸市场处，乘大巴返回南京。原计划在龙口待半月，因接一喜帖，便匆匆赶回来。

在回来的路上，选坐在最后一排，虽有颠簸的感觉，但坐得高，可以看到车窗外的风景。

两眼望着窗外，看到的景色有麦苗绿、鹅黄的迎春花；黑黑的喜鹊窝如牛粪沾在路边的树杈上（嘿嘿）；杨树长出嫩叶，圆圆的叶片，在风吹下，闪亮闪亮的。一丛丛开着或红或紫的花，夹杂在绿色的麦海中，如诗如画。

汽车在飞奔，看着外面的风景，如看纪录片，一幕幕放映出美丽的画卷。看着看着，看出一个规律，山东境内的大片土地，好像很平整，土壤中没有杂物。在公路边是大块的平行土地方块，每块长近百米，宽有几十米。所有的农产品植物都成一线，如用三角尺在作业本上画的直线一样，均匀细长，有规则。山东人民还是很勤快的。

再看看大片大块的土地，想到在龙口吃的玉米粉、山芋、白面馒头、大葱、苹果、梨、大樱桃、西红柿、大蒜头等，都好吃，有那个味。每次都因优质食材的诱惑，而不想离开龙口。

这么多的农副产品，与山东的土壤肥沃有着密切的关系。再往前想，古有“齐鲁大地”之说，因得天独厚的土壤条件，才有优质的出品，才有财富的积累，更有文化的积累。

这次见到山东土壤细、绵、软，不板结，想到它必含有丰富的矿物质元素，于是用密码箱装了二十余斤泥土回来，准备放在六合葡萄树下，看它能不能长出山东的甜味来。

下午四时，眼睛累了，瞌睡虫来了，在耳边听到爱人与同车朋友聊天，相互交流如何加工海货。听着听着，忽然觉得那退休的刘老师真是个美食制造者，于是打起精神，细心听，现在记录下来，一起分享。

一、海产梭子蟹的运输

将捆牢的活蟹，腹部朝上排好，边上用雪碧瓶放水冷冻结冰，放在泡沫箱子边上，然后封闭，带到南京，不会死；如放碎冰，冰溶化成淡水，蟹遇水即死。这样炒出的口味有腥气，肉质水分流失，成空壳，或者在龙口把蟹斩块，炒八成熟，冷透带到南京，不影响鲜气。

二、生蚝

生蚝肉洗净，撒细盐拌，在鸡蛋面粉糊中拖一下，下油锅炸至金黄，脆鲜嫩，不加葱和其他调味料。还有是碎洋葱粒掺入鸡蛋液中，调散调味，倒入热的平锅中，上面铺上生蚝肉，小火煎两面黄，取出改刀上桌，金黄油润。

三、剑鱼

剑鱼，细长圆柱形的鱼。它头脑上有一硬骨如剑，鳞细肉嫩，切段，加葱姜盐腌制，拖鸡蛋液，在面粉中滚一下，油炸至熟，撒椒盐。

四、石斑鱼

活的野生幼石斑鱼，可清蒸或者用豆油烧汤，汤洁白如奶，透鲜。

五、舌头鱼

舌头鱼又称草鞋垫（底）。取一二两一只的鱼，撕去外皮，笼蒸或者腌制后放进少许蛋清、面粉糊油炸，肉细嫩，连骨嚼后吃下，补钙。

六、海带

有新鲜刚捞出的海带，很干净，切块红烧肉、清炖老母鸡，有很好的效果。

七、鲅鱼

鲅鱼又称马鲛鱼，大者二十余斤，其肉可制馅包水饺，鲅鱼去皮，去脊骨，无胸刺，把鱼肉切块，用手捏细（别斩），加 1/3 肥膘蓉，和匀，加盐和少许韭菜，包水饺特鲜嫩，无刺无腥味，含优质蛋白质，是海边名吃。

八、活虾

六七月上市的活虾带籽，摘去头，洗净，加盐拌，放入鸡蛋液面粉糊中，加葱花、油调散，倒入平锅中，排上带壳野生海水虾，慢火加热，两面煎黄，至虾壳脆出锅。

海鲜买回不过夜，隔天失水就不鲜了，海贝壳类，放不锈钢漏筛中，颠几下，用水洗，每颠一次，贝壳张口，吐出沙子，不停颠洗，直至洗净无沙，再烹调。

还有许多加工、运输和烹饪的方法，她也是从当地百姓那里学来的，我觉得很实用，也是最佳的方式方法之一。

快到玄武门了，偷艺快结束了，留下电话，七月再聚交流。快乐生活随处都是，正应了曹雪芹《红楼梦》中所言：世事洞明皆学问，人情练达即文章。

2015.4.19　20:38 于南京

我做砂锅鱼头的一点体会

砂锅鱼头以白汤如奶、鱼肉肥嫩、汤鲜味浓而著称，深受人们的喜爱。在秋冬的餐桌，加上一道冒着蒸汽，飘着香味的砂锅鱼头，能使餐桌的气氛到达高潮。见到此情此景，作为烹制者会感到无比高兴。但也有炊事人员烹制的砂锅鱼头，上席后，无人问津，原因是腥味较重，难以下咽，作为烹制者的心情就难以形容了。据此，笔者根据自己的实践并结合了各地烹制砂锅鱼头之长，总结归纳成文，以供同行们在实践中参考。

第一，选料。原料的质量好差与菜肴的质量有着很重要的关系。制作“砂锅鱼”必须选用鱼头大，肉多，每条重量在六斤以上的活鱼头。鱼的品种以鳙鱼（胖鱼头）、鲢鱼头最好，较大的青鱼头、鲤鱼头、黑鱼头也可选用。

要求是鱼头必须新鲜，鱼头较小，死后较久，有异味和冷冻较久的鱼头不宜选用。

第二，初步加工。鱼头的初步加工也很有学问，不仅是洗去污泥沙，刮去鱼鳞，更重要的在初步加工鱼头时，尽量去除和减少鱼的腥味。具体做法是：刮净鱼胸部鱼鳞，洗净鱼头的黏液，泡去鱼头的血水，轻轻地剪去鱼鳃，以防拉破鱼鳃部的肌肉。较大的鱼头要劈开为两半，便于烹调入味。

第三，烹制。烹制鱼头一般有两种方法。一种是将沥干水分的鱼头放在热油中煎煸，然后将炸成浅黄色的葱结、姜块、蒜瓣、料酒加入清水与鱼头同放砂锅内加热；另一种是将经过葱姜腌制后的鱼头，抹上酱油，放在大油锅中炸成金黄色捞出，然后用沸水焯水，再与高汤以及上述调料放在锅内一同炖制。前一种方法原汁原味，适宜于新鲜鱼头的烹制，后一种方法肉香汤鲜，常用与烹制存放较久的鱼头。

第四，火候与水。制作砂锅鱼头，火候与水是保证质量的关键。先谈谈火候，火力过大，汤汁耗干，失去风味；火力过小，鱼头内的蛋白质和其他成分不易于溶解于汤中，汤不浓并且有腥味。应该先选用大火烧开来挥发鱼的腥味，然后转中火增加汤的浓度，再转小火使鱼头内部酥烂而不失其形，时间不得少于 90 分钟。再谈谈水的运用，为了突出鱼的本味，一般采用清水炖制，加水时要注意两点：一是只能加冷水，不要加热水，这样烹制汤汁亮、白、浓；二是要一次性加足方准，加盖密封后中途不能添加冷热水，以免失去风味。

第五，调味。调味一般掌握三个原则，一是加盐不能过早，二是不加有色调味品，调味品在上席前再放入。其具体方法是：将炖好的砂锅鱼头，放入少许配料，烧沸，再放入盐、味精、淋少许香油，撒上胡椒粉、青蒜末上席。

第六，其他。“砂锅鱼头”使用的配料不多，如豆腐、笋片、少许绿色蔬菜等。但必须用沸水焯过，方可在上席前放入。另外，鱼泡、鱼皮不能同炖。鱼汤冷却后，腥味较重，故要趁热食用，最好一次吃完，回锅后风味大减。

根据以上几点，总的一个原则是：去掉不良气味，保持原料本味，发挥原料之长，适应众人口味。只要经常反复实践，就一定能够烹制出鲜香扑鼻的砂锅鱼头。

2012.9.23 21:10 于南京

鲜香弥漫话老卤

炎炎夏日，厨房气温高达 40℃，很正常。厨师在这样高温环境下工作，用“汗流满面、挥汗如雨、汗流浃背、大汗淋漓”等词汇来描述，仍不够全面。除了忍受熊熊热焰面前的高温灼烤，还有的是高分贝的噪声和湿闷的空气，人人脸上憋得通红……

想到此，我又有些担心了，担心什么呢？那就是酒店卤菜、冷菜所依赖出味的老卤。

老卤，是厨房内一个专业术语，也有称为老卤汤、老汤。老卤是浓缩的味道，有越久越香的特点。

在业界四大菜系内，名店老店都存有几种老卤。没有老卤汤的店，多是没有回味咀嚼的老味道，或是缺乏味（根）基的新店（也不绝对噢）。

现代人不太重视老卤，多用“欺骗”的手段，瞒天过海。以色素掩饰菜品的卖相，眼睛看不到真相了；以“鸡”精欺骗着舌尖，以香精冒充食材的本味；以麻辣重味撞击敏感的味蕾。这些技巧，是餐饮行业的普遍使用的，全是香精、色素等辅助东西，被商家引诱，造成本味皆失，原始味道丢失，老味道流失。懂吃的人，面对这乱象，大惊失色。

我也常与业界同行交流，无奈，这是趋势。大树中心空了，外表枝繁叶茂只是表象，只有坚持，以健康的身体作为筹码，慢慢等到大趋势扭转了，到那时，那个春天的味道早晚会来的。

好像又说远了。生活就是在这云淡风轻嘻嘻哈哈中过去，等不来大宋包公来论断是非了。

老卤，就是选用专用食材和专用调料，采用稳定的操作程序，通过加热卤煮，使食品（出品）达到具有综合鲜香，冷透后仍有鲜香芳浓的特点，余下的汤液，通过合理的技术程序，然后重复加工，反复使用的本色或酱色的汤水，称为老卤（本人给出的定义）。

本色的卤，有深与浅。广东的卤水出品有鹅翅、掌和肫，属浅色；潮州的卤水出品有牛腱、牛肚等，深褐色，带有干香料丁香和罗汗果的色彩。

南京有白切鸡和咸水鸡之分，出品都是本色本味。前者是沥水烫后煮，冷却后斩拼成冷碟，食时浇上香葱酱油汁；后一种是土鸡先腌后用老卤（原汤）煮熟冷透改刀，直接食用。前者下酒有味，后者煮有底味，越嚼越香（无汁）。

深色的老卤品种较多，食材不同，出品味道就有差别。

猪内脏有肚、肠、心、肝，还有猪头、尾、爪、蹄髈等部位不同，有的是单一卤煮，有的分类卤煮。

也有煮牛肉（臀部）和内脏的，这些食材卤煮，多选用香来掩盖原有的腥膻异味，如八角、桂皮、丁香、草果、山茶、辛夷、小茴、孜然等，至于量的多与少，主与辅全凭厨房大厨来定味。

深色类卤煮，有酱色（炒糖之后出浅黄和深黑）和红色，红色有时泛指酱油色。此处红色有苏北地区熏兔子、沈万山蹄子、南浔卤蹄髈等。在酱色卤煮的基础上加上红曲米泡的水或食用红色素，经不起阳光照射，会转成浅黄色。

民间最有名的老卤品牌有：安徽符离集烧鸡，山东德州扒鸡，河南道口烧鸡。这三种鸡均尝过、分析过，老卤香料配方和加工流程基本相同，具有酱色油亮酥烂形整香浓等特点，区别在鸡的品种、出品质感和卤汤味道的浓淡。

还有一个秘方，为达到卤煮快速成熟入味，除了在卤汤中加了香料袋之外，还加了硝。还有的老板在给鸡皮上色时，在抹饴糖和抹酱色方面还是有区别的。

老卤，除了上述三种名鸡均是百年老卤，神乎地讲，儿子分家，分一份老卤传业。其实无论什么老卤卤的菜，重复更替十天食材之后，汤就是老卤的味道。我那六合猪头肉有名，其实连续煮三天就成老卤了。我十七岁开始卤猪头，把成熟制品放在托盘中，用手晃一下，就知是冻猪头还是活猪头，咸淡或熟烂，老卤新卤一眼就看出来。

盐水鸭老卤分为生坯腌后泡鸭血水中浸腌（煮加盐冷却）和坯烫后放在前一天的煮鸭汤中煮熟。

有的作坊煮鸭时，除加葱姜香料之外，就用清水煮烫过洗净的鸭坯，这样汤不会二次加热，油水乳化，出品的皮不光亮，用清水还能吸出咸味呢。

老卤的保管，一卤一方法，差别也不大吧。每天把出锅的卤品捞出后，再用细网勺捞净杂物，烧开撇浮沫，倒入桶中冷透加盖。春冬二季，第二天可重新投料调味调色；夏秋季节，气温高，待当一日卤汤冷却后，不沾一点杂物，加盖送入冷库保管。

遇到疏忽的，卤汤少盐，气温因素，落入生水，未及时加热，造成汤面起泡，汤中味变酸有馊味，方法两种，一是加口碱中和；二是干脆倒了，重新调制。

2017.6.18 15:26 于龙口

闲话“油多不坏菜”

“油多不坏菜”这句最普通的话，过去大家作为口头语，今天很多人不再认可了，因此，为了这句老话，来谈谈心得。

近来有思考，传统上关于饮、食方便有很多的“老话”，有时候慢慢品一番，还是有研究的地方哩。

烹饪，离不开油脂。油可导热，油可增香、增润、增光泽……

至于“油多不坏菜”，这句话从何而来，由谁说的，最早见于哪部史籍，当然无从查考。生活中常听到这句话，这是客观存在的，也不是一时一事才出现的。

下面就这一句平常话，本人略谈自己的浅见。

一、从历史角度上看，油是珍贵的物质

人类最早获得油脂的，当然是动物性油脂。如猪、牛、羊和家禽类鸡、鸭、鹅等。从早期茹毛饮血时起，祖先从雷电击中森林中某种树木，引发大火，造成一些未逃走的动物葬身火海。大火过后，待人类重返家园时，见到烧过之后的动物有着诱人的香气，咀嚼后口感也不一样了，认为比生的好吃，这样人类开始转向了熟食。

在人类的心目中，油脂易消化、口感好，有助于身体健康。从实践生活中认识到，油是珍贵的食品，油是有益于身体的。

二、油脂与食材的重要关系

自人类发明了陶和青铜等器物之后，懂得了依靠油脂来调味与烹饪。

史书记载，周八珍之一，有一道类似于今天盖浇饭的食品，这道“名菜”用今天的烹饪方法来分析，必用油脂参与炒拌，起润滑和丰富口味作用；没有油，不是粘锅就是不鲜不香，以此推理，这周代御膳，不可口，怎能列为八珍呢。

今天的市场上除了有动物油脂之外，还有大豆、花生、芝麻、棉籽、茶籽、橄榄菜籽、核桃等多种植物，通过科学方法提取出各类风味的油脂。

古人在平常的日子和战争年代或灾年，对油脂是渴望的，是十分珍惜的，是作为奢侈品来看待的。

记得 20 世纪 70 年代，农村一家四五口人，一年吃不到二斤油。有的人家，用竹筷伸入油瓶中，沾上几点油，滴入锅中，就算加了油了。在那个年代，冒出一句油多不坏菜，最正常不过，根本不会有人讲这是误导。

举一实例，1949 ～ 1956 年，南京的板鸭非常畅销，全国知名品牌，属江苏南京特产。那板鸭油润还香，但咸味重，尽管这样，老南京人过年买只回家，煮一下斩块，入口油滋滋的，吃了过瘾解馋。那是因为，养了一年的大肥鸭，浑身是明晃晃的，腹腔与皮下脂肪特别多，一块入口，口感最先的体会是油多。由板鸭延伸到取鸭做菜饭，以鸭油代替猪油，做成鸭油烧饼，深受食客欢迎。原因就是喜欢那油的作用，起酥饼顶饿还有香气，提供热量。

改革开放之初，有几人嫌鸭肥的呢？那是后来生活条件改善了，食品丰富了，通过科学分析了解到，传统动物油脂摄入过多，造成胆固醇升高，这才开始注意了。

三、油多不坏菜，仍有道理，但是有局限性

现在无论什么餐饮店，没油就开不了店，无油就等于无盐、无水那样困难了。

漂洋过海而来的麦当劳、肯德基，他们的代表出品有几个是无油烹饪的？受欢迎的全是油炸类食品。

中餐很平常的火锅，很平凡的大碗面，全有油出场。甜豆沙中，无油少油，这包子肯定砸了。绿柳居的素包子里如果没有猪油，那品牌早就垮了。

前面说的面点类，下面讲热菜。滑炒水晶虾仁、芙蓉澳带、糖醋鳜鱼，无油，虾仁不亮，鳜鱼不脆不酥，就那糖醋卤汁，在勾芡后，不来勺热油搅进去，那汁还有光泽吗？

大众菜如油焖茄子，麻婆豆腐，鱼香肉丝，煎豆腐，家常豆腐，哪样缺油好吃？哪样是少油可将就的呢？

有人理直气壮地讲，反正油吃多了，对身体不好，油多就不是好菜。

当然，凡事有个度，餐饮业用油也是与时俱进的。早几年，厨师队伍技术参差不齐，未经过专业培训，早早上灶，年轻人喜油多，菜出锅，来半勺沥明油，在锅中是亮闪了，上了桌，油全渗出来了，客人从油里捞菜吃，当然忌讳油多不坏菜。

从四大菜系来看，川菜用油量大。他们的食材吃油，如笋、干菜萝卜、粉丝、豆腐制品等，都是用油的“祖宗”，油少了味出不来，绝对不好吃。

前几日我在夜上海吃那麻辣鸡血，油多封住温度，鸡血油润，那浓浓的猪油浮看厚厚一层，我连吃三碗。那也是偶尔破例，再好吃，也不能天天喝油吧。

因此，做的人下油有度，懂得油有其优点，也有会“坏菜”的。如炒溧阳白芹，油多了，也就大煞风景了；那藕片就不吃油，油多了，盘子上油汪汪的，客人立马会投诉。

油多不坏菜，由制作人来控制油量，点菜人也要懂得一点菜品特点。炸菜、水煮风味类的菜少点，选江苏风味清淡本味的菜品，或荤素搭配的菜品。

油多不坏菜，对于家庭而言，如果生活讲究的，用油用盐非常讲究，也不会出现油多的现象。

作为老话，油多不坏菜，要辩证地看待与分析。作为专业烹饪工作者，一般不会拿这句话为借口。行外人讲这句话，也不必计较。现在大家心里早有对油与健康的认识，根本也不在意这句过去或许是经典。在今天看来，也不属于完全正确的结论，也会一笑而过，饮食生活丰富多彩呢。对于油多与少，与菜与制作人与食客，永远是仁者见仁、智者见智，各位朋友们，你们怎么看呢?

2017.10.20 21:59 于康家花园

香肠漫话

香肠是大多数人喜欢的传统食品，其特点是干香无汁，便于携带，带有芳香，入口有咬劲，越嚼越香。在筵席上常见到它的身影，也是大家喜欢的下酒佳肴。

在我国，香肠有很多种类：本味和咸甜味，咸辣香与咸麻辣的；广式香肠有甜香的特点；湖南和四川的民间偶有熏肠的，经烟熏之后，挂通风处，数年不坏，存于通风的地窖，经过几年的自然发酵，又产生新的香气。

有一种腊肠，腊月加工，在低温下风干，然后再经过其他工序，出品艳红油亮，切几片用于煲仔饭，那香气非常诱人。

香肠的名字统称就是香肠、腊肠。其加工的流程也基本相似，其口味就千变万化了。可以讲，隔条河、翻座山其味道就有区别，这也正常，食无定法，适口者珍。

今天谈谈我老家的香肠，说起滨海香肠，真是赫赫有名的。只要是有盐阜地区籍的人家，逢年过节，必有一盘香喷喷的冷盘香肠。

香肠不是必须切片凉吃，也有将其切块或切段，放米饭上面煮，一起蒸或煮熟，就着吃，伴有米饭，那是越吃越香。有人用香肠蒸鱼或用于烩菜配色，我不太习惯，香肠中有香料，特抢味也串味。

我十七岁毕业，随父亲在乡供销社帮助灌香肠。现在想起，觉得那寒气还在，在冬季滴水成冰的日子里，拿着一把不锋利的刀，站在一个空空的房子内，面前有一个案板，面对一堆猪后腿，刮后腿表层污物，分档剔骨、铲去皮，选肌肉紧实的部位切成一寸见方的块，切了一大木盆，然后由我父亲调味。这才是灌香肠的开始。

香肠需有一层薄衣裹住调过味的生肉，然后挂竹竿上晾晒干，猪肉水分不多，在调味时要加水和调料白酒、白酱油（浅色，与城里生抽差不多，有咸鲜特点，也是地方特色出品，俗称三伏秋油，尚品好的，状如豆油那样黏稠，多用于凉拌和加蒜类蘸饺子食）。还有香料，即八角下锅用中小火炒出香气至水分干，然后放入碾药的铁器具，碾成粉状，再经过细筛，拌于肥瘦各半或瘦多肥少的木盆内肉块中，加少许白糖和味精是不可少的。这是40年前的制法。当年的历史背景，农村收入低，自家养的黑土猪品质好，用其灌香肠肥润瘦也香，晒干后蒸熟，快刀切薄片，蘸醋，一次一小片，放在口中细嚼，那个才是原始的味道。

现在市场上香肠很多，但吃在嘴里肉香味不足，有的还有些骚味，那是猪肉原因。至于肥瘦比例，二八开，肥膘要少。那是20世纪70年代中期，大家缺油不忌肥，灌香肠不讲究比例，一只猪后腿，去了骨，全用于香肠。

灌香肠的肠衣，即猪的小肠，长8～10米，我用钝的菜刀在木板上直刮，去除嫩肉，余下极薄的肠衣在清水中内外洗一下，即用白铁皮敲的漏斗，一头套在出口上，然后放入肉块依序灌进，推填压紧，有空气处，用针扎一下放气。

今见有人将猪肉机械切丝，加葱姜汁，我认为不必，那肉味就减弱了。那个年代，见我父亲会加点硝水（近几年是限量使用，疑似有亚硝酸盐），让猪瘦肉转红色，现在称为着色剂。其实镇江肴肉不加它，否则瘦的部分不是胭脂色，该是咸肉色了。

2018.3.12　23:20 于仙林

香味扑鼻

上周在新天厨品尝菜品，大厨王威上了一盘青椒炒肥肠正合我意。眼睛不看洋葱和青椒，筷头直奔油润的肥肠而去，连拖着几块才停下来细看盘中熟肥肠（斜刀厚），每片肥肠中间肥油满满的，这才是油润的源头，这才是专业的吃法。

回来几天，一直在想，就猪大肠的相关认识把它写出来，一直未找到突破口。猪大肠这货在有些人眼中是宝，身价不逊于猪里脊和肋排，有的人见到猪大肠掉头就走，好像是锦口绣心的林黛玉，闻不了那味见不得那样子，农村有一句老话讲“闻着臭，吃着香”，我认为确实。

昨晚 23 点，到达横梁，今早听窗外有鸟鸣，开窗一阵香味涌来，正在纳闷呢，南京桂花全谢了，现在哪来的桂花香?

细看窗外，桂花树上挂满了“炒鸡蛋”样的桂花黄灿灿一片(江北温差关系，桂花谢的晚）。

我采摘了桂花先拌拌盐，见出水再拌白糖。有的人用鲜桂花直接拌白糖，结果白糖吸干桂花的水分，二个月后桂花干了，这样做甜汤或包元宵香气少了，干花口感也不好，这就是保存桂花的妙法，保存五年不失香气的。

就在采桂花的时候，感觉周围香甜浓郁，真是香味扑鼻。这时候，让我突然想起，今晚以猪肠为题写一篇文章名字就叫《香味扑鼻》吧。

猪大肠，又称猪肠，肥肠等。细化猪肠名称分三个部分：大肠头（即直肠壁厚的一截）、大肠（肠中段部分）、最细的小肠（细）。小肠那一段，很少用于热菜（西南地区多用于热菜或生炒涮火锅等），江苏的厨师多将小肠处理后，取肠衣用于灌香肠。

大肠的洗涤，一般是大肠头和大肠一起加盐或口碱水或加面粉搓揉搅抹，连续洗三遍，见大肠外表无异臭味，无黏液，呈白亮色，这属于第一步骤。注意，猪大肠分里外，这里是指猪肠买回，大肠圆筒形里层，在猪身上属外层，外面粘连着猪网油。

我们清洗的表层，在猪身上是圆筒的里层是猪消化系统的通道，有强烈的异臭味。从市场购回的生大肠，其外面在猪体内就是里层，我们反复洗的就是猪的通道部分。至于清洗表层之后，必须把表层翻过来，让有网油的部分露出来，洗去油脂上粘附的糠皮，温水洗净后，仍把油脂部分翻回肠里去，这就是我前面讲的，大肠中满满的油。那油，又称为花油。

有的人不懂，以为吃大肠就吃那一层肠皮，好吃的就是肠里面塞满的油，入口后才叫油润过瘾呢。

猪肠吃法很多，卤，用于下酒炒菜，也可白煮切蘸味汁（生抽蒜辣椒酱）。常用的是将猪肠白灼后洗净改刀，再红烧，用于雪菜肥肠面浇头，与四川芽菜干入煲，炖豆腐煲冬天受欢迎，有的重口味称炖双臭，加了臭豆腐，反正各有所好，在他们眼中就是美食。

上档次的肥肠用广东卤水后，挂饴糖浆，晾干油炸称为脆皮肥肠。苏杭两地大厨将大肠加红曲米水一起加香料卤，成熟冷透后，呈红色，用于炒或炖，卖相好，还是大肠，油炸后改刀，可用于避风塘。

有名气的当数山东济南的九转肥肠，取大肠头先卤后改刀油炸，再用复合味烧，有微辣，入口香还烂，全是调料的香和大肠蛋白质加热后产生的香气。

任何食材，食用史有千年之上，对人无大毒大害就是健康食材。猪大肠，人类食用何止千年，因此，无论属于香还是属于臭，吃了舒服，有满足感，那就是好东西。

关于吃，还是相信老祖宗们的，经验是累积起来的，是香东西、是臭食材，只要有人喜欢，只要做得卫生干净有滋有味，那就放心吃好了。

2017.10.11　21:22 于横梁

写食银杏

门前井旁有一棵银杏树高约二米有余，树根粗约如茶杯直径，被我剪成雨伞状，推开书房窗户，它每天给我一抹青亮，倍感亲切。我对银杏情有独钟，年少学艺，父母常让我去加工银杏皮（去硬壳后搓去杏仁表层铁锈红皮），去皮后的银杏光洁明亮、呈蛋形、色鹅黄，将银杏放置在各种彩色的不同造型的容器中都很美，幼时给我留下很深的记忆。

冬去春来，这几天细细的春雨滋润着大地，门前的银杏嫩芽冲破树枝表皮，短短二十两天，由米粒大小的银杏嫩叶逐步生长成似鸭仔脚掌伸展状的大小的银杏嫩叶，表层光洁细腻，如初出水面不久的嫩荷，不沾水珠，淡淡清香。

我对银杏的关注，源自心中一份久违的情结。2008 年初，节假日常到位于长江之边江心岛焦山公园游玩。岛焦山公园那里除了有许多名家石刻、三诏洞、梁红玉抗金古炮台遗址等景点外，最吸引我的是焦山盆景园一角。那里摆放着数盆不同造型和意境的盆景，有的大气有的娇小，有的古朴有的新奇。尤其焦山特有的银杏，和经江水打磨、大小不一的各种天然石块组成，具有镇江特有的审美风格特点的银杏盆景。我自认苏州拙政园、留园盆景属江南顶尖水准，没想到焦山银杏盆景别样风韵。春天去看，参天银杏浓缩于小盆小景之中，老干嫩枝，争着泛绿，争着展示给人以改革开放之后春意盎然的感受；盛夏去看，浓厚的银杏叶密不透风立在盆景一端，另一端立着小件瓷船与微型假山，具有表现焦山灵魂江上浮玉之感；深秋去看，据说是焦山特有的无苦芯圆润银杏一串串骄傲地挂在枝头，与浅黄的银杏叶在阳光的照射下金灿耀眼，犹如立体的诗篇，让人遐想，久驻不离。耳闻江水拍岸之声，看镇江银杏艺术之作，叹镇江名师因地制宜，叹大自然的鬼斧神工，叹千年银杏展可遮天蔽日、屈可勾魂夺目、果可供人享食、叶可入茶入画，形和色更不亚于枫叶之美！

有资料记载，银杏属孑遗科植物，生长分布在全球十多个国家和地区。我国江苏泰兴被誉为银杏之乡。银杏寿命极长，有地球活化石之称。古籍中有记载 3500 年前商朝有栽植记录，目前发现还存有千年银杏古树。银杏从栽树到结果需 20 年，40 年后才能大量结果，又名公孙树，有“公种而孙得食”的含义，至今还在老一辈口中传说。

银杏果不仅外观壮美，而且不生虫害。银杏主干可做厨房砧板，耐切无毒，除梅雨季无异味之外，还受人喜爱（恕我对其他用途无知）。重要的是银杏果实是重要的烹饪食材。

本人家传技法，无论初加工或是烹饪成品，均是按照食材特性，按照传统保健原理和成品味感、美感来操作。下面略讲讲银杏的可食特点和方法。

每年十月银杏果实可采摘，放置水中浸泡一周，取出果实放入条纹塑料袋中扎紧袋口，传统用脚踩或摔掼方法让表层肉质与核分离，然后水洗分拣晾晒，即是市场上供应的银杏，又称白果。白果，洁白干燥、略有异臭，一般十二月左右即可加工食用。

初加工流程通常是先敲碎硬壳，取出完整的果仁放入加有 1/30 的碱的沸水之中，用竹刷搅转使其薄皮脱离，约 3 分钟取出去皮，用清水浸泡 10 分钟去除苦芯。去除苦芯有两种方法：其一，用牙签逐一从银杏果小头进入顶出杏芯（因苦俗称苦芯，有微毒，有书记载，幼童熟食带芯银杏十余粒，可中毒）；其二，将银杏果置于平板上，菜刀平放在银杏上面，刀口向外，右手掌拍刀膛用力把银杏压扁平，每次数粒，因压力作用将苦芯逼出，用水洗去部分苦芯芽，再放入清水中小火煮或蒸 15 分钟左右取出洗去苦味，银杏肉质部分苦味已渗散而出。

初加工后成半成品的银杏，根据干果对人体有补肾、润肺、清火等药用功能的特点进行烹饪。以突出本味特性特征的原理，通常选用甜食，可做宴请甜品。除主料银杏可配饰去皮核红枣、桂圆肉、百合、银耳、白糖、金橘饼等，档次高的可个客紫砂分蒸加冰糖、鸽蛋、洋参、木瓜肉、竹荪、胖大海、雪梨、橘络等上述其中的一二种（为确保味正，加工过程忌用铁质容器工具）。为适应市场不同需求，银杏也可作为咸味菜肴佐助料，如与猪肚条做锅仔健脾胃；与大虾仁同炒，清雅脱俗可口；也可带壳微波炉盐焗 5 分钟左右上桌，剥食别有情趣。银杏加工冷菜可糖水、可酒酿、可色拉、可脆皮等风格；还有家常煨鸡、焖猪手、熬粥、包粽子、深加工做蓉泥、月饼、汤圆馅心等。最著名的泰山孔庙诗礼堂前银杏树，孔子后代栽于明弘治十七年，一公一母浓荫半院，所结果实特别胖大饱满，以其果与白糖、蜂蜜等制成的山东名菜“诗礼银杏”，成品色如琥珀，酥烂甘馥，名扬海内外。

银杏最佳食用期半年左右。初食碧青如翠，数月后色若蛋黄，诱人下箸。对于因保管不善有霉斑和干硬的银杏可弃之不食。有时发现市场上小袋装和无商标瓶装或散卖的银杏，有的已加了黄色素、防腐剂，吃了有苦涩的味道，建议慎食，已失去食用价值了。

苏东坡有诗赞银杏：“四壁峰山，满目清秀如画；一树擎天，圈圈点点文章。”近代文豪郭沫若在文章中也毫不隐讳地表达：“银杏，我思念你……银杏，我真希望呀，希望中国人单为能更多吃你的白果，总有能更加爱慕你的一天。”

可见，银杏树在人的心目中有国宝的价值地位，可净化空气，美化环境；银杏果也是人体食用保健之宝，而对它的认识还有待于进一步研究和开发。

文言文意，杏也医也！我相信，未来银杏的欣赏价值、实（食）用价值、医用价值一定超出目前的认识。

2011.4.23 于六合昙月

“薪”火燎原

薪，原意是指烹饪食品加热成熟的柴禾。《礼记》日：大者可折谓之薪、小者合束谓之柴。通俗的解释就是：硬质燃烧的物质称为薪，柔软的谷物秸秆，易挽成团、结，称为柴。古文中有记载：柴，又是芦苇的别称，种类又有红柴（做芦席）、芦柴，质软（做编结的家用器具）、泡材，多用于燃料。

与薪有关的著名成语：釜底抽薪。意思就是在煮饭的时候，抽掉薪材，食物就熟不了。民以食为天，饮食关乎生存，把吃饭列为头等大事。在我国历史文化长河中，常以吃引申表达一个意思，如“吃不了，兜着走”。断薪如断炊，便引申为重要的大事；关键如命脉，比作为烧饭与柴禾的关系，非常重要。

另一个成语：薪火相传，又泛指对传统文化的传承（如技能或艺术类），比喻某项技艺的延续很重要，并且需要长久坚守的意思。

薪，统称柴禾类。说白了，就是传统烹饪的燃烧物，间接地传递热量，使食物变性，在水解环境里，结构转变成松散的状态，消毒杀菌，易于食用，有益于健康。俗话讲，行行有学问，关于柴禾也有很多故事。

第一个故事：宋代宰相严嵩，贵为礼部尚书。杭州有家寺庙有事相求，于是转弯托人说情，请严嵩之子吃饭，想请他传递诉求。结果，严公子回答：“寺院那个寒酸样子，连烧饭的好柴都没有，能有什么佳肴可食。”后来，严嵩被扳倒，其公子饿极到寺院讨乞，被主持戏谑报复说：“我们这里的柴禾煮的粥，你吃得下吗？”有因果报应的味道。

这个故事传递一个信息是宋朝时就开始讲究柴与美食的关系。即烹饪珍贵的食材，须选用与之相配伍的薪柴，有去异味增辛香的功用。

第二个故事：北京烤鸭乃国菜之一，其枣红色泽光亮，香溢满堂，令人垂涎。相传一人，买不起烤鸭，趁卖家不注意，用手抓了一下鸭子，回家吮吸三个指头，吃了三大碗米饭，留下两个手指头下顿吮吸，不料一觉醒来，二个指头被狗舔了，悔及了。

这就是烤鸭的魅力，做烤鸭，必选枣树木劈柴，这样烤出的鸭子有枣香气。前几天，我整理屋前树木，锯枣树枝，特费力难锯，让我理解了为什么烤鸭首先选枣木，因它材质紧密，燃烧后火力强，烟气少，火热久，若温度不足，鸭皮上不了色，名馔就是有它的名堂。

第三个故事：传统农村一到年底，从腊月二十四开始，家家备年货。其中有一项必备，在盐阜地区统称为蒸馒头，有马齿苋、萝卜、赤豆、腌菜等馅，条件好的加进熟猪肉丁。后来当兵，班长叫蒸馒头，白面发酵，切成大小均匀的长方形面剂，无馅蒸熟，老家称为卷子，后来知道，老家原始称谓馒头，就是城里人讲的包子，只是个头比我们老家大。

老家蒸馒头（包子），尤为重视，蒸得洁白蓬松宣软，预示来年顺利吉祥；如果哪家蒸出的食物干瘪，是不好的兆头。因此蒸馒头必舍得选择整齐的芦苇，即芦柴作为燃料，这种柴燃烧快，与麦秆芦苇叶比较，火力均匀，分布于整个炉膛，火力来得快，膛灰堆积慢，炉膛也不会因常添柴而影响火力，蒸出的产品不吸气、不变形。用老人话讲，蒸锅全凭一口气，要顶上来。又引申为一家人来年有旺气，于是，蒸馒头，用好柴禾，各家是不会吝啬的。

火候是烹饪的关键。烹调油炸需大火，煎饼需小火，炒饭用中火，烧鱼先用大火后用小火，即混合火候。没有煤气和液化气之前，全是选用植物秸杆如黄豆秆、棉花秆、玉米秆、高粱秆、稻草、麦秆等；用到杂树枝如梧桐、泡桐、杨槐、椿树、柳枝等都用于加工动物性原料耐火的食材，如猪头、猪爪、牛肉等。从古医书籍中查到，柔火如麦、稻秆类，膛灰积存多，余热散得慢，烧出的食物益人食用。因为食物中的营养慢慢煮熟溢出，以火化代替人体的消化，减少耗用体能，于是洐生出炖、焖、煨等多种相近火候的烹饪方法。这类出品，多适应于幼儿、老人。对于快速急火烹饪的原料，如肚条、鱿鱼、猪肝、牛里脊等，需要高油温，快速成熟的方法，使之达到脆嫩的效果，这类烹调方法有熘、炸、爆、烹等方法，出品尤受中青年人喜爱。

火，是有温度的光影，可以给人光明和动力，同时又是人类生命不可缺少的介质。火，推进了人类文明的进展，摆脱了茹毛饮血的生活。如果充分研究了解其中的奥妙，我们会有更多的生活体悟，也会给我们的生活带来新的乐趣，饮食中的柴禾选择、火力强弱、香气挥发等许多未知，有待我们进一步发掘。这一门古老的手艺，也是易被忽略的技艺，我觉得有责任去整理归纳，有义务去交流分享，这是社会发展、文明生活不可缺少的宝贵资源。

一项事业，一个环节，做到极致，结合起来，能量无限。无论柴、薪，都是有价值的物质，加以科学运用，必将有益于人类，有益于社会，但愿我浅浅的愿望：薪火研究如同星火一样燎原，能引起大家的共鸣，并获得支持。

2014.12.19 23:28 于横梁

鱼香炊烟

从自然小河小沟中戽来的鱼，不可能是清一色一样的。小水塘也长不了大鱼，大多是有黑壳虾（加热后深红）、幼白鱼苗、昂刺鱼（金丝鱼）、中小号鲫鱼、小“乱狗子”（音），“小乓皮”（音）、虎头鲨、小乌鱼、泥鳅、鲤鱼嘴（意小）、田螺等，一次二三斤杂鱼。

虾用剪刀剪去大钳与虾须和头尖如刀的壳，防小孩戳嘴。再小的鲫鱼也要去鳃，有鱼鳞的必刮净磷。昂刺鱼、鳝鱼不忘去胆。乌鱼要去磷鳃内脏后，剪成段，易入味。去任何鱼必去胆，还不能破，否则一锅苦（人工饲养鱼胆苦味轻）。活泥鳅、鳝鱼放青砖上，用刀背敲头击昏，抓把干麦郎草，左手抓其头，右手抓麦秆草抹去表层黏液，再剪肚去内脏。大田螺用锤子砸碎，仅取螺头，有黏液，撒盐抓一下洗净全无。夏天气温高，见小白鱼腹涨刺出，有异味，扔掉，宰杀后的小鱼小虾一并放柳篮中，带高粱稍洗锅把，到门前河边，菜篮放入水中，刷把搅几下，鱼鳞皆从细柳条缝中随水流出，见鱼条条光亮。

接下来就是烧鱼了。

小榨豆油、嫩葱、生姜、蒜瓣、糖色（红糖加油炒至浅黑加水数倍，即糖色，今用老抽）、甜面酱、红辣椒酱（石磨磨细，有咸味，即今高淳特产）、盐等。

辅料是：春加花生仁、夏加黄豆、秋加香菜、冬加腌雪菜。也不是规定必加辅料，加点辅料丰富口味，老人讲，变变花样。也有单单杂鱼红烧，撒点青蒜叶或香菜末，去腥增味。

取一瓦盆，加750克左右面粉，以1 ∶ 0.6比例兑水和成面稠糊备用。

烹调过程：锅烧热，加大豆油二两，煸炒葱节、姜米、拍扁的蒜头瓣至香气出，倒入杂鱼，撒上盐；见靠锅一面的鱼皮转黄，用锅铲将鱼翻身，再煎炕，加入糖色、面酱、辣椒酱和水至锅中鱼平齐，加杉木锅盖，烧沸揭盖；然后双手沾水，挖一块面糊，左右手轮换拍成小手指厚的饼状，沿着锅周围贴一圈，用锅铲蘸鱼汤在饼上抹，塌平饼面，撒上辅料，加盖；锅盖边沿上要盖上湿布，保蒸汽；中火烧沸，转小火炖两分钟，停火，利用炉膛余热慢慢烧熟。

8分钟后，揭盖，鱼香满堂。用菜刀在锅壁饼上竖划成小块装盘，另取一盘盛入杂鱼。面饼一面枯黄色有脆感，一面饼软，嚼在口中有面筋的甜味，饼一边沾有鱼卤汁鲜咸。晚上，家人围坐一桌，吃着饼，吃着鱼，喝着凉凉的稀饭，一大家人过着火热的生活。母亲坐在灶后，脸在炉火的熏烤下，仍泛着红光，在慈祥的目光中，似乎读出了对子女充满希望的神情。

乡间的夏夜，空气凉爽了很多。星星满天眨眼，群星争辉，月光撒满了地上的每个角落。南瓜藤、芦苇叶、玉米秆、地瓜叶，无不静静接受月光的抚慰，只有小小的萤火虫围在高挂的丝瓜藤上飞舞，伏在树上的知了仿佛也进入了梦乡。万物寂静，空气中弥漫的炊烟气味，伴随着薄雾，也稀释在广漠的夏夜里，还有那小花猫在门旁有滋有味地嚼着沾有浓浓香气的鱼骨……

2012.8.19 13:58 于江北

榨菜肉丝汤

说起这个汤如何做，我猜想一百个厨师，会有一百个做法。

一般酒店菜谱上，基本上见不到榨菜肉丝汤的踪迹了，为什么呢？利润低，或者老土了，年轻人不喜欢……

20 世纪 80 年代中期，榨菜肉丝汤是红案厨师考三级、二级、一级必考的项目，为什么单选这道汤？因为厨师考试不是简单地考几个菜，要通过做菜，考察厨师技能的基本功。如刀工、吊汤和火候等，粗细见刀功，汤清见火功，味色见炉功，汤量和主配比例见美学功夫。

这其实是综合业务技术的展现，是否熟悉这个菜的制作流程和标准，是否在味的呈现上与顾客的需求一致。内涵就在这里，榨菜肉丝汤，个个会做，人人敢做，细问这个汤的选料，配料，主味，汤色，引申丰富一下，餐具选择上，刀工处理与消费人群的关系和年代特征，其数字化要求，能讲出细节的人还是不多的。本人平日不讲这个菜，说了不讨喜，认为是故弄玄虚，有时考核遇到此菜，也是泛泛地点一下而已。

下面就此汤，据我的记忆，把有幸与同行前辈常在一起讨论的内容，理顺一下述于后，仅限于交流。

一、选料

首先是榨菜。榨菜必选四川涪陵坛子装的特产榨菜，并且是形完整，皮有皱纹，无破损，大小基本均匀，有水分而无卤汁渗出，表层有一层红辣椒酱包裹，上面粘有几粒花椒，色青黄，不用洗，切丝、丁，入口牙齿轻嚼有脆感，单吃咸，佐粥饭刚好。

原金陵饭店总厨花惠生对我讲过，他们为了保证品质，每半年进一批榨菜，首先让厨房做一份榨菜肉丝汤，让他品味后，觉得味道和上一批一致，才能收货。若因榨菜味不正，则会退货拒收，则会这就是正能量厨道态度。

其次是肉丝。首选猪臀尖第二刀部位，也是正宗川味回锅肉的部位，细讲就是后腿猪屁股尖削去一刀1.5～2斤留用，然后取第二刀2～3斤的部位。这块肉处于实肉与活肉之间，皮薄肥膘白嫩不腻，瘦肉纹理清楚，有加热后不变形的特点，易熟细嫩，嚼在口中有肉味及瘦中有肥的鲜嫩。

肉丝还可选用猪通脊大排肉，俗称扁担肉中段部分。特点是出汁鲜，肉丝熟后白亮，便于刀工处理，就是质稍老。

最后是汤，选用清水，突出本味本色，有清爽解油腻的感觉。这个汤，一般是筵席后期上，喝下去舒服。常见好心厨师，弃清水换鸡汤或高级清汤，出品无清爽的感觉，其实是未理解汤之所以有名，因本味而受人喜爱的原理未理解。

二、原料用量

榨菜肉丝汤，顾名思义，就是榨菜为主，配料为辅。一般 10 人量一汤盆，可分 11 小碗，服务员给每人分一小碗，盆中余一小碗的量，即体现主人盛情丰盛，又便于添加。

切配初加工，一般是选三两五（约 175 克）榨菜，洗后去皮，切如火柴棒稍粗稍长的丝，去除一两皮，余净丝二两五，放于配料碗中，净猪肉丝约一点五两，规格是熟后与榨菜基本一致，过粗不美，过细入口无味，这是上海锦江饭店厨师做的标准。

三、烹调

①烹调前五分钟，把瘦肉丝放入碗中，加清水浸泡。

②锅上火，加 12 份小碗水量下锅，撇浮沫损耗一碗，烧沸，下两片姜上席前将其拣出，从碗中捞出肉丝与榨菜一并下锅搅散，见水沸锅离火，用漏勺把主配料捞出，放入热水烫过的热汤盆中，原锅上火，转中小火，倒入泡过肉丝的血水，见水面四周锅沿浮出血沫，在汤未沸前撇出浮沫，加三五滴料酒、少许味精，把清汤倒进汤盆中，滴几滴熟猪油或芝麻油即可加盖上席。

特点：汤清晰，淡茶色，圆形油花浮于汤面，榨菜有味而汤不过度咸，肉丝白嫩入口无渣，嚼有齿香；汤鲜醇，舌尖愉悦，因烫热，香气持久不散，有滋润喉咙、清胃醒神的效果。

四、其他

①有人在出品的汤上面撒小葱花和青蒜叶，丰富色彩，夏葱冬蒜也可以。

②有人喜欢在汤中加青菜秧、木耳、笋片、西红柿等辅料，丰富口味，那样不属于规范宴席，可行而不是精品。

③有人喜欢泡榨菜，后在汤里补盐，不足取，入口的榨菜无味，与汤的鲜感对比口感差，无原味感。

④档次高的宴会，在汤中再添加半两熟火腿丝和鲜半两熟笋丝，以丰富口味，提高档次。

⑤有的人喜欢撒上胡椒粉，有刺激，因人而异吧。

上面所归纳，纯属一家之言，一点认识。古人讲，食无定法，就在于各人理解，见仁见智罢了。

2013.2.15 12:30 于兴隆大街新东方

致敬——馔法

馔，多用于描述美食。它泛指饮食或陈设性食品（祭祀用），引申的意义是食材加工后具有可食性的各类食物。

馔，又具备形容词的含义，如馔玉，白话讲就是精美丰富的菜肴。诗人李白在《将进酒》中有两句比喻人生潇洒的诗句“钟鼓馔玉不足贵，但愿长醉不复醒”。此处“馔玉”可理解成盛宴之上的山珍海味。

成语“炊金馔玉”，古文释：炊，烧火做饭；馔，饮食，吃。形容丰盛的菜肴。玉，其实是指石头，形容食品珍贵如玉一样，美丽和精致。反义词即粗茶淡饭。

常见关于馔的成语有：珍馐美馔、钟鼓馔玉、珍肴异馔、水陆之馔、佳肴美馔等。

由此看出，馔，也是一个骨灰级的古字，该与烹调的“烹”字产生于同一个时代，并且是饮食中常见的替代名词。我浅显地认为，馔，当是中华饮食文化中一个重要的字，一个无法取代的饮食符号。

上半年跑了几个城市，菜场看了，饭店进了，特产也吃了。比如，以前提到过荔浦芋头，蒸、烧、煮、炒、蜜汁（靖江）都吃了，经过比较还没弄懂这种芋头的食用最佳季节和最佳口感是什么。

在长春，未进饭店就有偏见，觉得东北菜粗，模仿的味不正，观看也就心不在焉了，未做记录。

晚上想起在长春点了一个地方菜——焦熘肉片，将大排肉切大片，然后挂蛋清糊油炸、重油，拌蜜汁上桌，外甜脆浅白，内肉片有咬劲。这道菜，高热量、高蛋白、高火候，南方厨师未尝过，光看菜谱是理解不了这道菜的灵魂，因为气温低，身体需要热量。

在龙口农贸市场，见到稀奇的野菜被当作蔬菜卖。鲜的雪里蕻可生炒凉拌，真不敢想还有这样的吃法。如鲜马齿苋（一般是烫后晒干）、牛舌草（猪吃的中草药类）、蒲公英、面条菜、野小蒜（生腌）等，这在江苏，现实中没吃过，更不知其味道与特性。好奇就试着买回，依照农民叮嘱，去根与黄叶，洗净，沸水烫后投凉，挤干水切细凉拌，口味咸辣、咸甜，加蒜蓉和香油、辣酱等，喝啤酒和龙口的小古酿，确实感觉好极了。真有清火助消化的功能，现在再看到，心中有底，下筷也就有数了。

在龙口，市场卖家讲，黄小米一斤煮十斤稀饭（谷子），汤必黏稠，听了吃了才知道品种有区别。山芋粉做的像面鱼，泡在水里，回家加葱和酱油炒一下，就是菜，那工艺叫绝。

在河南见那豆酱蘸饼，真下饭，太鲜，用它拌凉拌，必叫好。

一方水土养一方人，十里不同风，十里不同饮食做法，乍看没什么技术难度，自己做就不出那味。

河南那烩面，听人家介绍可用“馔类经典”形容了，吃了半碗，见东道主仍狼吐虎咽，勉为其难地吃吧，未记一字，人家描述夸奖的句也记不得，现在不仅忘了，更不会做了，真是辜负了友人的一番心意，有愧疚感了。

在广西见那禾花鱼，是油炸，红烧还是煎烹呢？渔人介绍时，觉得简单，现在全忘了，全因不屑的态度。

每一种食材，无论主食副食，都有多种风味做法，每一道食品，无论贵贱，必有它受欢迎的原因。

重视和分析必有经验体会，简单与复杂是相对的，食材与食材，味道与味道，是没有可比性的，只有风格的不同，技法上没有优与劣的排序。

通过反省，食物之馔，制作之法是原始的，也是加工成“馔”所必需的，都是人类饮食过程的需要。馔法无论粗糙和精细，都是人类通过若干次总结实践而来，是人类的珍贵遗产。我们在分享其美馔与制法的时侯，念其业界先辈的努力，留下了珍贵的技艺财富，为人类的健康与生活质量的提高，多了重要的支撑和保障。因此，应该向征服了大众舌尖美味的馔与法致敬。

2017.5.19 0:53 于横梁

煮粥煮饭

天气预报说今天有雷阵雨，晚饭后仍未见雨，但觉得空气有点闷，便在空旷的小区内散步，恰遇近邻陈教授与助教也在路上，便一起一边走一边相互聊些轻松的话题。当聊到吃些什么时，我借机卖弄了一下，要会选、会吃、会做、会欣赏的一些雕虫小技，突然，教授问了一句：“红米怎么做，好吃吗？”我讲了自己的认识，年轻助教随后又问了一句：“什么米好吃？”我见几句话讲不清，笑着回答：“这个问题需写论文三千字才能回答完整。”大家哈哈一笑。

回家后，觉得寻常常识，会煮不难，煮者不会，不管他们是逗我还是真不会，我愿意再“前五百年，后五百年”地介绍一下，或许能给大家一点启示。

一、米的种类

1. 大米

不同地区不同产地生产的大米各有特色。

江苏以无锡米最为著名，号称无菜下饭也能吃三大碗。因季节又分早稻、晚稻或三季稻米，生长光照时间长短不一，以光照时间长、低温生长的米为优，煮熟后米粒有弹性。曾吃过学生小于馈赠的东北响水牌大米，一包包大米似盐包装，煮粥香，煮饭亮，热吃有黏糯的特点，冷吃有弹牙的快感。还有各品种生长在平原、山区的稻米，或因水质、土壤的差异有不同的特性和名称，如猫牙米等。以无污染、无农药、无化肥、清澈湖水和有机肥、山泉条件栽培生长的稻米，煮熟有自然香气，即我们常说的“米味”，久闻不厌。新上市的新米煮粥焖饭都香，出稻壳一般十五天为最佳期，我多年前在陕西、兰州吃的大米，一粒一粒没有黏性，朋友形容吃在嘴里满嘴跑。

2. 籼米

籼米又称长米，有时称杂交米。黏性低，香味不足，吸水率高，口感略硬。

3. 糯米

糯米又称江米、圆米。常见品种不少，以黏与不太黏分两类，形状有粗、细、长、短等。端午包粽子多选黏的，糯米难消化，但对身体有滋补功效。

4. 血糯米

常熟特产的血糯米最佳。市场有的染色，有的是外地产，不真，品质不如常熟原产，口感差，还有不是当年出产，无血糯的特点了。血糯米煮粥汤与米一般不溶，掺 1/3 大米或糯米后，口感就好些。一般与白糯米各一半混合做甜食、甜品较常见。《红楼梦》中贾母从口中省了半碗“血米”粥给王熙凤吃，一是奖励，二是让她补补身子，估计就是常熟贡米。血糯米含铁元素较丰富，有补血功效，其实血糯米的黏性和口感不及白糯米。

5. 泰国大米

有人称为泰国香米，分原产地和异地产多种，可能因光照关系，米粒洁白，大小均匀、完整的为优，有透明感，煮熟冷透做蛋炒饭，粒粒清晰，煮粥掺点新米，水米易溶，地方话俗称稠汤，在厨房闻着香，盛在碗中上桌香气就淡了，或许与高温有关。

6. 小米

幼时在苏北一带把颗粒小的、带一点红斑的小粒米，称为小米。小米出饭率高，口感不及大米，属于救济粮一类，价格比大米低。1978 年当兵后至今就未见过家乡小米了，可能产量低，或者不是盐城地区所产。在陕西延安一带的黄谷子，也称为小米，准确地讲它不属稻米范畴。

7. 其他

玉米，属杂粮。西米，由淀粉加工而成。薏米，禾本科多年生草本植物，在中药店也有售。鸡头米，圆形滑润，水生鸡头果仁有鲜、干制品。高粱米等均不属稻米类。

二、煮粥

大米煮粥，变化多多，且看我一一道来。

大米煮粥有讲究：好米（即新米、东北米、日本米、高价米）清水洗净，手搓无白浆，过清水，不泡水沥干（10分钟左右），取砂锅或双料不锈钢锅等，洗净无油，加纯净水或山泉水（水量与米算好比例，中途忌加米加水或停火，一气呵成）烧开，放米入锅，至沸滚转中火烧25～30分钟即可。

应注意：煮粥时加锅盖用中小火，不加锅盖用中火。不加盖用中火会出现锅中间上层有白色泡沫，中医称米油，补精，忌撇去。另外，在火上煮超1小时的粥，基本无味了，饮食讲究最佳口感状态。

其他粥，如把红豆、红枣、绿豆、红薯、山药、黄豆粉、大麦细粒（俗称彩子）、玉米粉、百合、银耳、猪腰、生鱼片、虾仁、松花蛋、青菜、南瓜、菌类、肉粒、海鲜等均可与大米同煮或分煮，也有学广式先把粥煮好，再把炒过、灼过的上述某种配料搅和调味。口味可淡可甜或咸，可与两种或两种以上的配料同煮，稀稠自定。营养丰富，形成多种粥的风格，吃多少，做多少为好，回锅稀饭维生素损失多。

南京人喜欢吃“茶”泡饭，即剩米饭与清水烧开即可，随萝卜干小菜、酱菜一起吃。据讲，酒后吃特爽口，在部队曾见懒厨大米烧稀饭，加口碱，微黄有碱味，米中维生素全无，但碱性与人体酸性体质中和，偶尔一两次，对健康还有益。

三、煮饭

大米煮饭，洗米同上，必“酥”一下。水沸下米，家庭有两种煮法：一是电饭煲定好时间，放入适量的水和米，一般待加热停止3～5分钟后，再按一次加温，共三次，锅底必有锅巴，饭特香；另一种煤气或煤炉煮饭，在米与水沸滚时其中加几滴色拉油，加盖微火焖25分钟之后，米有晶莹的感觉，米汤干离火8分钟左右，再复用微火慢焖，用干净湿毛巾盖在锅盖上保温，手扶锅旋转于火上，见毛巾水分干，米饭出锅巴香气出锅即可。实践证明，农村用枯棉花秆、黄豆秆、树枝作柴禾，煮粥煮饭香气浓。另一窍门，随米饭锅内蒸禽类或鱼类咸腊肉，不加保鲜膜，味特醇正，比隔水蒸的香，但是碗底处的米饭口感有区别。煮米饭软硬干湿因情制宜吧。

煮米饭还可加绿豆、红豆、地瓜、咸肉、板鸭、青菜、萝卜等配料。一般大块配料改切成方丁状，掺米同煮，豆类配料洗净与冷水一起下锅至沸，煮5分钟，再下米同煮。要注意：无论用何种豆，均不宜先加水浸泡，肉类改刀后必加姜葱与米煸炒后，加水焖煮。选择配料根据喜好自定，花样好看，且有营养。日本人重视煮米饭，有把米浸泡后包上烫后的荷叶入笼蒸或将米放入竹筒火烤熟，别有风味。在我国北方，有人喜欢把米放在水中煮三成熟，捞出入笼再蒸，不知是什么原因，可能与米的品种有关，从保护营养的角度来说，是不提倡的。

无论煮粥煮饭，目的都是好吃吃好，粥要烫，饭要香，变化要多，煮粥煮饭做出品牌也不易。

生活总是在不断追求中变得更好，有了好米需有好水好柴煮，还要有认真、细心、讲究洁净的人来做，成品做好，还要有精致小菜（榨菜、泡菜等）、下饭菜佐助（鱼香肉丝、回锅肉等），更要有漂亮的雅致餐具和舒畅的心情，若有条件坐在临窗的水边，耳听悦耳的鸟鸣，面对一池盛放的荷花，嗅着清香，一家天伦，微风拂面，手捧粥饭，谈笑风生，这是姜子牙还是陶渊明的生活感觉呢？可能“竹林七贤”也会眼馋吧。

一粥一饭当珍惜，稀粥淡饭可长久，参茸鲍翅无穷尽，煮粥煮饭养天年。我的感悟，见笑了，以上纯是一家之言，挂一漏万，或有谬误，见谅了。

2011.6.28 11:40 于六合

自腌黄瓜佐稀饭

大前年盛夏某一天，八十六岁的母亲让五弟托人捎来几条皱巴巴的淡青色的东西，放在塑料袋中，五弟讲：“奶奶（母亲）担心夏天天热，你吃不下饭，在菜场挑了几条老黄瓜，腌的黄瓜干，让我送来，给你下饭吃。”我听了睁大了眼，黄瓜也能腌？

记得幼年，母亲和农村邻家一样，立秋后把自留地里种的长得老（久）的小瓜（又称菜瓜）摘下来。将瓜洗净后用刀顺瓜长体一剖两开，用瓷调羹反抠刮出瓜子与瓜瓤，洗一下去甜味，防蝇叮，放在竹筛子上（上下透气，水分易挥发）暴晒六小时左右，晾透。晚饭后，母亲取盐放搪瓷脸盆中，然后左手拿一片瓜，右手抓一把盐，撒盐于瓜上，逐一用手擦至瓜体均匀“出汗”“出水”，排于盆中，上压砖块（因为平原无石块），放地上或屋外，再加盖放在柳筐中，防止猫踩。那时无冷藏设备，瓜含水分多，易起泡发酵变馊，放地上降温。

待天明太阳升起，母亲头顶一条湿毛巾，取芦苇帘子用抹布擦去浮尘，摆上瓜片摊放在阳光下。过两小时将瓜翻身一次，再把盆中的瓜卤放锅中熬烧一会儿倒出冷却。晚上待瓜凉，把晒后缩小的瓜片复泡拌入卤中（留有瓜的清鲜气）。过夜后，取出复晒三天左右，瓜皮皱如黄芪表皮面，卤要晒干透，手抓有干燥感，表面有一层盐霜，用细绳扎紧挂于巷口屋檐下。

也有人家把晒了两天的腌瓜放入晒酱的缸中。一周后，随吃随取，有一股酱的香气。

干腌的菜瓜干子，吃时取几片洗一下，将其切粒拌红辣椒酱、蒜蓉，加几滴香油，早晚吃大麦糁子稀饭时吃上咸瓜粒，真是下饭开胃。咸瓜粒入口似乎有点凉气，嚼在牙上，嘣脆，还有清香味。一筷子下去咸瓜粒叉多了，还没送到嘴，大姐忙提醒：“多了，多了，咸死了，快喝口粥，换换口。”就这样，一碗粥，眨眼功夫就没了。

城内军区大院菜场无菜瓜可买，母亲与时俱进，就地取材，选黄瓜腌制，尝后，别有风味。今年六月中旬，我在江北农村，依照老方法腌制半盆。吃洋饭的女儿，当初见不起眼的小菜不肯伸筷子，经介绍，不情愿地尝了一口，马上脸上露出笑容，脱口说道：“嗯，好吃。”急忙讨要了制作方法，并说以后自己也去做。

尝了自腌的小菜，佐绿豆稀饭，用爱人摊的薄面饼，卷上带有醋香的淡辣腌黄瓜，仿佛回到了童年时代……

2012.8.16 19:01 于大院

一堂生动的“面”课

今天下午两点，参加国家文旅局及省、市文旅部门组织的“非遗”传承研修班的培训教学，一行近三十人，来到著名的淮扬菜之乡、中国烹饪培养烹饪人才的摇篮——扬州大学旅游烹饪学院。

来到三楼的阶梯教室，真让我开了眼界，现代化的设备和高科技教学器具，没想到，多媒体也进入厨房了，真是曾经的“后厨”，现在成了扬大培训技术后备人才的基地，用扬州土话讲：我的乖乖，真是，眼一眨，小厨变大师啦。

三十年河东，三十年河西，自古油厨子、厨子、伙头军、伙夫等带有鄙视性的名词，现在被烹调师、面点师、烹饪大师所替代，心里窃喜，再过几年，来这里研修的成员，岂不都顶着中国烹饪艺术大师的帽子，是中国非物质文化遗产的接班人啦。

这不再是简单的烧饭做菜了。咱们用心加工的香的、脆的、嫩的、酥的……全是食品工艺啦！咱们的出品，也是咱们的劳动成果，成为中华饮食文化的符号，也是推动社会文明与发展的载体啦！

不久的将来，市、省和国家级层面，都有餐饮“非遗”传承人，经我们、他们之手加工的一碟碟炒饭，一碗碗面条，全是中华饮食文化的闪亮名片，更是新时代的具有传统和现代技艺相结合而涌现出的新型美食，这些制作者的创意和成果，也会载入史册，与时代共存。

此时，心情激动了，咱们这批人，肩负守正创新的重担，任重道远呢。

下午在大师示范讲台上，中国著名“非遗”面点肖大师，给我们上了一堂平常而生动的面课。

下了一碗让人之先“不以为然”的焖肉面。

灶前，站着一位头发花白的老师傅，首先向大家问好，然后介绍下午要示范的苏州“非遗”名小吃——同得兴焖肉面条。

苏州面条有奥灶面、阳春面、三虾面、盖浇面等二十余种，今天老师向我们讲解示范的，就是下面所见所闻的，让我惊讶和感觉震撼的枫桥焖肉面。

老师面容慈祥，用沙哑的声言向我们娓娓道来……

面条，是北方地区的主要食物，好的食材，才能出好的产品。北方地区气候温差大，日照时间和生长时间相对比南方长，面粉品质就好。老师根据他多年的工作和研究经验，告诉我们，选择面粉，最好选五得利或河套雪花面粉。

基本要求就是加工一碗可口而让人难忘的面条。还有要注意的是：特一和特二的面筋，所含面筋比例不同，因此，上述两种面粉要按 4 ∶ 6 的比例混合起来揉面。

选择面粉也要讲究，夏季从地里收割起来的小麦，要让它饧一段时间，水分挥发后再加工成面粉，然后根据不同的面食制作要求，添加不同比例的水和面。

面和好，要揉叠四次，这样面才有劲，不必要加强筋粉，食品安全要从源头抓起。

从苏州请来的泰斗级肖大师，他和老伴继承发展的同得兴面馆，是国家级非遗名店，是远近闻名的苏州百姓喜欢的味道好、久吃不厌的安全百姓早餐。

有了面，加工出面条，后面程序是制汤。

汤由清汤和红汤组成。清汤是由筒子骨、小田螺和鳝鱼骨三种食材（又称厨房下脚料）加工，其方法是，将田螺用秤砣砸碎，与汆过水的前两种辅料一起用纱布包好，加上葱姜，大火烧开，转小火慢煮两小时，再过滤，取清如白水的清汤，放入盆中备用。

另一锅，放入一块三斤左右的带皮五花肉，加香料和之前的基卤、八角、桂皮酒等一同放入锅中，加水焖煮，使肉香烂而不失其形，冷透捞出放冰箱冷藏，6～8 小时之后，切片，作为面条盖面之用。还有，选青鱼腌炸两次，就取那带有鱼鲜的油，作为清汤和红汤的复合调味油，兑成面条的味汤。

大锅煮宽水，撒下细面，见沸，用手勺淋冷水，压火，见再沸，略煮半分钟，见面条熟，用筷子漏勺捞面出锅，倒入沸水烫过的面碗，舀入浅红色复合汤，放入面条，夹一片熟焖肉盖上，饰一棵青菜心，或冬日撒上青蒜叶，早春撒上小香葱，双手捧出，一碗冒着鲜气香气的枫镇大面就做好了，您就可以大快朵颐，大口吃面啦。

一边讲，一边做，像是在教学，又像是在说故事，就这样云淡风轻地把课上完了。

一堂烹饪示范课，平平常常，几碗诱人的面被大伙争着抢着吃完了，从每个人的脸上读出的都是羡慕的表情，从学员们的眼神中看出，亲历了一堂人生难忘的课，一堂全是干货的美食课。

肖大师的课上完了，拖着疲惫的身躯又要赶回苏州去，我们一群人领略了大师的风范：坦荡而谦恭，朴实而自信，他那满腹才华让我们敬佩，他那几十年如一日地对待每一碗面的态度，是那样的认真和用心。

朱自清的《背影》给人恋恋不舍的感觉，这堂课也让我有不舍的感觉。

不知不觉地听了看了“尝了”一堂大课，大师做一碗面，让我们大家非常感动，他的示范，每一个环节都留在我们的记忆里了，也将保存在我们的心底。

这一堂面课，您说是不是很生动？

2021.12.6 于扬州大学